高职高专"十二五"规划教材

爆 破 技 术

主　编　杨明春
副主编　杨春城　税承慧
主　审　杨春城

北 京

冶 金 工 业 出 版 社

2015

内 容 提 要

本书内容分为4个模块，系统介绍了爆破理论知识，炸药及起爆方法，岩土爆破技术，爆破安全管理与安全技术。另外还详细叙述了爆破技术的基本知识和基本技能。

本书可作为高职高专矿物开采技术专业教学用书，也可作为该工种职工培训教材和供大中专院校相关专业师生阅读参考。

图书在版编目(CIP)数据

爆破技术/杨明春主编 . —北京：冶金工业出版社，2015.7

高职高专"十二五"规划教材

ISBN 978-7-5024-6963-4

Ⅰ.①爆… Ⅱ.①杨… Ⅲ.①爆破技术—高等职业教育—教材 Ⅳ.①TB41

中国版本图书馆 CIP 数据核字(2015)第 166130 号

出 版 人 谭学余
地 址 北京市东城区嵩祝院北巷 39 号 邮编 100009 电话 (010)64027926
网 址 www.cnmip.com.cn 电子信箱 yjcbs@cnmip.com.cn
责任编辑 俞跃春 杨盈园 王雪涛 美术编辑 杨 帆 版式设计 葛新霞
责任校对 李 娜 责任印制 牛晓波
ISBN 978-7-5024-6963-4
冶金工业出版社出版发行；各地新华书店经销；北京印刷一厂印刷
2015 年 7 月第 1 版，2015 年 7 月第 1 次印刷
787mm×1092mm 1/16；14.5 印张；344 千字；220 页
38.00 元
冶金工业出版社 投稿电话 (010)64027932 投稿信箱 tougao@cnmip.com.cn
冶金工业出版社营销中心 电话 (010)64044283 传真 (010)64027893
冶金书店 地址 北京市东四西大街 46 号(100010) 电话 (010)65289081(兼传真)
冶金工业出版社天猫旗舰店 yjgycbs.tmall.com
(本书如有印装质量问题,本社营销中心负责退换)

前　言

为了适应高职高专教学改革、服务区域经济需要，四川机电职业技术学院材料工程系的教师们编写了本书，本书将基本理论与生产实际技能训练密切结合，内容由浅入深，涉及爆破工程发展的新器材、新设备、新技术、新工艺和新国标；在各个项目中明确了学生学习的能力目标和知识目标；同时，本书还将理论知识与爆破安全技术按模块划分，爆破作业程序贯穿于理论知识的学习过程中，实现"理实一体化"，体现以工作内容和工作过程为导向进行课程开发的理念，可以满足项目化教学的需要。每个项目单元编写了思考与练习题，为教学练相结合奠定了基础。通过理论学习和技能训练，学生可以全面掌握爆破技术的基本理论知识，操作技能和爆破安全技术，为全面提高实践能力奠定好基础。

本书是高等职业技术学院金属矿床开采和矿物资源技术专业的主要专业课教材，是编者在多年教学实践的基础上，根据职业技术学院学生的特点和培养目标而编写的。编者们都是从事爆破技术相关领域教学与研究有20多年经验的老师，对该领域的基本理论知识掌握扎实，了解该领域近年来取得的新进展，并深知高等职业技术学院的教学特点和对学生的培养目标要求。

本书在编写过程中，得到了攀钢（集团）矿业公司兰尖铁矿和朱家包包铁矿的专家和工程技术人员的支持与帮助，在此深表感谢。

本书可作为高职高专矿物开采技术专业的教学用书，也可作为该工种职工培训教材和大中专院校有关专业师生的参考书。

由于作者水平有限，书中若有不妥之处，诚恳地欢迎读者批评指正。

编　者

2015 年 3 月

目 录

模块三　岩土爆破技术

模块四　爆破安全管理与安全技术

绪　论

一、爆破工程的现状与发展

我国是拥有四大发明的文明古国，早在公元 7 世纪，我们的祖先就首先发明了火药。唐代炼丹家孙思邈在《丹经》一书中，详细地记载了用硝、硫、碳三种成分配制黑火药的过程。宋代，火药被用于军事。公元 13 世纪，火药经印度、阿拉伯传入欧洲。1627年，匈牙利将黑火药用于采掘工程，从而开拓了工程爆破的历史。

受爆破器材的限制，早期的爆破很不安全。1867 年瑞典人诺贝尔发明了火雷管，同年又制成以硅藻土为吸收剂的硝化甘油炸药，并由瑞典化学家德理森和诺尔宾首次研制成功硝铵炸药，至此，工程爆破的安全性才有了一定保障。进入 20 世纪，爆破器材和爆破技术又有了新的进展。1919 年，出现了以泰安为药芯的导爆索；1927 年，在瞬发电雷管的基础上研制成功秒延期电雷管；1946 年，研制成功毫秒延期电雷管；50 年代初期，铵油炸药得到了推广应用；1956 年，库克发明了浆状炸药，解决了硝铵炸药的防水问题；80 年代，又研制和推广了导爆管起爆系统。

作为工程控制爆破能源的工业炸药，其前身是黑火药，我国早在公元 803 年的唐代就出现了比较完整的黑火药配方。因此，黑火药是世界公认的我国对人类文明做出重大贡献的四大发明之一。虽然 13 世纪火药经印度、阿拉伯等国传入欧洲，且于 1627 年匈牙利将黑火药用于开采矿石，其后又有了许多专家学者研究爆破技术的著作和成果，但是，工程爆破技术的迅猛发展和推广应用却是在 19 世纪末随着许多新品种工业炸药和新型起爆器材的发明才兴旺起来。

我国是在新中国成立以后，才有了自己的工业炸药。产量从 1953 年的 2 万多吨，到1980 年已增加到约 80 万吨，30 年来增长了近 40 倍。据初步统计，2000 年我国工程爆破消耗的炸药总量已达到 120 万~130 万吨。目前，我国工业炸药已有了一个比较完整的生产体系，建立了一百多个炸药加工厂，品种达数十种之多，诸如铵油炸药（包括铵松蜡炸药、铵沥蜡炸药、多孔粒状铵油炸药）、浆状炸药、水胶炸药和乳化炸药等。其中，1981 年我国研制生产的乳化炸药为工程控制爆破提供了一种新型的工业抗水炸药，这类炸药具有良好的爆炸性能以及低廉的生产成本等一系列优点，已在国内 20 多个省市推广应用，除了向国外出口产品外，还转让了生产专利技术。

近 20 年来，国内外还研制和推广了导爆管起爆系统（包括精确非电延时起爆器）和抗静电、耐高温、耐高压、高精度、高段别电雷管等新型起爆器材。随着爆破作业机械化程度的提高，预裂爆破、光面爆破、定向抛掷爆破、拆除爆破、岩塞爆破等各种控制爆破新技术相继得到发展应用。

工程爆破在国民经济建设中有着广泛的用途，在煤矿、金属矿、建材矿山等工业领域，爆破方法是破碎矿岩的主要手段。我国年采煤约 12 亿吨，其中除少量用水力或机械开采外，绝大部分都是用爆破方法开采的。在冶金行业，我国年产钢1.05亿吨，消耗矿石量在8亿吨以上；在非金属行业，我国年产水泥1.8亿吨，消耗石灰石在2亿吨以上。这些矿石都是以爆破方法为主要施工手段开采的。

在铁路、公路和水利工程中，采用定向抛掷爆破可将土石方抛掷到预定的位置，从而加快车场、公路或大坝的建设速度。例如，湘黔线凯里车站在1971年进行的一次非对称双侧抛掷爆破，按设计要求将抛方量中的63.4%抛弃到一侧，加快了调车场的建设速度。1969年，广东省南水水电站定向爆破筑坝，总装药量1394t，土方量105万立方米，堆积平均坝高62.3m，与设计值相比，准确度达96%，这一先进经验曾在第十一届国际大坝大会上作了介绍。

在机电工程中，爆炸加工技术发展迅速，利用爆炸能可以将金属冲压成形，将两种金属焊接在一起，将金属表面硬化和切割金属或者人工合成金刚石等。另外，采用高温爆破法还可以清除高炉、平炉和炼焦炉中的炉瘤或爆破金属炽热物等。

在城市建筑物、构筑物和基础等拆除爆破中，控制爆破得到了空前的发展和应用。在城市进行工程爆破，技术上的要求与野外的爆破工程有着很大差别，它首先要求保证周围的人和物的安全，其次是装药量不能过多，而装药的炮孔数量却远远超过野外的土石方爆破，我国至今已积累了一次准确起爆12000个炮孔的经验。城市控制爆破技术的发展，不仅把过去危险性大的爆破作业由野外安全可靠地推进到了人口密集的城镇，更重要的是创造了许多新技术、新工艺和新经验。

二、爆破工程的基本特点

工程爆破的最基本特性在于对安全的高度重视。工程爆破是利用炸药爆炸产生的巨大能量作为施工手段，为工程建设服务的一种技术。炸药是易燃易爆物品，在特定条件下，其性能是稳定的，储存、运输和使用都是安全的，但如果使用不当或意外爆炸时则会给人们带来灾难。据统计，在我国企业职工伤亡事故中，各类爆炸事故总数（包括由爆破引起的事故）占伤亡事故总数的40%以上。为此，我国有关部门制定了一系列有关工程爆破的规程，《民用爆炸物品安全管理条例》、《民用爆炸物品安全生产许可实施办法》、GB 6722—2011、GA 990—2012和GA 991—2012等。上述爆破行政条例和技术法规是每一位爆破工作者必须掌握并遵守的法律。只有严格按照规程施工，才能确保施工的安全。

工程爆破的另一特点在于对爆破作业人员的素质有较高的要求。对爆破事故的统计分析发现，造成爆破事故的主要原因是人为因素，而人为因素造成爆破事故的主要原因是爆破作业人员素质差、安全意识差和违章作业。因此，所有爆破人员都应参加安全技术培训和考核，每个爆破人员都应明确自己的职责和权限。

工程爆破还有着严格的规章制度，对炸药的使用、运输、保管及施工每一个步骤都有着严格的规定。这些规定都是从成千上万例事故中总结出来的，是血的教训，每一个爆破工作者都应严格遵守。

三、爆破工程的方法

爆破方法可分为三类。

（一）按药包形状分类

按药包形状可分为四种爆破方法：

（1）集中药包法。当药包的最长边长不超过最短边长的 8 倍时，称为集中药包。集中药包通常应用在药室法爆破和药壶法爆破中。集中药包起爆后产生的冲击波以球状形式均匀辐射状作用到周围的介质上。

（2）延长药包法。当药包的最长边长大于最短边长或直径的 8 倍时，称为延长药包。实践中通常使用的延长药包，其长度要大于 17～18 倍药包直径。延长药包常常应用于深孔爆破、炮眼爆破和药室中的条形药包爆破中。延长药包起爆后，爆炸冲击波以柱状的形式向四周传播并作用到周围的介质上。

（3）平面药包法。当炸药包的直径大于其厚度的 3 倍或 4 倍时，称为平面药包。人们通常预先把炸药做成油毛毡或毛毯形状，应用时将其切割成块，包裹在介质表面，用于机械零件的爆炸加工。平面药包起爆后，大多数能量都散失到空气中，只是在与炸药接触的介质表面上受到爆炸作用，爆炸冲击波可以近似以平面的形式向四周传播并作用到周围的介质上。

（4）异形药包。为了某种特定的爆破作用，可以将炸药做成特定的形状。其中，应用最广的是聚能爆破法。它是将装药的一端加工成圆锥形的凹穴或沟槽，使爆轰波根据圆锥或沟槽凹穴的表面形状聚焦在它的焦点或轴线上，形成高能射流，击穿与它接触介质的某一部位。这种药包可用来切割金属板材、进行大块岩体的二次破碎以及在冻土中穿孔等。

（二）按装药方式与装药空间形状分类

按装药方式与装药空间形状的不同可分为四种爆破方法：

（1）药室法。这是大量土石方挖掘工程中的常用方法。它的优点是，需要的施工机械比较简单，不受气候和地理条件的限制，工效高。一般来说，药室法可分为集中装药药室和条形装药药室。每个药室的装药量小到几百公斤，大到几百吨。

（2）药壶法。即在普通炮孔底部，装入少量炸药进行不堵塞的爆破，使孔底部扩大成圆壶形，以求达到装入较多药量的爆破方法。药壶法属于集中药包类，适用于中等硬度的岩石，能在工程量不大、钻孔机具不足的条件下，以较少的炮孔爆破，获得较多土石方量。随着机械化施工水平的提高，药壶爆破的应用面有所缩小，但仍为某些特殊条件的工程所采用。

（3）炮孔法。通常根据钻孔孔径和深度的不同，把孔深大于 5m、孔径大于 50mm 的爆破称为深孔爆破，反之称为浅孔爆破。从装药结构看，这是属于延长药包一类，是工程爆破中应用最广、数量最大的一种爆破法。

（4）裸露药包法。这是一种最简单最方便的爆破施工方法。进行裸露药包法爆破作业不需钻孔，直接将炸药敷设在被爆破物体表面上并加简单覆盖即可。这样的爆破法对于清除危险物、交通障碍物以及破碎大块岩石的二次爆破是简便而有效的。虽然它的炸药爆炸能量利用率不高，应用数量不大，使用的机会也不多，但由于其操作简单至今仍不失其使用价值。

（三）按爆破技术分类

按爆破技术大体可分为四种爆破方法：

（1）定向爆破。使爆破后土石方碎块按预定的方向飞散、抛掷和堆积，或使被爆破的建筑物按设计方向倒塌和堆积的爆破，都属于定向爆破范畴。它的技术关键是要准确地控制爆破所要破坏的范围以及抛掷和堆积的方向与位置。对大量土石方的爆破，通常采用药室法或条形药室法。对于建筑物的定向倒塌爆破，除了合理布置炮孔位置外，还应考虑起爆时差和受力状态等。

（2）预裂、光面爆破。预裂和光面爆破的爆破作用机理基本相同，其目的都是为了在爆破后获得平整的岩面，以保护围岩不受破坏。

（3）微差爆破。微差爆破是在相邻炮孔或排孔间以及深孔内以毫秒级的时间间隔顺序起爆的一种起爆方法。由于相邻炮孔起爆的间隔时间很短，先爆孔为相邻的后爆孔增加了新的自由面，以及由于爆破应力波在岩体中的相互叠加作用和岩块之间的碰撞，使爆破的岩体破碎质量、爆堆成形质量均较好，从而可以降低大块率，降低炸药单耗，降低地震效应，减少后冲，提高施工效率。在拆除爆破中，合理的微差爆破可以控制建筑物的倒塌方向。

（4）其他特殊条件下的爆破技术。爆破工作者有时会遇到某种不常见的特殊情况，用常规方法难以解决，或因时间紧迫以及工作条件恶劣而不能进行正常施工，这时需要我们根据所掌握的爆破作用原理与工程爆破的基本知识，大胆设想采用新的爆破方案，仔细地进行设计计算，解决工程难题。例如，森林灭火、抢堵洪水和泥石流、疏通河道、水下压缩淤泥地基等。

对于爆破工作者来说，掌握上述几种爆破方法并不困难，但要灵活运用这些方法去解决工程中的各种复杂问题，却有相当的难度。要熟练地掌握爆破技术，既要有一定的数学、力学、物理、化学和工程地质知识，还要有一定的施工经验的积累。一个合格的爆破工程师，首先要熟悉各种介质的物理力学性质、爆破作用原理、爆破方法、起爆方法、爆破参数计算原理、施工工艺方面的知识，同时还要掌握爆破时所产生的地震波、空气冲击波、碎块飞散和破坏范围等爆破作用规律，以及相应的安全防护知识。

四、国内外爆破技术的发展与应用

（一）国内爆破技术的发展现状

我国工程爆破技术发展与国家经济建设的发展和需要密不可分。新中国成立初期，我国工程爆破技术力量十分薄弱，施工设备简陋，爆破器材相当缺乏，只有抚顺、阜新、鞍山等几座矿山有从事爆破作业的技术人员，炸药和起爆器材的品种和数量都很少，远不能满足经济建设的需要。党和政府十分重视培养、选用工程爆破技术人才和发展壮大工程爆破施工力量与装备，使我国逐步具备了独立从事大规模爆破设计与施工的水平。

自1955年起，我国工程爆破技术开始步入新的阶段。主要体现在：中深孔爆破技术逐渐推广使用；硐室大爆破技术的引进和应用。例如，在矿山建设方面聘请苏联专家于 1956 年在甘肃省白银厂铜矿试验采用大抵抗线集中药包实施万吨级的剥离硐室爆破，其炸药用量达 15640t，爆破方量为 907.7 万立方米；铁路建设方面硐室爆破则用于宝成线路堑开挖工程；在水利建设方面，1950 年起定向爆破筑坝技术在东川口水库、石郭溪一级水电站和南水水电站相继成功应用等，这些都充分体现了工程爆破技术的蓬勃发展景象，为国家经济建设做出了重大贡献，为硐室爆破技术发展与推广应用奠定了坚实的基础。但是，由于理论研究和技术普及工作跟不上形势发展的需要，爆破效果和工程质量不够理想，对硐室爆破技术的声誉也造成了一些不利的影响。

　　1970 年以后，随着预裂爆破、光面爆破、水下爆破和城市建筑物拆除爆破的研究与应用，以及大爆破技术的日益成熟，工程控制爆破技术得到了进一步的发展。1971 年，四川朱矿狮子山露天大爆破是继白银厂大爆破后又一次达到世界水平的万吨级大爆破，总装药量 10162.22t，爆破量 1140 万立方米。1971 年 7 月，我国首次在辽宁省清河热电厂供水隧洞进水口进行了岩塞爆破；1979 年 5 月在丰满进行了国内规模最大的水下岩塞爆破工程，岩塞直径 11m，装药量 4075.6kg，爆破土石方 4419m^3。

　　自 1958 年东北工学院（现为东北大学）井巷爆破教研室在国内首次应用定向控制爆破技术拆除钢筋混凝土烟囱之后，拆除控制爆破技术引起了普遍重视和全面推广。1973 年，北京铁路局采用控制爆破拆除了旧北京饭店面积约 2200m^2 的钢筋混凝土结构地下室，并且保证了周围建筑群、交通和人员的安全。1976 年，中国人民解放军工程兵工程学院运用控制爆破技术安全拆除了天安门广场两侧总面积达 1.2 万平方米的三座大楼，这标志着城市控爆拆除工程已进入一个新的阶段。1979 年，铁道部第四勘测设计院应用水压控制爆破安全拆除了一个长 5.7m、宽 3.6m、高 2.7m 和壁厚 0.5m 的钢筋混凝土高压滤水罐。

　　近 20 年来，工程控制爆破技术水平有了很大提高，通过各类控制爆破工程实践，积累了丰富的经验。1990 年广东惠州港采用定向爆破方法成功地进行了移山填海修筑码头，在这次爆破中采用小平面条形药包达到缓坡地形的远距离抛掷，使岸岛之间 230m 海域实现抛石回填，有效抛掷率为 63%。1992 年 12 月 20 日广东珠海炮台山的移山填海大爆破工程，炸药装填总量近 1.2 万吨，一次性爆落破碎和抛掷总方量达 1085 万立方米，抛掷率为 51.36%，控制方向的飞石不超过 300m，邻近 600m 的民房无倒塌，达到了安全要求，并在 90 个有效工作日内完成设计施工任务，按计划提前 30 天完成大爆破工程任务。迄今为止，采用定向抛掷控制爆破已修筑了六十余座堆石坝，取得了巨大的社会效益和经济效益。

　　此外，在国内许多重要的位处复杂环境的高大建筑结构的拆除爆破以及复杂环境深孔爆破中，控制爆破技术得到了空前发展与应用，不断创造出了许多新技术、新工艺和新经验。例如，1982 年湖北省爆破学会在高达 221m 的武汉市电视塔基础开挖工程中，应用控制爆破开挖近 8000m^3 岩石，确保距爆源仅 3m 的发射塔周围的建筑群及百米处长江大桥的安全。又如，地处闹市区的北京华侨大厦旧楼拆除工程，总拆除工程量约为 13000m^3，主楼 8 层，高 34m，外部环境非常复杂，共钻孔 6000 余个，装药量约 600kg，分 9 段顺序起爆，整个楼房均按预定方向和范围倒塌。2001 年，昆明理工大学、云南天宇爆破公司对云南宣威电厂高 120m 的烟囱进行拆除，爆破实施后烟囱按预定方向和范围倒塌。这些拆除爆破工程各具特色，积累了丰富经验，促进了拆除控制爆破技术的发展，也为工程控制爆破技术增添了光彩。

另一方面，随着凿岩机具的改进和优质安全的爆破器材产品系列化和配套日益完善，给中、深孔控制爆破技术的推广应用也带来了蓬勃生机，使原有的光面爆破、预裂爆破和微差爆破等控制爆破技术更为精湛，更为安全可靠，并且得到了更为广泛的推广应用。例如，广西柳桂高速公路超深孔高台阶光面爆破（台阶高达 27m）；青岛市环胶州湾高速公路山角村段一次实施长 470m，共 2033 排、3080 孔的深孔拉槽控制爆破；大冶、甫芬和水厂铁矿应用大区多排微差爆破技术，一次微差爆破段数达一百余段，炮孔数超过 500 个的规模；港深公路梧桐山运营隧道二期工程超小洞距掘进控爆施工经验以及葛洲坝工程二江电厂基础大面积开挖（19000m^2）深孔预裂爆破成缝防震的应用，体现了该技术的最新进展和广阔的应用前景。

1980 年 4 月，我国将控制爆破技术应用于人体疾病治疗，成功地施行了世界首例微爆破碎结石法治疗人体膀胱结石的临床手术。之后，又成功地施行了微爆炸破碎人体肝胆管内结石临床手术。

在机械工程中，爆炸加工技术发展迅速。例如，爆炸成形、爆炸焊接、爆炸复合、爆炸切割等。利用爆炸能可以人工合成金刚石。在石油地质部门，爆破用于坑探、掘进、地震勘探、油井和气井爆破等。采用高温爆破法可清除高炉和炼焦炉中的炉瘤或破碎金属炽热物等。

控制爆破还在平整土地、造田、伐木、驱雹、深耕及森林灭火等方面推广应用。在军事工程方面，控制爆破的应用就更加广泛了。

近 10 年来，随着计算机技术的广泛应用，国内一些露天矿山已开始采用计算机进行爆破设计和爆破质量管理，先后经历了爆破设计计算机辅助系统、爆破设计专家系统和爆破设计智能专家系统三个发展阶段，其中主要以西南交通大学研制的台阶爆破设计智能专家系统（ESBBD）、马鞍山矿山研究院开发的计算机辅助设计 BDP 系统和鞍山钢铁学院开发的 OMBES 专家系统为代表。ESBBD 系统实现了爆破参数选取智能化、爆破设计成图自动化、设计图表规范化、数据管理系统化，该系统在攀钢集团兰尖铁矿得到了初步应用，大大提高了生产爆破的设计质量与设计速度。

（二）国外爆破技术的发展现状

矿山开采的爆破规模由采场几何形状、年产矿石量、爆破技术和装备水平综合确定。国外爆破规模普遍较大，爆破量一般为 35 万 ~70 万吨。大型露天矿均采用高台阶大孔径爆破，台阶高度为 14 ~29m，孔径为 310 ~414mm。中小型矿山的台阶高度为 6 ~12m，孔径为 150 ~72mm。

尽管国外不同矿山的爆破设计程序有所不同，但是一些主要矿山均采用计算机辅助设计。通常由爆破技术人员根据地测人员提供的爆区地质平面图、现场孔位标志、炮孔和爆堆的品位标志来进行爆破设计。通常是根据本矿的实践经验或试验的统计分析资料，考虑矿岩性质、地质构造、爆区形状和炸药类型来确定爆破方案，选定孔网参数、装药量等参数。多数矿山采用宽孔距小抵抗线的孔网布置。

美国奥斯汀炸药公司编制的 QET 计算机程序，可以根据地形地质情况、爆破参数、装药结构、要求的爆破块度和爆破有害效应等项内容，确定出不同的爆破方案供用户选择。同时也可对各方案进行单价分析，作为投标的依据。

在控制爆破技术中，虽然目前仍以预裂爆破和光面爆破为主，但在具体工艺上也有不少的变化。露天矿由于固定边帮两个台阶并段，台阶高度增加，必须钻凿超长预裂孔。例如，美国桑·胡安煤矿（San Juan），台阶高度 12m，孔径 270mm 钻凿倾斜预裂孔，倾角 75°，孔深 30m。在装药结构方面，由于采用自充气胶囊袋使轴向空气间隔装药更为便利。胶囊袋采用多层双金属挤压尼龙薄膜制成，袋内置有可膨胀气体的小瓶，小瓶受压后瓶内压缩空气充入袋内使之膨胀，支撑在孔壁上起到间隔作用。在一个炮孔内装填三种以上炸药，采用孔内多段装药结构。装填三个品种炸药时，底部装高威力乳化炸药，中部装重铵油炸药，上部装多孔粒状铵油炸药。起爆顺序为：孔内分为二段时，先爆下后爆上；分为三段时，先爆中间，再爆下部，最后爆上部。

近年来，国外注意研究开发油、气地震勘探和油、气井开发中的特种爆破技术，发展迅速。例如，将小型高能震源器材应用于三维地震勘探，可大大提高地震勘探质量和安全，降低成本费用；新近发展起来的井下套管爆炸补贴和整形等特种爆破技术，解决了那些用传统和常规方法难以解决的井下问题；稠油地层、高致密低渗透地层等特殊地层的射孔爆破技术开发，等等。与此同时，对于聚能射流对岩石的侵彻机理和规律、金属粉末罩，形成的射流特性和影响稳定性的因素等基础研究课题，国外均取得了可以用于指导生产实践的研究成果。

五、问题展望

虽然我国的爆破技术有了很大发展，但爆破理论远远落后于工程实际。一方面是由于对爆破理论研究工作投入人力、物力和财力太少；另一方面正如钱学森院士所说的：由于爆炸力学要处理的问题比经典的岩体力学或流体力学要复杂，似乎不宜一下子从力学基本原理出发，构筑爆炸力学理论。近期还是靠小尺寸模型试验，但要用比较严格的无量纲分析，从实验总结找出经验规律。这也是过去半个多世纪行之有效的力学研究方法。我国爆破科技人员应该继续沿着这一方向，结合工程，开展水型爆破试验，并对大爆破和其他重要爆破工作组织科研观测，搜集数据资料，综合分析、找出规律，以利爆破理论的提高。

展望 21 世纪中国经济建设持续发展战略的实施，经济建设主战场不仅继续遍及东部和沿海地区，而且已向中西部地区扩展。一方面大批交通、能源、矿产资源开发利用和基础设施建筑项目不可避免会在丘陵地区和半山区兴建，土石方工程规模之大可能会超过以往，爆破工程任务势必更加繁重、更加艰巨；另一方面，由于强调资源开发的有效利用和环境保护并重，对爆破负面效应的限制和有效率的要求将越来越严格。目前一些粗放型的陈旧爆破技术必定被淘汰。因此，应该加强低耗高效无害的控制爆破技术研究，以适应今后在各地区修建铁路、高等级公路、大型厂矿、电站、长距离引（调）水工程、大批基础设施以及老厂矿改扩建工程提出的各种爆破技术的要求。比如，深埋长隧洞及群洞快速爆破掘进问题；恶劣地形地质条件下深路堑开挖爆破技术问题；大量筑坝石料大小级配可控开采爆破问题；特殊复杂环境爆破低噪声弱震无损伤控制爆破技术，以及炸药高效能利用问题，等等。所有这些经济建设中迫切需要解决的实际问题都对工程爆破技术提出新挑战，也为我国爆破技术发展提供了新机遇。

爆破理论知识

项目一 岩石性质及其分级

任务一 岩石的基本性质

【任务描述】

岩石介质对爆破作用的抵抗能力和其性质有关。岩石的基本性质从根本上说取决于其生成条件、矿物成分、结构构造状态和后期地质的营造作用。用来定量评价岩石物理力学性质的参数有100多个，但与爆破有关的主要参数，一般来说只有10多个。本任务主要讨论爆破中常用的岩石物理力学性质，为正确确定爆破参数、选定爆破施工安全技术打下基础。

【能力目标】

（1）从岩石的矿物成分及结构构造分析矿物的物理力学性质；

（2）把相关性质应用到实际爆破工程项目设计与施工中。

【知识目标】

（1）了解岩石的矿物成分及结构构造；

（2）掌握岩石主要的物理性质；

（3）掌握岩石主要的力学性质。

【相关资讯】

一、岩石的矿物成分和组织特性

（一）岩石的矿物成分

三大类岩石（岩浆岩、沉积岩、变质岩）具有不同的矿物成分，含有方解石 $CaCO_3$，长石 $K[AlSi_3O_6]$，硅酸盐和氧化物（SiO_2）的岩石硬度高，如花岗岩、玄武岩；含泥质矿物的岩石硬度低，如石炭岩、泥页岩等。硬度高低对凿爆效果有重要影响。

（二）岩石的结构构造

1. 结构

矿物晶粒的形状及晶粒之间的联结。矿物组织致密、胶结牢固和孔隙较少的岩石，坚固性最好，凿爆最难；而胶结不牢固，存在许多结构面和孔隙的岩石，坚固性最差，凿爆最容易。沉积岩还与胶结成分有关，以硅质成分最为坚固，铁质成分次之，钙质成分和泥质成分最差。

2. 构造

指岩石大范围的组织特征：层理、节理、裂隙、断层。这些面都是岩层中岩石的弱面，使岩石具有各向异性，为避免卡钎和提高爆破效果，炮孔必须与弱面正交或斜交。

二、岩石主要物理性质

（一）岩石的孔隙度 η

孔隙度 η 为岩石中孔隙总体积 V_0 与岩石的总体积 V 之比：

$$\eta = V_0/V \times 100\% \tag{1-1}$$

（二）密度 ρ

密度 ρ 为岩石的颗粒质量与所占体积之比。一般常见岩石的密度为 1400 ~ 3000kg/m³：

$$\rho = M/(V - V_0) \tag{1-2}$$

（三）容重 γ

容重 γ 为包括孔隙和水分在内的岩石单位体积重量，也称岩石的体重，$\gamma = G/V$。

密度大的岩石其容重也大。随着容重的增加，岩石的强度和抵抗爆破作用的能力也增强，破碎岩石和移动岩石所耗费的能量也增加。所以，在工程实践中常用公式 $K = 0.4 + (\gamma/2450)^2 (\mathrm{kg/m^3})$ 来估算标准抛掷爆破的单位用药量值。

岩石的孔隙度、密度、容重主要影响岩石的抛掷、堆积和装运。几种岩石孔隙度、密度、容重见表 1 - 1。

表 1 - 1　几种岩石的孔隙度、密度、容重

岩石名称	孔隙度/%	密度/g·cm⁻³	容重/t·m⁻³
花岗岩	0.5 ~ 1.5	2.6 ~ 2.7	2.56 ~ 2.67
玄武岩	0.1 ~ 0.2	2.8 ~ 3.0	2.75 ~ 2.90
辉绿岩	0.6 ~ 1.2	2.85 ~ 3.0	2.8 ~ 2.9
石灰岩	5.0 ~ 20	2.71 ~ 2.85	2.46 ~ 2.65
白云岩	1.0 ~ 5.0	2.5 ~ 2.6	2.3 ~ 2.4
砂岩	5.0 ~ 25	2.58 ~ 2.69	2.47 ~ 2.56
页岩	10 ~ 30	2.2 ~ 2.4	2.0 ~ 2.3
板岩		2.3 ~ 2.7	2.1 ~ 2.57
片麻岩	0.5 ~ 1.5	2.9 ~ 3.0	2.65 ~ 2.85

岩石名称	孔隙度/%	密度/g·cm⁻³	容重/t·m⁻³
大理岩	0.5 ~ 2.0	2.6 ~ 2.7	2.5
石英岩	0.1 ~ 0.8	2.65 ~ 2.9	2.54 ~ 2.85
黏土	45	1.6 ~ 2.1	1.6 ~ 2.0
砂子	30 ~ 50	1.5 ~ 1.7	1.4 ~ 1.6

（四）岩石的碎胀性

碎胀性是指岩石破碎后总体积增加的性质。

碎胀系数 k 也称为松散系数，一般为 $k = 1.3 ~ 1.6$，在挤压爆破和深孔天井掘进中，k 值非常重要。

补偿系数根据 k 值确定，常见介质的补偿系数见表 1 - 2。

表 1 - 2　常见介质的补偿系数

岩石名称	砂、砾石	砂质黏土	中硬岩石	坚硬岩石
补偿系数	1.05 ~ 1.20	1.20 ~ 1.25	1.30 ~ 1.50	1.50 ~ 2.50

（五）岩石的波阻抗

波阻抗为岩石中纵波波速（c）与岩石密度（ρ）的乘积。表示岩石对应力波传播的阻尼作用，一般 ρc 越大，凿爆越困难；岩石结构致密、坚硬、强度大，无大的地质构造弱面，则 ρc 大。岩石的这一性质与炸药爆炸后传给岩石的总能量及这一能量传递给岩石的效率有直接关系。通常认为选用的炸药波阻抗与岩石波阻抗相匹配（接近一致），则能取得较好的爆破效果。日本关于岩石的分级多采用 ρc 指标（见表 1 - 3）。

表 1 - 3　几种材料的波阻抗

材料名称	密度/g·cm⁻³	纵波速度/m·s⁻¹	波阻抗/kg·(cm²·s⁻¹)
花岗岩	2.6 ~ 2.7	4500 ~ 6800	800 ~ 1900
玄武岩	2.8 ~ 3.0	4500 ~ 7000	1400 ~ 2000
辉绿岩	2.85 ~ 3.0	4700 ~ 7500	1800 ~ 2300
辉长岩	2.9 ~ 3.1	5600 ~ 6300	1600 ~ 1950
石灰岩	2.71 ~ 2.85	3200 ~ 5500	700 ~ 1900
白云岩	2.5 ~ 2.6	5200 ~ 6700	1200 ~ 1900
砂岩	2.58 ~ 2.69	3000 ~ 4600	600 ~ 1300
板岩	2.3 ~ 2.7	2500 ~ 6000	575 ~ 1620
片麻岩	2.9 ~ 3.0	5500 ~ 6000	1400 ~ 1700
石英岩	2.65 ~ 2.9	5000 ~ 6500	1100 ~ 1900
大理岩	2.6 ~ 2.7	4400 ~ 6500	1200 ~ 1700

三、岩石的变形特征

岩石在外力作用下将发生变形，这种变形因外力的大小、岩石物理力学性质的不同会呈现弹性、塑性、脆性性质。当外力继续增大至某一值时，岩石便开始破坏，岩石开始破坏时的强度称为岩石的极限强度。因受力方式不同而有抗拉、抗压、抗剪等极限强度。

（一）岩石的静载变形特性

静载：载荷不随时间变化或随时间变化不大。如图 1 – 1 所示。

（1）脆性：岩石在外力作用下，不经显著的残余变形就发生破坏的性质。一般岩石呈脆性破坏。

（2）塑性：当岩石所受外力解除后，岩石没有恢复原状而留有一定残余变形的性能。

（3）弹性：在弹性变形范围内，当外力解除后，岩石恢复原形的性质。岩石在弹性极限内呈弹性，岩石可用与材料力学中各弹性常数表示。

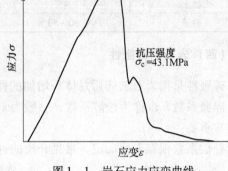

图 1 – 1　岩石应力应变曲线

（4）弹性模量：

$$E = \sigma / \varepsilon \tag{1-3}$$

（5）剪切模量：

$$G = \tau / \gamma \tag{1-4}$$

（6）泊松比：

$$\mu = \varepsilon_0 / \varepsilon_1 \tag{1-5}$$

（7）G、E、μ 的关系，根据材料力学的理论有：

$$G = E / [2(1 + \mu)] \tag{1-6}$$

（二）岩石的动载变形特征

动载荷随时间而变化，$P = f(t)$。冲击载荷就是一种动载荷，凿岩中活塞与钎尾、钎头与岩石爆破中的起爆、传爆、爆轰波，应力波对岩石的作用都是冲击载荷。如图 1 – 2 所示。

岩石变形不均匀，质点运动速度不一致，即岩石中各质点不是以一致速度运动，岩石不是均匀地变形，这是与静载作用根本区别所在。如图 1 – 3 所示。

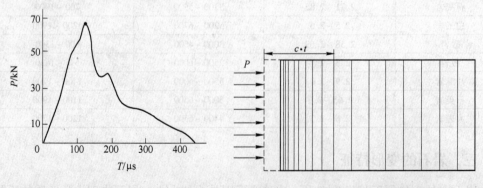

图 1 – 2　冲击载荷与时间的关系　　　图 1 – 3　钎杆中应变波传播情况

运动与变形首先开始于受冲击的端面，端面处质点受到扰动后，产生变形和应力，由于质点间的弹性联系，变形和应力以速度 c 传播，在时间 t 内，变形范围为 ct。

四、岩石的强度特征

（一）岩石的强度特征的定义

岩石的强度特征是指岩石能承受一定外力的作用而不破坏的性能，它是以岩石恰在破坏时应力大小来表示的。分动、静载强度。

（二）动载的特点

（1）其大小与加载速度有关，不是一个定数，见表 1-4。
（2）抗压强度比静载大得多，而抗拉强度与静载相近。

表 1-4　几种岩石的动、静强度

岩石种类	应力波的平均传播速度 /$m \cdot s^{-1}$	抗压强度/MPa		抗拉强度/MPa		加载速度 /$MPa \cdot s^{-1}$	载荷持续时间 /ms
		静态	动态	静态	动态		
大理石	4500~6000	90~110	120~200	5~9	20~40	$10^7 \sim 10^8$	10~30
和泉砂岩	3700~4300	100~140	120~200	8~9	50~70	$10^7 \sim 10^8$	20~30
多湖砂岩	1800~3500	15~25	20~50	2~3	10~20	$10^7 \sim 10^8$	50~100
群马砂岩	4100~5700	200~240	350~500	16~23	20~30	$10^7 \sim 10^8$	10~20
辉绿岩	5300~6000	320~350	700~800	22~32	50~60	$10^7 \sim 10^8$	20~50
石英－闪长岩	3700~5900	240~330	300~400	11~19	20~30	$10^7 \sim 10^8$	30~50

（三）动应力

动应力：

$$\sigma_d = \rho c_p v_p \tag{1-7}$$

（四）比能 a

破碎单位体积岩石所消耗的能量，是岩石可凿性的一个重要指标。

五、岩石的坚固性

（一）岩石的坚固性

坚固性是指岩石对外界各种机械破坏的综合抵抗能力。

（二）岩石的特性

（1）强度：指岩石能承受一定外力作用而不破坏的性能。
（2）硬度：岩石表面抵抗工具侵入的性能，与凿岩性密切相关。凿岩时，硬度比单向抗压强度更有意义，指岩石表面被破坏的性能。
（3）磨蚀性：岩石对工具的磨蚀能力，主要与岩石的成分有关。

（4）凿岩性：岩石被凿碎的难易程度。用每米炮眼所消耗的钎头数、纯凿速、比能三指标表示。

（5）爆破性：表示岩石被爆碎的难易程度。用单位原岩的炸药消耗量和所需炮眼长度表示。

任务二　岩石的分级

【任务描述】

岩石的分级是爆破优化设计和施工的基础，并为加强企业的科学管理和正确制定爆破定额提供依据。世界各国的爆破工作者就岩石的科学分级进行了大量的实验和研究工作，我国自新中国成立初期引入苏联的岩石分级方法以来，各工业部门也曾制定具有自己特色的岩石分级方法。但至今没有一个能为世界各国公认的普遍适用的岩石分级方法。

合理、简便、明了且具有实用价值的岩石分级法，应当根据具体的工程目的，采用一个或几个指标或判据来划分。

【能力目标】

（1）会根据相关指标对岩石进行分级；

（2）会根据相关的岩石分级进行爆破优化设计。

【知识目标】

（1）了解岩石分级意义；

（2）熟悉各种分级方法的特点及应用；

（3）掌握各种分级方法的判据。

【相关资讯】

一、分级的意义

（1）选择最佳方法和设备来破碎各种不同的岩石，以达到最佳的经济效果和最高的劳动生产率；

（2）选择合理的开采和维护方法，最安全、可靠地保护不应破坏的岩石，以正确有效地处理采矿中破坏与维护岩石这一最基本的矛盾。

二、普氏分级法

（一）基本观点

岩石的坚固性综合了岩石的各种属性（如岩石的凿岩性、爆破性，稳定性等），一般情况下岩石的坚固性与岩石的各种属性趋于一致。

（二）分级方法

用坚固性系数 f 来大致概括，作为分级的根据。

$$f = R/100 \quad 或 \quad f = R/300 + \sqrt{R/30} \quad\quad (1-8)$$

（三）该评价方法的评价

强调了一致性，忽视了各岩石特性的特殊性和差异性，因此有一定的误差，显得有些片面和笼统，如难凿的岩石不一定难爆，但简单易行，易于推广。多年来在各类矿山流行使用，表 1-5 为岩石的普氏法分级。

表 1-5　岩石的普氏法分级

等级	坚固性程度	典型的岩石	f
1	最坚固	最坚固、细致和有韧性的石英岩、玄武岩及其他坚固岩石	20
2	很坚固	很坚固花岗岩、石英斑岩、硅质片岩、较坚固的砂岩和石灰岩	15
3-1	坚固	致密花岗岩、很坚固砂岩和石灰岩，石英质矿脉等	10
3-2	坚固	坚固的石灰岩、砂岩、大理岩、不坚固的花岗岩、黄铁矿	8
4-1	较坚固	一般的砂岩、铁矿	6
4-2	较坚固	砂质页岩、页岩质砂岩	5
5-1	中等	坚固的黏土质岩石、不坚固的砂岩和石灰岩	4
5-2	中等	各种不坚固的页岩、致密的泥灰岩	3
6-1	较软弱	软弱的页岩，很软的石灰岩，白垩、岩盐、石膏、冻土	2
6-2	较软弱	碎石质土壤，破碎页岩、坚固的煤等	1.5
7-1	软弱	致密黏土，软弱的烟煤、坚固的冲击层、黏土质土壤	1.0
7-2	软弱	轻砂质黏土、黄土、砾石	0.8
8	土质岩石	腐殖土、泥煤、轻砂质土壤、湿砂	0.6
9	松散性岩石	砂、细砾石、松土、采下的煤	0.5
10	流沙性岩石	流沙，沼泽土壤、含水黄土及其他含水土壤	0.3

三、苏氏分级法

（1）基本观点：与普氏分级法的基本观点相反，强调特性的差异。

（2）分级法：按照凿岩性和爆破性的四个指标分类，将岩石分为 16 个等级。

（3）评价：指标与生产实际一致，可在现场测定，有现实意义，但失去了概括性，测定复杂，修正系数多，在我国没有广泛推广。

四、我国的分级法

鉴于以上各种分级法的缺陷，我国岩石分级工作近几年来一直在进行，总的观点是统一性与特殊性相结合的原则，（普氏、苏氏）两个层次依据岩石的可钻性、可爆性和稳定性三种性能进行具体的分级。

（一）岩石可钻性分级

岩石的可钻性是表示钻凿炮孔难易程度的一种岩石坚固性指标。国外有用岩石抗压强度、普氏系数、点荷载强度、岩石的侵入硬度等作为可钻性指标。国内东北工学院根据多年的研究，于1980年提出以凿碎比能作为判据来表示岩石的可钻性。这种可钻性分级方法简单实用，便于掌握，现场、实验室均可测定。

目前进行的"可钻性分级"采用便携式岩石凿测器（图1－4）测定岩石的凿碎比能和凿480次后钎刃磨钝的宽度，岩石分级见表1－6。

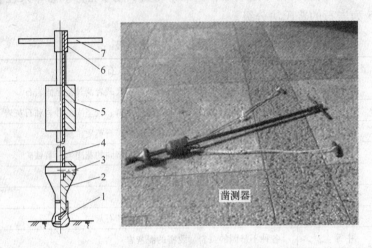

图1－4　凿测器

1—钎头；2—承击台；3—销钉；4—导向杆；5—落锤；6—卡套；7—转动手柄

表1－6　可钻性岩石分级

级　别	凿碎比能 $a/\text{J}\cdot\text{cm}^{-3}$	可钻性	代　表　性　岩　石
I	≤186	极易	页岩、煤、凝灰岩
II	187～284	易	石灰岩、砂页岩、橄榄岩、绿泥角闪岩、云母石英片岩、白云岩
III	285～382	中等	花岗岩、石灰岩、橄榄片岩、铝土矿、混合岩、角闪岩
IV	383～480	中难	花岗岩、硅质灰岩、辉长岩、玢岩、黄铁矿、铝土矿、磁铁石英岩、片麻岩、矽卡岩、大理岩
V	481～578	难	假象赤铁矿、磁铁石英岩、苍山片麻岩、矽卡岩、中细粒花岗岩、暗绿角闪岩
VI	579～676	很难	假象赤铁矿、磁铁石英岩、煌斑岩、致密矽卡岩
VII	≥677	极难	假象赤铁矿、磁铁石英岩

（二）岩石可爆破性分级

岩石的可爆破性表示岩石在炸药爆炸作用下发生破碎的难易程度，它是动载作用下岩石物理力学性质的综合体现。岩石的可爆性分级要有一个合理的判据，其重要意义在于预估炸药消耗量和制定定额，并为爆破设计优化提供参数。

岩石可爆性分级不仅应考虑岩石的坚固性，同时还应考虑岩体的裂隙性、岩体中大块构体的不同含量。东北工学院在 1984 年提出的岩石可爆性分级法，以爆破漏斗试验的体积及其实测的爆破块度分布率作为主要判据，并根据大量统计数据进行分析，建立一个爆破性指数 N、爆破参数和爆破工艺的综合效应，根据可爆性岩石分级见表 1 – 7。岩石爆破性指数为：

$$N = \ln\left[\frac{e^{67.22} \times K_1^{7.42}(\rho c_p)^{2.03}}{e^{38.44} V K_2^{4.75} K_3^{1.89}}\right] \tag{1-9}$$

式中　N——岩石爆破性指数；

　　　V——爆破漏斗体积，m^3；

　　　K_1——大块率（$>30cm$），%；

　　　K_2——小块率（$<5cm$），%；

　　　K_3——平均合格率，%；

　　　ρ——岩石的密度，kg/m^3；

　　　e——自然对数的底；

　　　c_P——岩石纵波波速，m/s。

表 1 – 7　可爆性岩石分级

爆 破 等 级		爆破性能指数 N	可爆性程度	代 表 性 岩 石
I	I_1	<29	极易爆	千枚岩、破碎性砂岩、泥质板岩、破碎性白云岩
	I_2	$29 \sim 38$		
II	II_1	$38 \sim 46$	易爆	角砾岩、绿泥岩、米黄色白云岩
	II_2	$46 \sim 53$		
III	III_1	$53 \sim 60$	中等	石英岩、煌斑岩、大理岩、灰白色白云岩
	III_2	$60 \sim 68$		
IV	IV_1	$68 \sim 74$	难爆	磁铁石英岩、角闪岩、斜长浅片麻岩
	IV_2	$74 \sim 81$		
V	V_1	$81 \sim 86$	极难爆	矽卡岩、花岗岩、矿体浅色砂岩
	V_2	>86		

思考与练习题

1. 岩石有哪些主要的物理力学性质，对爆破效果有何影响？
2. 岩石分级的意义是什么？
3. 简述与评价各种岩石分级方法。你对我国岩石分级方法有何看法？

项目二　炸药及爆炸的基本理论

任务一　基本概念

【任务描述】

爆炸是宇宙中普遍存在的一种自然现象，伴随着星球的形成和演化，发生过许多不同类型的爆炸，如超新星的爆发、小行星或陨石的高速碰撞，在我们地球上见到的闪电、火山爆发、原子弹与氢弹的爆炸、鞭炮的燃放、汽车或自行车的爆胎、锅炉或煤气罐爆裂、炸药爆轰以及岩爆等都是爆炸。

爆破是利用炸药的爆炸能量对介质做功以达到预定工程目标的作业。在工程爆破中，应用最广泛的是炸药的化学爆炸，因此本任务主要介绍爆炸现象及炸药的化学爆炸。

【能力目标】

(1) 会根据爆炸过程中产生的爆炸效应区分爆炸现象；
(2) 能把炸药的化学反应形式的相互转化运用到工程爆破中。

【知识目标】

(1) 了解爆炸现象的分类；
(2) 掌握形成化学爆炸的四个必要条件；
(3) 掌握炸药化学反应的四种形式。

【相关资讯】

一、爆炸现象及分类

(一) 爆炸现象的定义

爆炸是某一物质系统在有限的空间和极短的时间内，大量能量迅速释放或急骤转化的物理、化学过程。在这种变化过程中，通常伴随有强烈的放热、发光和声响等效应。

(二) 爆炸现象的主要特点

(1) 在极短时间内产生高温、高压气体的骤然膨胀；
(2) 在爆炸点周围介质中发生急剧的压力突跃；
(3) 伴有声、光现象。

（三）爆炸现象的分类

根据其本质的不同可分为三类。

1. 物理爆炸

发生爆炸时，仅仅是物质形态发生变化，而物质的化学成分和性质没有改变的爆炸现象。如汽车、自行车爆胎，锅炉爆炸等。

2. 化学爆炸

发生爆炸时，不仅是物质形态发生变化，而且物质的化学成分和性质也发生改变的爆炸现象。如炸药、瓦斯、煤尘的爆炸，鞭炮的燃放等。

3. 核爆炸

由于原子核裂变或聚变的连续反应释放出巨大能量而引起的爆炸现象。如原子弹、氢弹的爆炸等。

二、形成化学爆炸的三个必要条件

（一）化学反应过程必须放出大量的热能

爆炸变化过程中放出大量的热能是产生炸药爆炸的首要条件。热是爆炸作功的能源。同时，如果没有足够的热放出，化学变化本身不能供给继续变化所需要的能量，化学变化就不能自行传播，爆炸也就不能产生。

（二）化学反应过程必须是高速的

只有高速的化学反应，才能忽略能量转换过程中热传导和热辐射的损失，在极短的时间内将反应形成的大量气体产物加热到数千度，压力猛增到几万乃至几十万个大气压，高温高压气体迅速向四周膨胀作功，产生爆炸现象。

（三）化学反应过程应能生成大量的气体产物

炸药爆炸时所产生的气体产物是作功的物质。由于气体具有很大的可压缩性和膨胀性，在爆炸的瞬间处于强烈的压缩状态形成很高的势能。该势能在气体膨胀过程中，迅速转变为机械功。如果反应产物不是气体而是固体或液体，即使是放热反应也不会形成爆炸现象。

以上三点是炸药爆炸的基本条件，缺一不可。

三、炸药化学反应的形式

根据化学反应的激发条件、炸药性质和其他因素的不同，炸药化学变化过程可能以不同的速度进行传播，同时在性质上也有很大的区别。按传播性质和速度不同，将炸药化学反应的基本形式分为四种。

（一）热分解

炸药和其他物质一样，在常温下也要进行分解反应，但分解的速度很慢，不会形成爆炸反应，它的反应特点是速度很慢、全面进行。当温度升高时，分解反应速度会加快，温度继续升高到某一定值时，就会转化为爆炸。不言而喻，炸药的热分解性能影响炸药的储存。

（二）燃烧

炸药不仅能爆炸，而且在一定条件下，绝大多数炸药都能够稳定地燃烧而不爆炸，燃烧时反应区的能量是通过热传导、气体产物的扩散辐射而传入原始炸药的，它是反应特点是由表及里、速度较慢。

（三）爆炸

与燃烧相比，爆炸在传播形态上有着重大的本质区别。炸药爆炸的特点是在爆炸点的压力急剧地发生突变时，传播速度很快而且可变，这种速度与外界条件无关，即使在敞开的容器中也能进行高速爆炸反应。一般来说，爆炸过程是很不稳定的，不是过渡到更大爆速的爆轰，就是衰减到很小的爆燃直至熄灭。它的特点是反应高速、不稳定。

（四）爆轰

炸药以最大而稳定的爆速进行传爆的过程，它是炸药所特有的一种化学反应形式，并且与外界的压力、温度无关。对于任何一种炸药来说，在给定的条件下，爆轰的速度均为常数。在爆轰条件下，爆炸具有最大的破坏作用。它的特点是反应高速、稳定。

炸药化学变化的四种形式在性质上虽有不同之处，但它们之间却有着非常密切的联系，在一定条件下是可以相互转化的。炸药的热分解在一定的条件下可以转变成燃烧，而炸药的燃烧随温度和压力的增加又可能发展转变成爆炸，直到过渡到稳定的爆轰，这些转变所需的外界条件是至关重要的。

任务二　炸药的起爆

【任务描述】

炸药是一种相对平衡的平衡系统，只有给它施加一定的外能才能使其爆炸。引起炸药爆炸的原因可归结为两个方面——内因和外因。从内因看，炸药爆炸是由于炸药分子结构的不同引起吸收外界作用能力的不同；外因就是导致炸药爆炸的起爆能。

工程爆破就是利用炸药爆炸后产生的能量来达到工程目标。根据炸药本身的性能合理选择起爆条件是本任务讨论的内容。

【能力目标】

根据不同炸药选用合理的起爆能。

【知识目标】

（1）熟悉起爆能的分类；

（2）掌握起爆机理；

（3）掌握热点产生的原因。

【相关资讯】

一、起爆与起爆能

（一）炸药的起爆

炸药是一种相对稳定的平衡系统，要使炸药发生爆炸变化必须要由外界施加一定的能量。外界施加给炸药某一局部从而引起炸药爆炸的能量称为起爆能。在外部起爆能作用下，炸药不从稳定状态到稳定状态的化学体系变化过程称为起爆。起爆能的形式有三种：热能、机械能和爆炸能。

（二）起爆机理

外界能量的作用能否引爆炸药，取决于能量的大小及能量的集中程度。根据活化理论，化学反应只是在具有活化能量的活化分子之间相互接触和碰撞时才能发生。可见，为了促使炸药起爆，必须有足够的外能集中作用，使局部炸药分子获得能量，变成活化分子。而活化分子的数目越多，越有利于炸药爆炸反应的进行。

图 1−5 所示为炸药发生爆炸反应的能量变化过程。图中 Ⅰ、Ⅱ、Ⅲ 分别表示炸药的初态、过渡态（活化分子，并相互作用的状态）和终态（爆炸反应终了状态），它们相对应的分子平均能量级为 E_1、E_2、E_3。能量级 E_2 是活化分子发生爆炸反应所必须具备的最低能量。为了使炸药分子从初态 Ⅰ 的能量级 E_1 增至活化状态 Ⅱ 的能量级 E_2，必须使能量增加 $E_{1,2}$，$E_{1,2}$ 就是活化能。起爆时，外能的作用就在于使处于 Ⅰ 状态部分炸药分子获得活化能 $E_{1,2}$，达到状态 Ⅱ，使足够数量的活化分子相互接触、碰撞而发生爆炸反应。爆炸反应后，由能量级 E_2 至 E_3，为反应过程释放的能量。

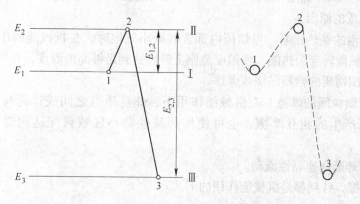

图 1−5　炸药发生爆炸反应能量变化过程

炸药反应释放的能量 $E_{2,3} = E_3 - E_2$。由于 $E_{2,3} \gg E_{1,2}$，这部分能量又促使其他未获得能量的 Ⅰ 状态炸药分子继续获得能量，形成更多的活化分子，加速爆炸反应的进行。

由此不难看出，外能越大，越集中地作用于炸药的某一局部区域，该局部区域所能形成的活化分子数目就会越多，则炸药起爆的可能性就越大；反之，如果能量均匀地作用于炸药的整体，则需要更大的能量才能引起炸药爆炸。

（三）影响起爆的因素

（1）外能的大小和作用时间。

（2）外能的集中程度。

（3）炸药活化分子释放能 ΔE。

二、炸药起爆的基本理论

（一）炸药的热能起爆

热能起爆理论的基本要点是在一定的温度、压力和其他条件下，如果一个体系反应放出的热量大于热传导所散失的热量，就能使体系发生热积聚，从而使反应自动加速而导致爆炸。如果单位时间内炸药得到的热大于散失到周围的热量，就会导致炸药有热积累、升温和被起爆。

火焰、火星、电热等都有加热作用。

（二）炸药的机械能起爆

1. 热点

当炸药受到撞击、摩擦等机械作用时，并非受作用的各个部分都被加热到相同的温度，而只是其中一部分或几个极小的部分。例如个别晶体的棱角处或微小气泡处，首先被加热到炸药的爆发温度，促使局部炸药首先起爆，然后迅速传播到全部。这种温度很高的微小区域，通常称为灼热核，也称"热点"。

炸药中首先达到爆发点的微小区域，多是微气泡或炸药结晶的两面角、棱角上，且半径 $r \geq 10^{-5} \sim 10^{-3}$ cm，温度在 $300 \sim 600$℃，作用时间在 10^{-7} s 以上。

2. 热点形成的原因

（1）微气泡的绝热压缩。当炸药内部含有微小气泡时，在机械能的作用下，被绝热压缩，此时机械能转变为热能，使温度急剧上升而达到足够高的温度，在气泡周围形成热点，并引起周围物质的剧烈燃烧或爆炸。

（2）炸药颗粒间的摩擦。在机械能作用下，炸药质点之间或炸药与掺和物之间发生相对运动而产生的相互摩擦，也可使炸药某些微小区域首先达到爆发温度，形成热点。

（3）液态炸药高速黏性流动。

撞击、摩擦、针刺都是机械能作用的形式。

（三）炸药的爆炸冲能起爆

由于强冲击波（或爆轰波）的作用，在其周围炸药的某点形成热点，其机理与机械能起爆相似。用雷管、导爆索、炸药引爆炸药均属爆炸冲能起爆的作用类型。

任务三　炸药的爆轰理论

【任务描述】

工程爆破中通常都用雷管来起爆炸药。雷管的爆炸能量比起炸药包的爆炸能量要小得多，雷管的作用仅在于激起与它邻近的局部炸药分子爆炸，至于整个药包能否完全爆炸，则取决于炸药爆炸的稳定传播。因此，研究炸药爆轰是怎样进行的和如何保证整个药包完全爆轰的基础，具有重大的意义。

爆轰是炸药爆炸的一种最充分的形式。自 19 世纪末期以来，炸药和起爆器材有了很大的突破和发展，对爆轰过程也进行了深入的研究，并建立了以流体动力学为基础的爆轰理论。爆轰理论阐明了爆轰传播的规律和实质；正确地解释了爆轰过程的特点，如爆轰机理、爆轰条件等；导出了爆轰传播的基本理论公式；计算出了各种爆轰参数，如爆速、爆轰压力等，得到了比较满意的结果。爆轰理论对炸药爆炸作用和新品种炸药的研究都有着重要作用。也是近代炸药理论和爆轰理论的基础。

流体动力学爆轰理论的基本观点是：炸药的爆轰是冲击波在炸药中传播引起的；炸药在冲击波作用下的快速化学反应所释放出的能量又支持了冲击波的传播，使其波速保持恒定而不衰减；爆轰参数是以流体动力学为基础计算的。

【能力目标】

根据稳定爆轰的条件合理选用炸药及爆破工艺。

【知识目标】

（1）掌握冲击波、爆轰波的概念及特点；
（2）掌握影响稳定爆轰的因素。

【相关资讯】

一、冲击波的基本概念

（一）压缩波

1. 实验

如图 1-6 所示，在无限长气筒活塞右侧充满压力为 p_0 的气体，当活塞在 F 力的作用下向右运动时，活塞右侧气体存在三个区域：压力为 p_1 的均匀区；压力介于 p_1 与 p_0 之间的扰动区；压力仍为 p_0 的未扰动区。

2. 压缩波的定义

扰动传播后，使介质状态参数（p、ρ、T）增加的波称为压缩波。在均匀区与未扰动区之间，存在过渡的扰动区。

3. 压缩波的特点

（1）其介质质点运动方向 u 与波的传播方向 c 相同；

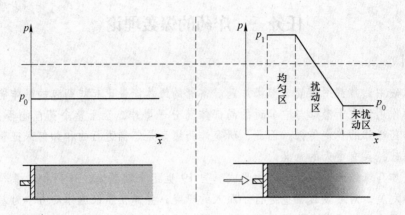

图 1－6　压缩实验

（2）其压力的增加是连续的。

4. 波阵面

波阵面是介质中已受扰动区和未受扰动区的界面。

5. 波速

扰动波沿介质传播的速度就是波阵面的传播速度。

（二）冲击波

1. 冲击波的形成

如图 1－7 所示，当时间为 t_1 时，气筒中气体状态如前所述，当活塞的运动足够快，大于气体的声速 c 时，因气体中的声速 c 与其压力 p 成正比，扰动区内左侧部分声速 c 高于右侧部分。

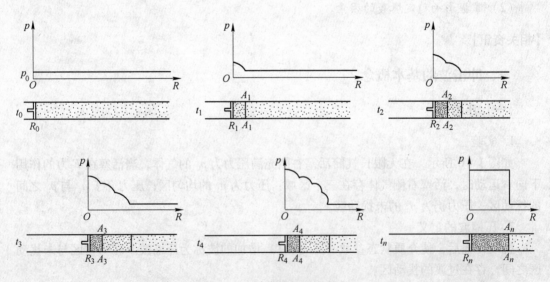

图 1－7　冲击波的形成实验

R—活塞与气体的界面；A—各个瞬时的波阵面；p—管中空气压力

从 t_2 至 t_3，从 t_3 至 t_4，扰动区渐渐缩小，直至消失。在 t_4 情况下均匀区与未扰动区直接接触，形成了冲击波。

2. 定义

冲击波是炸药爆炸后在介质中产生的传播速度高于介质声速的一种压缩波，其波阵面有陡峭的前沿，介质压力在波阵面发生突跃上升。经长距离传播后，压力上升逐渐趋于平缓或下降，冲击波最终将衰减成声波。

3. 性质

（1）其波速 D 大于介质声速 c。

（2）其波阵面是完全陡峭的，在此面上介质参数剧增。

（3）当 $D < c$ 时，其复原为压缩波，扰动区重新出现，过程复原。

二、爆轰波

（一）爆轰波

1. 定义

炸药爆轰时，其前阵面是带有化学反应区的冲击波，称为爆轰波。如图 1 - 8 所示。它具有冲击波一切特性。

2. 爆轰波模型

爆轰波是在炸药中传递的带有反应能以补充能量稳定的特殊冲击波，是爆轰作用的激发源。由捷里道维奇、诺依曼和达尔林各自独立提出的爆轰波结构模型如图 1 - 9 所示，称为 Z-N-D 模型：前沿为压力 P_1 的波阵面（图中粗线），阵面后为化学反应区，反应区结束时压力为 P_{CJ}，一般 $P_{CJ} = P_{1/2}$，压力为 P_{CJ} 的阵面称为契普曼 - 儒格面（CJ 面），CJ 面之后经过一个过渡段，爆生产物变成高温高压准静态气体。

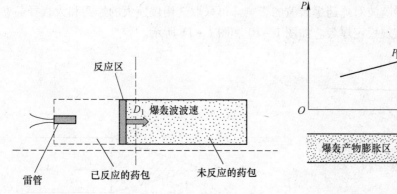

图 1 - 8　爆轰波在药包中的传播　　　图 1 - 9　爆轰波的 Z-N-D 模型

3. 爆轰波的特点

（1）爆轰波只存在于炸药的爆轰过程中，爆轰波的传播随着炸药爆轰的结束而终止。

（2）爆轰波波阵面中的高速化学反应区，是爆轰波得以稳定传播的基本保证。习惯上把 0~2 区间称为爆轰波波阵面的宽度，其数值约为 0.1~1.0mm，视炸药的种类而异。

（3）爆轰波具有稳定性，即波阵面上的参数及其宽度不随时间变化，直至爆轰终止。

（二）理想爆轰和稳定爆轰

图 1 - 10 所示为炸药爆速随药包直径变化的一般规律。它表明，随着药包直径的增大，爆速相应增大，一直到药包直径增大到 $d_{极}$ 时，药包直径虽然继续增大，但爆速将不再升高而是趋于一恒定值，亦即达到了的最大爆速。$d_{极}$ 称为药包的极限直径。随着药包直径的减小，爆速逐渐下降，一直到药包直径降到 $d_{临}$ 时，如果继续缩小药包直径，即 $d < d_{临}$ 时，爆轰就完全中断。$d_{临}$ 称为药包的临界直径。

当任意加大药包的直径和长度而爆轰波传播速度仍保持稳定的最大值时，称为理想爆轰，即图 1 - 10 右边的区域。若爆轰波以低于最大爆速的速度传播，称为非理想爆轰。非理想爆轰又分为两类。在图 1 - 10 中，药包直径在 $d_{临}$ 和 $d_{极}$ 之间的爆轰属于稳定爆轰区，在此区间内爆轰波以与一定条件相对应的速度传播。在药包直径小于 $d_{临}$ 区域属于不稳定爆轰区。

在工程实际中，必须避免不稳定爆轰的发生力求达到理想爆轰。也就是药包直径不应小于 $d_{临}$，而应尽可能达到或大于 $d_{极}$。

（三）稳定爆轰的条件

（1）混合炸药的物理条件合适。炸药的各组分颗粒细且碾制均匀，密度不能过大，并存在一个最佳密度。超过此极限密度后，不利于各组分之间的化学反应。

（2）足够的药包直径 d：

1）当 $d < d_{临}$ 时，炸药爆轰中断；

2）当 $d_{极} > d \geqslant d_{临}$ 时，炸药产生稳定爆轰；爆速 D 随 d 的增加而增加；

3）当 d 达到 $d_{极}$ 后，D 不随 d 的增加而变化，产生理想爆轰；$d_{极} = (8 \sim 13)d_{临}$。

（3）应使炸药中心颗粒向周边扩散的时间 t_1 不小于炸药颗粒反应时间 t_2，控制炸药中心颗粒扩散引起的稀疏波对炸药爆轰波的影响。可采取选用爆速大的炸药和大直径药卷及坚固外壳等措施，实现稳定爆轰。如图 1 - 10 和图 1 - 11 所示。

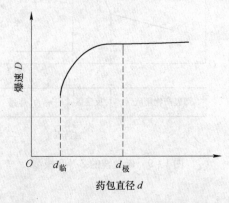
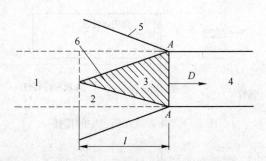

图 1 - 10　爆速与药包直径的变化关系

图 1 - 11　侧向扩散对反应区结构的影响

1—爆轰产物区；2—侧向扩散影响区；3—有效
反应区；4—未反应区（炸药）；5—扩散物
前锋位置；6—稀疏波（膨胀波）阵面；
l—反应区宽度；$A - A$—冲击波阵面

不同药包直径侧向扩散对反应区结构影响示意图如图 1-12 所示。

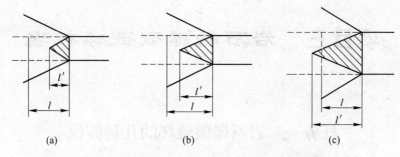

图 1-12　不同药包直径侧向扩散对反应区结构影响示意图

(a) 不稳定传爆；(b) 非理想爆轰稳定传爆；(c) 理想爆轰

l′—反应区宽度；l—有效反应区宽度

（4）径向间隙效应：管壁、孔壁与药包之间的径向间隙，影响了爆轰波的稳定传播。其影响因素有径向间隙的大小、管壁强度、炸药性质等。

当径向间隙为 10~15mm、管壁强度大、炸药极限密度低时，径向间隙效应明显。

孔内空气冲击波速度如图 1-13 所示。

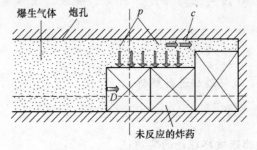

图 1-13　孔内空气冲击波速度

思考与练习题

1. 爆炸和燃烧有何区别？
2. 根据爆炸现象产生的原因和特征，爆炸可归纳为几类？各自有何特点？
3. 化学爆炸需具备哪些条件？为什么？
4. 简述活化起爆机理。
5. 简述热点产生的原因。
6. 简述稳定爆轰的条件。
7. 简述冲击波与爆轰波的区别。

项目三 岩石的爆破破碎机理

任务一 岩石爆破破坏的几种假说

【任务描述】

爆破是目前采矿工程中和其他基础工程中应用最广泛最频繁的一种破碎岩土的有效手段。为了更有效地利用炸药爆炸释放的能量达到一定的工程目的，研究炸药包爆炸作用下岩土的破碎机理是一项重要的科研课题。

炸药爆轰过程属于超动态动力学问题，从药包起爆到岩石破碎，只有几十微秒。岩石的爆破机理研究是在生产实践的基础上，借助于高速摄影、模拟试验、数值分析，对爆破过程中在岩石内发生的应力、应变、破裂、飞散等现象的观测基础上总结而成的。

【能力目标】

会对各种破坏理论、破坏过程进行解析。

【知识目标】

(1) 掌握爆炸气体膨胀破坏理论的实质；
(2) 掌握应力波反射破坏理论的实质；
(3) 掌握爆炸气体膨胀和应力波共同作用破坏理论的实质。

【相关资讯】

一、爆炸气体产物膨胀压力破坏理论

该理论认为，炸药爆炸以后，产生大量高温、高压气体，这种气体膨胀时所产生的推力作用在药包周围的岩土上，引起质点的径向位移，如果存在自由面，岩石位移的阻力在自由面方向上最小，岩石质点速度在自由面方向上最大，位移阻力各方向上的不等形成剪切应力。当这种剪切应力超过岩石的极限抗剪强度时就会引起岩石的破裂。当爆炸气体的膨胀推力足够大时，还会引起自由面附近的岩石隆起、鼓包并沿径向方向推开。爆炸气体剩余压力对岩块产生进一步的抛掷。气体膨胀压力破坏力在很大程度上忽视了冲击波的作用。

这种理论的依据如下：

(1) 岩石发生破碎的时间是在爆炸气体作用时间内；
(2) 炸药中的冲击波能量仅占炸药总能量的 5% ~ 15%，大部分能量在爆炸气体产

物中；

（3）岩石发生破裂和破碎所需时间小于爆炸气体加载于岩石的时间。

二、冲击波引起应力波反射破坏理论

这种理论认为，当炸药在岩石中爆轰时，产生的高温、高压和高速的冲击波猛烈冲击周围的岩石，在岩石中引起强烈的应力波，它的强度大大超过了岩石的动抗压强度，因此引起周围岩石的过度破碎。当压缩应力波通过粉碎圈以后，继续向外传播，但是它的强度已大大下降，不能直接引起岩石的破碎。当应力波传到自由面时，压缩应力波从自由面反射形成反射拉应力波，虽然此时波的强度已很低，但是岩石的抗拉强度大大低于抗压强度，所以仍足以将岩石拉断。这种破裂方式亦称"片落"。随着反射波往里传播，"片落"继续发生，一直将漏斗范围内的岩石完全拉裂为止。因此岩石的破坏主要是入射波和反射波的结果，爆炸气体的作用只限于岩石的辅助破碎和破裂岩石的抛掷。如图 1 – 14 所示。

这种理论的主要依据是：

（1）岩体的破碎是由自由面开始而逐渐向爆心发展的；

（2）冲击波的压力比气体膨胀压力大得多。

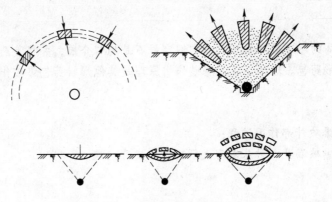

图 1 – 14　反射拉伸破坏

三、爆炸气体膨胀压力和冲击波所引起的应力波共同作用理论

此理论认为爆破时岩石的破坏是爆炸气体膨胀压力和冲击波共同作用的结果。即两种作用形式在爆破的不同阶段和针对不同岩石所起的作用不同。

炸药爆炸后在岩石中产生爆炸冲击波，使炮孔周围附近的岩石被"粉碎"；由于消耗大量的能量，冲击波衰减为应力波，在压碎区之外造成径向裂隙，反射应力波使这些裂纹进一步扩展；随着爆炸气体产物膨胀，产生"气楔作用"使开始发生的裂隙扩大、贯通形成岩块，并使岩石脱离母岩和抛掷。应力波进一步衰减成为弹性波，只能使质点在平衡位置作弹性振动，而不能引起介质破坏。

爆破岩石时，岩体初期受到装药爆炸所激起的应力波的作用，但由它形成的应力状态或动态应力场将很快消失；后期受到爆炸气体的静压作用，作用时间较长。

冲击波作用的重要性与所破坏的介质特性有关。

哈努卡也夫认为：岩石波阻抗值不同，它所需要的应力波波峰值也不同。岩石波阻抗值较高时，要求有较高的应力波波峰值，此时冲击波的作用更为重要。他把岩石按波阻抗分为三类：

第一类：高阻抗岩石，其波阻抗为 $15 \times 10^6 \sim 25 \times 10^6 (kg/m^3) \cdot (m/s)$。此类岩石的破坏，主要取决于应力波，包括入射波和反射波。

第二类：低阻抗岩石，其波阻抗小于 $5 \times 10^6 (kg/m^3) \cdot (m/s)$。此类岩石中由气体压力形成的破坏是主要的。

第三类：中等阻抗的岩石，其波阻抗为 $5 \times 10^6 \sim 10 \times 10^6 (kg/m^3) \cdot (m/s)$。该类岩石的破坏是应力波和爆炸气体综合作用的结果。

工程实际的应用，对于不同性质岩石和不同目的情况下的爆破，可以通过控制炸药的应力波峰值和爆炸生成气体的作用时间来达到预期目的。对高阻抗岩石，采用高猛度炸药、耦合装药或装药不耦合系数较小，此时应力波的破坏作用是主要的；对低阻抗岩石，采用低猛度炸药、装药不耦合系数较大，此时爆炸气体静压的破坏作用则是主要的。

任务二　单个药包爆破作用的分析

【任务描述】

为了分析岩体的爆破破碎机理，通常假定岩石是均匀介质，并将装药简化为在一个自由面条件下的球形药包。球形药包的爆破作用原理是其他形状药包爆破作用原理的基础。

【能力目标】

（1）能阐述爆破外部作用过程；

（2）能运用爆破漏斗四种基本形式解决工程实际问题。

【知识目标】

（1）掌握爆破的内部作用的三个区域；

（2）掌握球形药包爆破作用原理；

（3）掌握爆破漏斗参数；

（4）掌握自由面理论；

（5）掌握最小抵抗线原理。

【相关资讯】

一、爆破的内部作用

药包爆炸的内部作用原理如图 1 – 15 所示。

埋置在地表以下很深处的药包爆炸时，如果药包威力不很高，则地表不出现明显破坏的爆破作用，称为爆破的内部作用。假设岩石为均匀介质，当炸药置于无限均质岩石中爆炸时，在岩石中形成以炸药为中心的由近及远的不破坏区域，分别使岩石破坏特征发生明显变化，可以分为三个区：压碎区（压缩区）、裂隙区（破裂区）和弹性振动区。

（一）压碎区（压缩区）

炸药爆炸后，爆轰波和高温、高压爆炸气体迅速膨胀形成的冲击波作用在孔壁上，在岩石中激起冲击波或应力波，其压力高达几万 MPa、温度达 3000℃ 以上，远远超过了岩石的动态抗压强度，致使炮孔周围的岩石呈塑性状态，在几到几十毫米的范围内岩石熔融。尔后随着温度的急剧下降，将岩石粉碎成微细的颗粒，把原来的炮孔扩大成空腔，形成压缩区或压碎区（半径为 $3 \sim 7r$）如图 1 – 16 所示。

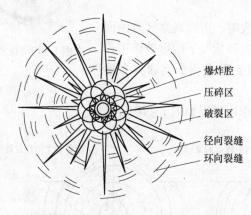

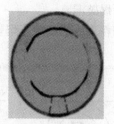

图 1 – 15 药包爆炸的内部作用原理图　　　图 1 – 16 压缩圈

（二）裂隙区（破裂区）

当冲击波通过压碎区以后，继续向外层岩石中传播。随着冲击波传播范围的扩大，岩石单位面积的能流密度降低，冲击波衰减为压缩应力波，其强度已低于岩石的动抗压强度，不能直接压碎岩石。但是，它可使压碎区外层的岩石遭到强烈的径向压缩，使岩石的质点产生径向位移，因而导致外围岩石层中产生径向扩张和切向拉伸应力。如果切向拉伸应变超过岩石的抗拉强度，那么在外围岩石层中就产生径向裂隙。当切向拉伸应力小岩石的抗拉强度时，便会产生与压缩应力波作用方向相反的向心拉伸应力，使岩石质点产生反向的径向位移，当径向拉伸应力超过岩石的抗拉强度时就在岩石中出现环状裂隙。径向裂隙和环状裂隙的相互交错，将该区中岩石割裂成块，此区域称为破裂区，如图 1 – 17、图 1 – 18 所示。

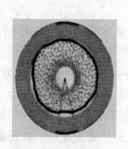

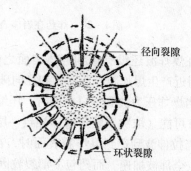

图 1 – 17 破碎圈　　　图 1 – 18 爆破的内部作用形成的网状裂隙

（三）弹性振动区

裂隙区以外的岩体中，由于应力波引起的应力状态和爆轰气体压力建立起的准静态应力场均不足以使岩石破坏，只能引起岩石质点做弹性振动，直到弹性振动波的能量被岩石完全吸收为止，此区域称为弹性振动区，如图 1 - 19 所示。

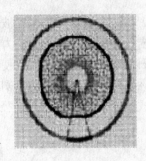

图 1 - 19　振动圈

二、药包的外部作用

当单个药包在岩体中的埋置深度不大时，可以观察到自由面上出现了岩体开裂、鼓起或抛掷现象。这种情况下的爆破作用称为爆破的外部作用。其特点是在自由面上形成一个倒圆锥形爆坑，称为爆破漏斗。

炸药在岩体表面附近爆炸时的外部作用过程如图 1 - 20 所示。

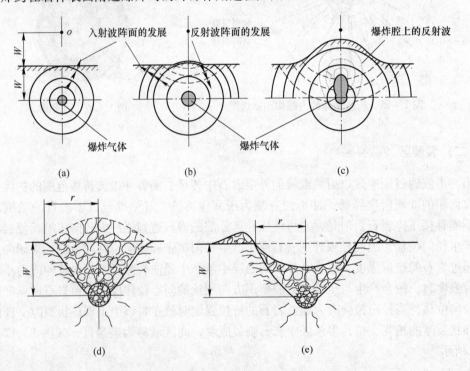

图 1 - 20　炸药在岩体表面附近爆炸的外部作用过程

（1）在爆炸波还没有达到岩体表面之前，爆破作用现象与前述内部作用情况相似，即在药包附近产生爆炸腔、压碎区和径向破裂区。

（2）当爆炸压力波到达自由面时，压缩波反射为拉伸波，从自由面向药包方向传播，该拉伸波有可能（取决于装药量）导致一层或几层岩石呈镜片状剥离。

（3）当拉伸波到达到爆炸腔表面时，在爆炸腔表面反射为压缩波，此时，药包上部的岩石质点全部被加速，而药包下部裂纹因拉伸波卸载而停止扩展。此后，在压缩波、拉伸波与爆炸腔中爆炸气体的压力共同作用下，使药包与自由面之间的岩石隆起、破裂，发生鼓包运动。

（4）最后，在岩体表面形成松动爆破漏斗或抛掷爆破漏斗。

松动爆破漏斗是指爆破只引起药包与自由面之间的岩石产生松动，形成漏斗状破碎坑，如图1-20（d）所示。

抛掷爆破漏斗是指爆破不但引起药包与自由面之间的岩石产生松动，而且还把坑内部分岩块抛掷出去，形成一个可见漏斗状爆炸坑，如图1-20（e）所示。

（一）片落的形成及径向裂隙的延伸

当集中药包埋置在靠近地表的岩石中时，药包爆破后除产生内部破坏作用以外，还会在地表产生破坏作用。在地表附近产生破坏作用的现象称为外部作用。

1. 反射拉伸应力波引起自由面附近岩石的片落 ［霍金逊（Hopkinson）］效应

如图1-21所示，图1-21（a）表明压缩应力波刚好达到自由面的瞬间。这时，波阵面的波峰压力为 P_a。图1-21（b）表示经过一定时间后，如果前面没有自由面，则应力波的波阵面必然到达 $H_1'F_1'$ 位置。但是，由于前面有自由面的存在，压缩应力波经过反射后变成拉伸应力波，反射回到 $H_1''F_1''$ 的位置，在 $H_1''H_2$ 平面上，在受到 $H_1''F_1''$ 拉伸应力作用的同时，还受到 H_2F_1'' 的压缩应力的作用。合成的结果，在这个面上受到合力为 $H_1''F_1''$ 的拉伸应力的作用，这种拉伸应力引起岩石沿着 $H_1''H_2$ 平面成片状拉开。

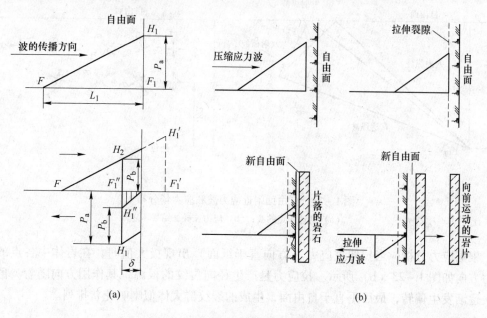

图1-21　霍金逊效应的破碎机理

（a）应力波合成的过程；（b）岩石表面片落过程

应该指出的是，"片落"现象的产生主要与药包的几何形状、药包大小和入射波的波长有关。对装药量较大的硐室爆破易于产生片落，而对于装药量小的深孔和炮眼爆破来说，产生"片落"现象较困难。入射的波长对"片落"过程的影响主要表现在随着波长的增大，其拉伸应力急剧下降。

2. 反射拉伸应力波引起径向裂隙的延伸

从自由面反射回岩体中的拉伸应力波，即使它的强度不足以产生"片落"，但是反射拉伸应力波同径向裂隙末梢处的应力场相互叠加，也可使径向裂隙大大地向前延伸，如图 1-22 所示。裂隙延伸的情况与反射拉伸应力波传播方向和裂隙方向的交角有关。当交角为 90°时，反射拉伸应力波将最有效地促使裂隙扩展和延伸；当交角为 0°时，反射应力波再也不会对裂隙产生任何拉力，故

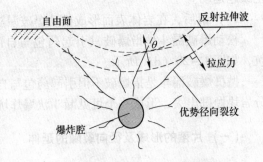

图 1-22　反射拉伸波对径向裂隙的扩展作用

不会促使裂隙继续延伸发展，相反地，反射拉应力波在其切向方向上是压缩应力状态，使已张开的裂隙重新闭合。

3. 自由面对爆破应力场的影响

当药包中心发出的纵波斜入射到自由面时，将产生反射纵波和反射横波。如图 1-23 所示，岩体中任意一点 A 将受到由药包中心发出的直达纵波和由自由面反射回来的反射纵波以及反射横波作用，A 点的应力状态是由这三种波的叠加结果决定的。

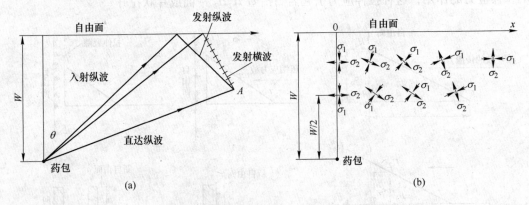

图 1-23　自由面附近应力波和应力场分布
(a) 到达 A 点的波；(b) 应力波叠加结果

根据应力分析，当拉伸主应力（方向直于纸面）出现极大值时，在岩体中各点的主应力方向如图 1-23 (b) 所示。拉应力是产生径向裂纹的根源，其作用方向随着 x 值的增大逐渐发生偏转，最后垂直于自由面，生成的裂纹群大体似喇叭花状排列。

(二) 岩石爆破破坏过程

岩石爆破的第一阶段为炸药爆炸后冲击波径向压缩阶段。炸药爆炸后，产生的高压粉碎炮孔周围的岩石，冲击波在岩石中引起切向拉应力，由此产生的径向裂隙向自由面方向发展，冲击波由炮孔向外扩展到径向裂隙的出现需要 $1\sim2\mathrm{ms}$。

第二阶段为冲击波反射引起自由面处的岩石片落。第一阶段冲击波压力为正值，当冲击波到达自由面后发生反射时，波的压力变为负值。即由压缩应力波变为拉伸应力波。在

反射拉伸应力的作用下，岩石被拉断，发生片落。此阶段发生在起爆后 10～20ms。

第三阶段为爆炸气体的膨胀，岩石受爆炸气体超高压力的影响，在拉伸应力和气楔的双重作用下，径向初始裂隙迅速扩大。

（三）岩石中爆破作用的五种破坏模式

在爆破的整个过程中，起主要作用的是五种破坏模式：

（1）炮孔周围岩石的压碎作用。

（2）径向裂隙作用。

（3）卸载引起的岩石内部环状裂隙作用。

（4）反射引起的"片落"和引起径向裂隙的作用。

（5）爆炸气体扩展应力波所产生的裂隙。

三、爆破漏斗

当药包产生外部作用时，除了将岩石破坏以外，还会将部分破碎了的岩石抛掷，在地表形成一个漏斗状的坑，这个坑称为爆破漏斗。如图 1-24 所示。

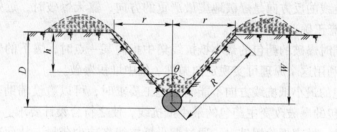

图 1-24 爆破漏斗

（一）爆破漏斗的几何参数

（1）自由面：被爆破的岩石与其他介质的交界面（见图 1-25）。

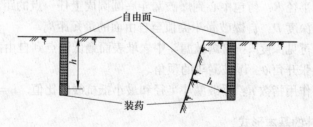

图 1-25 自由面示意图

有了自由面，爆破时岩石才能向自由面方向发生破裂、破碎和移动。

自由面愈多愈大，爆破效果愈好。

在爆破工程中，可以人为地创造自由面，以控制爆破作用。

（2）最小抵抗线 W：自药包中心到自由面的最短距离，即表示爆破时岩石阻力最小的方向，也爆破作用和岩石移动的主导方向。如图 1-26 所示。

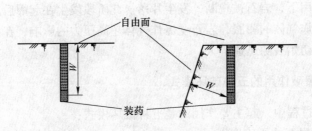

图 1 - 26　最小抵抗线示意图

最小抵抗线的实际应用：

1）最小抵抗线方向是岩石破碎和抛掷的主导方向，施工中需要岩石向哪里抛掷，设计就应当让 W 指向哪，这就实现了定向爆破的基本原理。

2）最小抵抗线的方向是最宜产生飞石的方向，露天爆破时应避免 W 正对着需要保护的目标。

3）在有多个自由面的情况下，装药中心若至各自由面的距离相等或基本相等时，则各方向均为最小抵抗线。自由面越多，爆破效果越好，也越省炸药。

4）最小抵抗线的反方向是爆破地震最严重的方向，露天爆破时，近处有怕震的建筑及设施时，应注意正确选择 W 方向。

5）当几个同时爆破的药包的最小抵抗线集中指向某一点时，爆下的岩石就集中向该点抛掷、堆积。利用这个原理可实现定向抛掷、集中堆积爆破。

6）当主药包的最小抵抗线方向不能满足施工要求时，可以敷设辅助药包，并先行起爆，利用辅助药包的爆破改变主药包的最小抵抗线，使之符合设计要求。

7）控制爆破、城市拆除爆破时，通过缩小抵抗线来减少药量，从而减少爆破震动和爆破飞石。

8）单个药包的炸药量与 W^3 成正比，W 稍微增加一点，药量就迅速增加，这在城市拆除爆破中尤其重要。

（3）爆破漏斗半径 r：爆破漏斗的底圆半径。

（4）爆破作用半径 R：药包中心到爆破漏斗底圆圆周上任一点的距离。

（5）爆破漏斗深度 D：自爆破漏斗尖顶至自由面的最短距离。

（6）爆破漏斗可见深度 h：自爆破漏斗中岩堆表面最低洼点到自由面的最短距离。

（7）爆破漏斗张开角 θ：爆破漏斗的顶角。

（8）爆破漏斗作用指数 n：爆破漏斗半径和最小抵抗线的比值。$n = r/W$。

（二）爆破漏斗的基本形式

如图 1 - 27 所示，根据爆破漏斗作用指数不同，爆破漏斗有以下四种形式。

（1）标准抛掷爆破漏斗：这种爆破漏斗的漏斗半径 r 与最小抵抗线相等，即爆破漏斗作用指数 $n = 1$，漏斗张开角 $\theta = 90°$。

（2）加强抛掷爆破漏斗：这种爆破漏斗的漏斗半径 r 大于最小抵抗线，即爆破漏斗作用指数 $n > 1$，漏斗张开角 $\theta \geqslant 90°$。但当 $n > 3$ 时，爆破漏斗的有效破坏范围并不随 n 值的增加而明显增大。所以工程中加强抛掷爆破漏斗作用指数为 $1 < n < 3$。

（3）减弱抛掷爆破漏斗：这种爆破漏斗的漏斗半径 r 小于最小抵抗线，即爆破漏斗作用指数 $0.75 < n < 1$，漏斗张开角 $\theta < 90°$。

（4）松动爆破漏斗：药包爆破后只使岩石破裂，几乎没有抛掷作用，从外表看，不形成可见的爆破漏斗。此时的爆破作用指数 $(0 < n \leqslant 0.75)$。

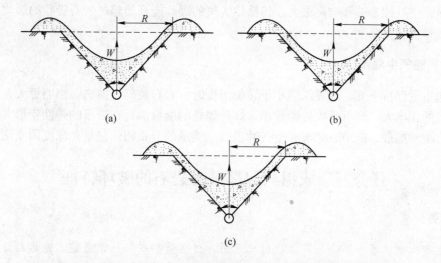

图 1-27　标准及加强抛掷爆破与松动爆破图

（a）标准抛掷爆破（$n=1$，$\theta=90°$）；（b）加强抛掷爆破（$n>1$，$\theta>90°$）；（c）松动爆破（$n<0.75$）

四、利文斯顿爆破漏斗理论

利文斯顿漏斗理论是以能量平衡为基础的岩石爆破破碎的爆破漏斗理论。炸药包在介质中爆炸时传给介质的能量和速度，取决于岩石性质、炸药性能，药包大小和药包埋置深度。

（一）弹性变形

药包的种类和重量不变，当药包埋置深度减小到某一临界值时，地表岩石开始发生明显破坏，脆性岩石将片落，塑性岩石将隆起，这个药包埋置深度临界值称为临界深度 N。

$$N = E \sqrt[3]{Q} \tag{1-10}$$

（二）冲击破坏

药包重量一定，使爆破漏斗体积最大的药包埋置深度称为最适宜深度 d_0。

药包埋置深度与临界深度之比称为深度比 Δ。

$$\Delta = \frac{d_c}{d_0} \tag{1-11}$$

最适宜深度与临界深度之比称为最适宜深度比 Δ_0。

$$\Delta_0 = \frac{d_0}{N} \tag{1-12}$$

通过漏斗实验求出 E 及 Δ_0，则当药量 Q 已知时，可以求出最适宜深度 d_0。

$$d_0 = \Delta_0 E \sqrt[3]{Q} \qquad\qquad (1-13)$$

（三）碎化破坏

药包重量不变，药包埋置深度比最适宜深度小时，爆破漏斗体积内的岩石更为破碎，抛掷明显，空气冲击波和响声更大。传播给大气的爆炸能开始超过岩石吸收的爆炸能时的埋置深度称为转折深度。

（四）空气中爆炸

药包重量保持不变，埋置深度小于转折深度时，岩石破碎、抛掷，声响更大，爆炸能传给空气的比率大，岩石吸收的能量小。炸药爆炸的能量消耗在岩石的弹性变形，岩石的破碎，岩块的抛散，响声、地震和空气冲击波，能量的分布随药包量和深度而变化。

任务三　成组药包爆破时岩石的破坏特征

【任务描述】

在生产爆破工程中单个药包爆破极少采用，往往需要成组药包爆破才能达到目的。成组药包爆破的应力分布变化情况和岩石破坏过程要比单药包爆破时复杂得多，因此研究成组药包的爆破作用机理对于合理选择爆破参数有重要的指导意义。

【能力目标】

宽孔距小抵抗线的实际应用。

【知识目标】

掌握宽孔距小抵抗线的应用。

【相关资讯】

一、单排成组药包的齐发爆破

通过高速摄影得到的资料分析，当药包同时爆破时，在最初几微秒时间内应力波以同心球状从各爆点向外传播。经十几秒后，相邻两药包爆轰引起的应力波相遇，产生相互叠加（见图 1-28），于是出现复杂的应力变化情况，应力重新分布，沿炮孔中心连线方向上应力得到加强，而炮孔中心连线中段两侧附近出现应力降低区。

产生应力降低区的原因，是由于两相邻药包爆破引起的应力波相遇并产生叠加作用，在相邻两药包的辐射状应力波直角相交处出现应力降低区。取一单元体就能发现在应力波直角相交处炮孔径向方向和法线方向出现的压应力和拉应力刚好相互抵消，这样就形成了应力降低区。

应力波和爆炸气体联合作用爆破理论认为，应力波作用于岩石中的时间虽然极为短暂，然而爆炸气体产物在炮孔中却能较长时间地维持高压状态。如图 1-29 所示，在这种准静态压力作用下，炮孔中心连线上各点产生切向拉伸应力。最大应力集中在炮孔中心连

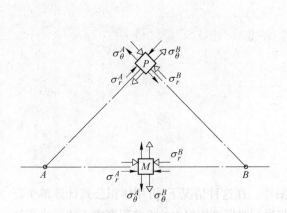

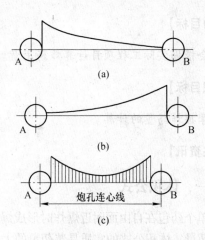

图 1-28　两个药包爆破时应力波叠加作用　　　图 1-29　相邻炮孔中心线上准静态拉应力分析

（a）单个 A 孔产生的切向伴生拉应力；

（b）单个 B 孔产生的切向伴生拉应力；

（c）两孔合成的切向伴生拉应力

线同炮孔孔壁相交处，因而拉伸裂隙首先出现在炮孔壁，然后沿炮孔中心连线向外延伸，直至贯通相邻两炮孔。这种解释在现场实际中也得到证实。

生产实践中发现：相邻两齐发爆破的炮眼间的拉伸裂隙是从炮眼向外发展的而不是从两炮眼连心线中点向炮眼方向发展的。应力波和爆轰气体联合作用爆破理论很好地解释了该现象。

应力的叠加可能引起应力降低区的出现。适当增大孔距，并相应减小最小抵抗线，使应力降低区处在岩石之外的空中，有利于减小大块的产生（大孔距小抵抗线技术）。

二、多排成组药包的齐发爆破

多排成组药包齐发爆破所产生的应力波，相互作用的情况比单排齐发爆破时更为复杂。

在前后两排孔所构成的四边形岩石中，从各药包爆轰传播来的应力波互相叠加，造成应力极高的状态，使岩石破碎效果得到改善。从另一方面讲，多排成组药包齐发爆破时，只有第一排炮孔爆破具有优越的自由面条件，随后各排炮孔爆破均受到岩石较大的挟制作用。所以多排成组药包齐发爆破效果不佳，实际很少采用，一般都采用微差爆破。

任务四　装药量计算原理

【任务描述】

合理地确定炸药用量和炮孔布置、起爆顺序同样是爆破设计和施工中的重要内容，它直接影响爆破效果、爆破工程成本和爆破安全等。但由于爆破过程的复杂性和瞬时性，到目前为止，尚未有一个理想的装药量计算公式，工程中常用的计算公式都属经验公式。

【能力目标】

会根据实际工程项目计算炸药用量。

【知识目标】

掌握炸药量的计算。

【相关资讯】

一、体积公式

单个药包在自由面附近爆炸时形成爆破漏斗。在这种情况下,可用体积公式计算单个药包装药量。体积公式的实质是装药量的大小与岩石对爆破作用力的抵抗程度成正比。由于这种抵抗力主要是重力作用,因此,位于岩石内部的炸药能所克服的阻力主要是介质本身的重力,实际上就是被爆破的那部分岩石的体积,即装药量的大小应与被爆岩石的体积成正比。

$$Q = qV \tag{1-14}$$

式中　Q——装药量,kg;

　　　q——单位体积岩石用药量,kg/m³;

　　　V——爆破漏斗体积,m³。

应当指出,体积公式只有当介质是松散或者黏结很差的情况下,以及最小抵抗线 W 变化不大时才是正确的。实际上,在很多情况下,药包爆炸时产生的能量,不仅要克服岩石的重力,也要克服岩石的剪切力、惯性力等。因此,装药量与被爆破岩石体积成比例关系是不确切的。此外,经验证明,若使用松动药包,当最小抵抗线变化时,单位炸药消耗量 q 不一定是常数。

二、根据爆破漏斗计算

如果药包为集中药包(最大尺寸不超过最小尺寸的 6 倍),对标准抛掷漏斗:$r = W$。标准抛掷爆破的药量近似为:

$$Q = \frac{1}{3} q \pi r^2 W \tag{1-15}$$

根据相似法则,在岩石性质、炸药威力和药包埋置深度不变的情况下,改变装药量可以得到各种漏斗。因此,各种类型的抛掷爆破药量可以用式(1-16)计算:

$$Q_{抛} = f(n) q W^3 \tag{1-16}$$

加强抛掷、标准抛掷、减弱抛掷的 $f(n)$ 分别大于、等于、小于 1。

鲍列斯阔夫经验公式:

$$f(n) = 0.4 + 0.6 n^3 \tag{1-17}$$

松动爆破的装药量经验公式:

$$Q_{抛} = (0.33 \sim 0.55) q W^3 \tag{1-18}$$

岩石可爆性好用 0.33;可爆性差用 0.55。

q 的确定:

（1）查表（设计手册），参考定额或相关资料；

（2）参考条件相似的矿山工程或本矿山工程统计数据；

（3）进行标准抛掷爆破漏斗试验求得。

三、装药量计算原则

装药量的多少取决于要求爆破的岩石体积、爆破漏斗形状和岩石性质等。但没有考虑块度因素。

上面的公式是以单自由面和单药包爆破为前提的，在实际爆破中常常是用多药包成组爆破，多自由面爆破。在计算平行炮孔群药包药量时，一般先按具体情况确定每个炮孔所能爆下的体积，再分别求出每个炮孔的装药量，然后累计算出总装药量；计算扇形炮孔群药包的装药量时，先按一排炮孔所能爆下的矿岩体积，再分别求出各排炮孔的装药量，最后累计总装药量。

任务五　影响爆破作用的因素

【任务描述】

药包在介质中爆炸时，介质被抛掷和松动的体积或破碎的程度称为爆破效果。影响爆破效果的因素很多，如炸药的性能、地形、地质条件和所采用的爆破工艺正确与否等，在爆破实施中应首先分析主要的影响因素。本任务阐述了爆破工程中影响爆破作用的各种因素。在工程实践过程中应尽量利用客观的或人为的有利因素，避免或克服不利因素，从而获得最优的技术经济指标。

【能力目标】

能根据不同的爆破施工作业条件选用合适的炸药和选择合理的爆破工艺。

【知识目标】

（1）掌握炸药性能、岩石性质、地形地质条件对爆破作用的影响；

（2）掌握堵塞的意义；

（3）掌握各种装药结构对爆破作用的影响；

（4）掌握反向起爆的优点。

【相关资讯】

一、炸药性能对爆破作用的影响

炸药性能对爆破作用的影响涉及炸药的密度、爆速、炸药波阻抗、爆轰压力、爆炸压力、爆炸气体体积以及爆炸能量利用率等因素。

（一）炸药密度、爆热和爆速

破碎岩石主要依靠炸药释放出来的能量。增加炸药爆热和密度，可以提高单位体积炸药的能量密度；反之，必然导致炸药能量密度的降低，增加钻孔的工作量和成本。提高炸药热化学参数，增大密度，采用高威力炸药是提高爆破作用的有效途径。

爆速也是炸药性能的主要参数之一，不同爆速的炸药，在岩石中爆炸可产生不同的应力参数，从而对岩石的爆破作用及效果有着明显的影响。

（二）爆轰压力

爆轰压力是指炸药爆轰时爆轰波阵面中的 C - J 面所测得的压力。一般来说，爆轰压力越高，在岩石中激发起的冲击波的初始峰值压力和引起的应力以及应变也越大，越有利于岩石的破裂，尤其是对于爆破坚硬致密的岩石。但过高的爆轰压力，会造成药包周围近区岩石的过度粉碎而消耗较多能量。另外爆轰压力越高，冲击波对岩石的作用时间越短，冲击波的能量利用率低而且会造成岩石破碎不均匀。

爆轰压力与炸药密度的一次方和爆速平方的乘积成正比关系。

（三）爆炸压力

爆炸压力是爆轰气体产物膨胀作用在孔壁上的压力。在爆破破碎过程中爆炸压力对岩石起胀裂、推移和抛掷作用。

按爆炸气体破坏理论，炮孔压力对爆破效果起决定性作用，爆炸压力越高，作用时间越长，对岩体的气楔、推移和抛掷的作用越强烈。与爆轰压力相比，爆炸压力比较小，但爆炸压力作用时间要比爆轰压力作用时间长得多。

爆炸压力的大小和作用时间除了与炸药的爆热、爆温、爆轰气体生成量有关外，还与装药结构、药室堵塞质量等有关。

二、岩体特性对爆破作用的影响

岩体特性对爆破作用的影响可以从两个方面来理解：一是岩体特性对爆炸荷载性质影响，如岩体特性对爆炸荷载传递效率、传递速度的影响；对爆炸应力波传播规律的影响；对爆炸气体压力作用方式的影响，等等。二是岩体本身强度和变形特点对爆破作用的影响。

（一）岩石的物理力学性质对爆破作用的影响

与爆破作用关系密切的岩石物理性质主要包括岩石的密度、弹性常数、弹性极限、强度极限等。

岩石的密度愈大，移动单位体积岩石所消耗的能量也愈大。此外，岩石的容重愈大，其弹性模量、强度、波阻抗一般也愈大，抵抗爆破作用能力也愈强。

爆炸应力波的传播速度和幅值是岩体的弹性模量、泊松比和岩石密度的函数。

弹性极限、强度极限决定了岩石中爆炸应力波性质和岩石破坏特征。

（二）岩体的结构面

1. 与炮孔相通的结构面

气楔效应将导致与炮孔相通的结构面裂隙的优先扩展，抑制其他裂纹扩展。由于裂纹扩展集中在这些个别的裂隙上，药室中爆炸气体压力下降速度比正常爆破过程慢，使得当这些裂纹扩展到自由面时，药室仍有相当高压力用于抛掷岩块，往往会造成较远的爆破飞石和大的爆破噪声。

2. 与炮孔平行的结构面

如果岩体的结构面位于炮孔与自由面之间，且结构面平行于炮孔，那么岩体的结构面起三种作用：

一是对应力波增强和阻断作用。

二是对应力波所产生的径向裂纹起阻断作用。当应力波产生的径向裂纹扩展至结构面时，一般不会贯通结构面，而停止于结构面，但此时爆炸气体可以沿着径向裂纹进入这种结构面，使结构面扩展，造成不希望出现的大块崩落，或造成超挖。

三是对反射拉伸波起阻断作用。从自由面反射回来的拉伸波使结构面分离，减弱了拉伸波对初始径向裂纹的扩展作用。

3. 与方向杂乱的稠密结构面

方向杂乱的稠密结构面使硬岩的行为类似于低强度岩石。当爆炸荷载作用于岩体后，这些结构面形成应力集中，首先产生破裂，结构面起增强破碎作用，并控制着爆破块度构成。爆破块度的大小和形状在很大程度上取决于结构面的分布。在一般爆堆中，岩体多是沿原有的结构面开裂，这就是最好例证。

（三）炸药与岩石的匹配关系对爆破作用的影响

当岩石的声阻抗等于炸药的声阻抗时，没有反射波，称为阻抗匹配。这表明炸药传递给岩石的能量最多。从应力波观点看，炸药的波阻抗应尽可能与所爆破岩石的波阻抗相匹配。因此，波阻抗比 R 成为选择炸药的重要依据。但是，由于一般工业炸药波阻抗与岩石的波阻抗相差较大，要完全匹配是很困难的或是不经济的，而且并非对所有岩石都需要强的应力波。

一般地说：

（1）对于弹性模量高、泊松比小的致密坚硬岩石，应选用爆速和密度都较高的炸药，以保证相当数量的应力波能传入岩石，产生初始裂纹。

（2）对于中等坚固性岩石，应选用爆速和密度居中的炸药。

（3）对于节理裂隙发育的岩石、软岩和塑性变形大的岩石，爆炸应力波衰减快，作用范围小，应力波对破碎起次要作用，可选用爆速和密度较低的炸药。对这类岩石，若选用高阻抗的炸药，应力波大部分消耗在空腔的形成，是不经济的。

（4）自由面的个数。

三、爆破工艺对爆破作用的影响

（一）自由面

自由面对爆破作用的影响归纳如下：

（1）自由面使岩体的约束度减少，岩体的强度极限降低。在自由面附近，岩石强度近似于单向强度，因此在爆破作用下更易破坏。

（2）当药包附近存在自由面时，自由面会产生反射拉伸波，而反射拉伸波会在自由面附近引起岩石层裂和促进原先由压缩应力波产生的径向裂纹扩展。

（3）当药包附近存在自由面时，岩体内的应力状态是由入射压缩波、反射纵波和反射横波相互作用所决定，改变岩体内应力分布，形成复杂的应力状态，有利于岩石充分破碎。

（4）如图 1 - 30 所示，当药包附近存在自由面时，自由面个数愈多，爆破所受夹制力就愈小，所用装药量就会相对下降。

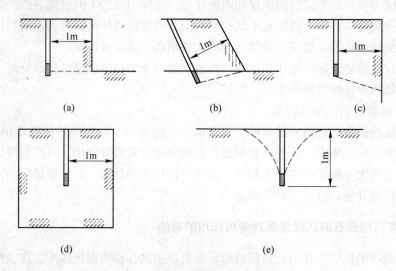

图 1 - 30　自由面个数和相对装药量的关系

（a）台阶爆破（相对装药量 1）；（b）2：1 倾斜孔台阶爆破（相对装药量 0.85）；（c）底部无夹制台阶爆破（相对装药量 0.75）；（d）孤石爆破（相对装药量 0.25）；（e）漏斗爆破（相对装药量 2~10）

（二）装药结构

在耦合装药条件下，炸药爆轰压力直接作用于岩石，有利于激发应力波，但它也会造成药室附近岩石产生塑性变形、过度粉碎，浪费很大能量。通过改变装药结构，即改变炸药在药室内的布置方式，可以改变爆轰压力和炮孔压力对药室壁面作用方式。

常采用的装药结构如图 1 - 31 所示。

（1）耦合装药（连续装药）是指药包体积与药室（炮孔）体积相同，药包与药室壁面（孔壁）紧密接触的装药结构。这是最常见的装药结构。

（2）不耦合装药是指药室体积大于药包体积，药包与药室壁面之间留有间隙的装药结构。药室体积与药包体积之比称为不耦合系数。

（3）间隔装药（又称轴向不耦合装药）是指炸药在炮孔内分段装填，药包之间用炮泥、木垫或空气柱隔开的装药结构。

如图 1 - 32 所示，装药结构的改变会引起炸药爆炸性能的改变，从而影响爆炸能量有效利用率。空气间隙可以起缓冲作用，使爆炸压力较平缓地作用在孔壁上，避免过度破坏区的形成，使更多的能量用于岩石的破裂，从而提高能量利用率。

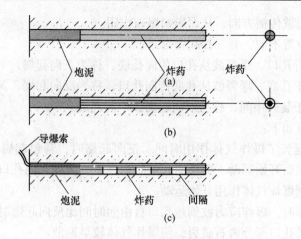

图 1-31　装药结构

(a) 连续装药；(b) 不耦合装药；(c) 间隔装药

（三）炮孔堵塞

在工程爆破中，炸药装入炮孔后，一般要用岩粉、砂、黏土等材料（称为炮泥）将炮孔其余部分堵上，使炸药在密闭的空间内爆炸。堵塞作用有以下几个方面：

(1) 阻止爆炸气体从孔口逸散，使炮孔压力在相对较长时间内保持高压状态，增加爆炸气体气楔、抛掷作用。如图 1-33 所示。

(2) 加强了对炮孔约束，降低爆炸气体逸散时的温度和压力，有利于炸药充分反应，放出最大热量和减少有毒气体生成量，提高炸药的热效率，使更多的热量转变为机械功。

(3) 从安全角度看，在有瓦斯的工作面内，堵塞降低了爆炸气体逸散时的温度和压力，阻止灼热固体颗粒（例如雷管壳碎片等）从炮孔内飞出，从而提高爆破安全性。

(4) 若不进行堵塞，药包与大气直接接触，爆炸气体易从孔口冲向大气，产生强烈的爆破噪声。

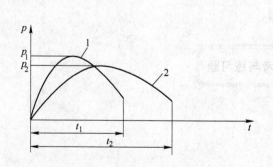

图 1-32　装药结构对炮孔压力的影响

1—耦合装药；2—不耦合装药

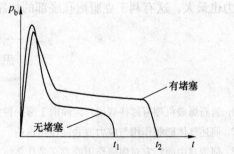

图 1-33　堵塞对炮孔压力的影响

（四）起爆药包位置

采用延长药包时，雷管的位置（起爆点）决定了炸药起爆以后，爆轰波传播方向，也决定了岩体中应力波传播方向，从而影响爆破作用。

根据起爆点的位置不同，有三种起爆方式：

（1）起爆点靠近孔口，爆轰波从孔口传向孔底，称为正向起爆。

（2）起爆点位于孔底，爆轰波从孔底传向孔口，称为反向起爆，又称孔底起爆。

（3）起爆点位于装药中间，称为双向起爆或中间起爆。

反向起爆的优点如下：

（1）反向起爆延长了爆炸气体作用时间。正向起爆时，药包起爆后，堵塞物立即受到爆炸气体压缩作用而开始运动。而反向起爆时，爆轰波从孔底向孔口传播，直到爆轰结束时，堵塞物才受到爆炸气体作用开始运动。

此外，正向起爆时，爆炸应力波到达孔口自由面时间比反向起爆时早，孔口自由面反射拉伸波有可能造成孔口部分岩石破裂，使爆炸气体较早逸散。

（2）反向起爆提高了整个药柱爆炸应力波叠加作用，如图 1-34 所示。

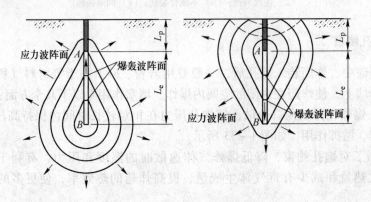

图 1-34　正、反向起爆与应力波传播

（3）反向起爆有利于克服炮孔底部的挟制。

对于一般工业炸药，爆轰时药柱内各点的爆速是不相同的，起爆点处的爆速是最大的，从起爆点由近至远，各区段爆速是依次降低的。反向起爆时底部的爆速最大，爆轰压力也最大，这有利于克服炮孔底部的挟制。

思考与练习题

1. 岩石爆破机理有哪些假说？你倾向于哪一种？

2. 简述气体膨胀作用与应力波共同作用理论。

3. 何为自由面？它对爆破作用的意义是什么？

4. 何为最小抵抗线？它对爆破工作有何意义？

5. 简述药包外部作用形成的过程。

6. 何为爆破作用指数？它有什么作用？

7. 根据爆破漏斗作用指数，爆破漏斗分哪几类？

8. 何为炸药单耗？如何确定？

9. 影响爆破作用的因素有哪些？

10. 简述不同装药结构对爆破效果的影响。

11. 简述堵塞在爆破作业中的意义。

12. 简述反向起爆的优点。

13. 在平坦地形条件下已知药包的 $W = 10m$，在 $f = 8$ 的石灰岩中用铵油炸药进行抛掷爆破。欲使爆破漏斗半径 $r = 18m$，求药包装药量。

炸药及起爆方法

项目一 工业炸药

任务一 炸药的分类

【任务描述】

凡在外部施加一定的能量后，能发生化学爆炸的物质统称为炸药。炸药是人们经常利用的二次能源，炸药不仅用于军事目的，而且广泛用于国民经济各个部门。

但工程爆破的要求和条件多种多样，而相应需要的炸药品种繁多，具有不同的性能。为了确保炸药在生产、运输、使用过程中的安全，能达到好的爆破效果，必须对工业炸药进行分类，以便根据工程实际选用合适的炸药。

【能力目标】

会根据不同的分类标准对工业炸药进行分类。

【知识目标】

掌握炸药的特性及用途。

【相关资讯】

一、炸药的定义与分类

炸药的分类方法很多，目前还没有建立统一的分类标准，一般可根据炸药的组成、用途和主要化学成分进行分类，工业炸药还可以根据使用条件进行分类。

（一）按炸药组分来分

1. 单质炸药

单质炸药是指碳、氢、氧、氮等元素按一定的化学结构存在于同一分子中，并能自身发生迅速发生氧化还原反应释放出大量热量和气体产物的物质。如硝化甘油、TNT、黑索今、泰安等。

2. 混合炸药

混合炸药是指由两种或两种以上的成分组成的混合物，其中成分既可是单质炸药，也可不是单质炸药，但应含有氧化剂和可燃剂两部分，而且二者是以一定的比例均匀混合在一起的，当受到外界能量激发时，能发生爆炸反应。是目前工程爆破中应用最广、品种最多的一类炸药。如铵梯炸药、铵油炸药、浆状炸药、乳化炸药等。

（二）按炸药的作用特性分类

1. 起爆药

主要用于起爆其他工业炸药。其主要特点是：（1）感度极高。在很小的外界能量作用下就能迅速爆轰。（2）与其他炸药相比，它们从燃烧到爆轰的时间极短。常用的有雷汞、叠氮化铅、二硝基重氮酚等。主要用于制造各种起爆器材。

2. 猛炸药

这类炸药具有相当高的稳定性，它们比较钝感，需要有较大的能量才能起爆，但威力大。在工程中常用雷管或其他起爆器材起爆。常用的有 TNT、铵油炸药、铵梯炸药、乳化炸药、浆状炸药等。

3. 发射药

主要用于做枪炮或火箭的推进剂，也有用做点火药、延期药。其变化过程是迅速燃烧。

4. 烟火剂

是由氧化剂和可燃剂组成的混合物，其主要变化过程是燃烧，在极个别的情况下也能爆轰。一般用于装填照明弹、信号弹、燃烧弹等。

（三）按主要化学成分来分

1. 硝铵类炸药

以硝酸铵为其主要成分，加上适量的可燃剂、敏化剂及其附加剂的混合炸药均属此类炸药，也是国内外工程爆破中用量最大、品种最多的混合炸药。

2. 硝化甘油类炸药

以硝化甘油或硝化甘油与硝化乙二醇混合物为主要爆炸组分的混合炸药。就其外观有粉状和胶质之分；就耐冻性能来说，有耐冻和普通之分。

3. 芳香族硝基化合物类炸药

凡是苯及同系物，如甲苯、二甲苯的硝基化合物以及苯胺、苯酚和萘的硝基化合物都属此类，如 TNT、二硝基甲苯磺酸钠等。这类炸药在我国工程中用量不大。

（四）按工业炸药的使用条件来分

（1）第一类——准许在一切地下和露天爆破工程中使用的炸药，包括有沼气和矿尘爆炸危险的矿山。

（2）第二类——准许在地下和露天爆破工程中使用的炸药，但不包括有沼气和矿尘爆炸危险的矿山。

（3）第三类——只准许在露天爆破工程中使用的炸药。

第一类是安全炸药，又称煤矿许用炸药；第二类和第三类是非安全炸药。第一类和第二类炸药每千克炸药爆炸时所产生的毒气体不能超过安全规程所允许的量。同时第一类炸药爆炸时还必须保证不会引起瓦斯或矿尘爆炸。

二、起爆药和猛炸药

（一）起爆药

1. 起爆药的主要类型

（1）雷汞。雷汞（$Hg(CNO)_2$），为白色或灰白色微细晶体，最早的起爆药，雷管因此而得名。干燥的雷汞，对撞击、摩擦、火花极为敏感；潮湿或压制的雷汞硬度有所降低，但潮湿的雷汞易与铝作用，生成极易爆炸的雷酸盐。

（2）氮化铅。氮化铅（$Pb(N_3)_2$），通常为白色针状晶体，它的稳定性好，热感度低，起爆威力大，并且不会因潮湿失去爆炸威力。但在有 CO_2 的潮湿环境中会与铜发生作用，生成极不稳定的氮化铜。

（3）二硝基重氮酚。二硝基重氮酚又称 DDNP（$C_6H_2(NO_2)_2N_2O$），黄色或黄褐色细晶体，安定性好，在常温下长期储存于水中仍不降低其爆炸性能。由于其材料来源广泛，生产工艺简单，安定性好，成本低，且具有良好的起爆性能，所以目前国产工业雷管主要用二硝基重氮酚作为起爆药。

2. 特点

起爆药感度高，但威力不大，仅做起爆用。

（二）猛炸药

1. 主要的单质猛炸药（每种炸药中都含 C、H、O、N 四元素）

（1）三硝基甲苯（TNT）。黄色鳞片状晶体，几乎不溶于水，热安定性好，常温下不分解，遇火能燃烧，在密闭条件下燃烧或大量燃烧时，很快转为爆炸，其机械感度高，爆速为 7000m/s，用于雷管和弹体装药。

（2）黑索金（RDX）。白色晶体，几乎不溶于水，热安定性好，其机械感度比 TNT 高，爆速为 8300m/s，用于雷管、导爆索和弹体装药。

（3）泰安。特性同 RDX，国外多用。

2. 主要的混合猛炸药

主要的混合猛炸药有铵梯类炸药、铵油类炸药、铵松蜡炸药、浆状炸药、水胶炸药、乳化炸药、重铵油炸药等工业炸药。

混合炸药特点：C、H、O、N 四元素不存在于炸药的某一个组分中，而存在于混合炸药总体中。

猛炸药感度小、威力大，作为炮孔、弹体主装药，被起爆后对介质做功，威力大。

任务二　矿用炸药

【任务描述】

爆破矿岩的各种炸药，要求安全性好、威力高、材料来源广、成本低、加工工艺简单、便于机械化装药，还要求爆炸生成的有害气体符合安全规程。6~7 世纪，中国发明了黑火药。13 世纪末，黑火药传入欧洲，17 世纪 20 年代开始用于采矿业。1866 年瑞典诺贝尔发明了以硅藻土为吸收剂的硝化甘油炸药，随后又研究成功胶质硝化甘油炸药，成为新一代矿用炸药。与此同时，还相继出现了以硝酸铵为主要成分的各种粉状炸药。20 世纪 50 年代先后发明铵油炸药和浆状炸药；20 世纪 70 年代研制成乳化油炸药。液氧也曾作为炸药被某些矿山应用。

采矿工业广泛应用硝铵类炸药。从 20 世纪 50 年代后期以来，矿用炸药已在我国获得了较为充分的发展。目前，我国不仅具有矿用炸药的全部品种和较齐备的装药机械品种，而且在配方、技术性能、制备工艺诸方面接近世界先进水平。本任务主要讲述主要的矿用炸药的成分及性能，以便在爆破作业时做出正确的选择。

【能力目标】

能在爆破作业中正确选择炸药品种。

【知识目标】

（1）熟悉各种炸药的性能；
（2）掌握各种炸药的组分及各组分的作用。

【相关资讯】

目前我国矿用炸药主要是硝铵类炸药，在美国硝铵类占 87%，而硝化甘油仅为 7%。硝铵炸药的出现使工程爆破向安全、经济、高效方向迈进了一大步。

一、工程爆破对工业炸药的要求

工业炸药的质量和性能对工程爆破的效果和安全至关重要，因此为保证获得最佳的爆破效果，选用的工业炸药必须满足如下基本要求：

（1）具有较低的机械感度和适度的起爆感度，既能保证生产、储存、运输和使用过程中的安全，又能保证使用操作中方便顺利地起爆。

（2）爆炸性能好，具有足够的爆炸威力，以满足不同矿岩的爆破需要。

（3）其组分配比应达到零氧平衡或接近于零氧平衡，以保证爆炸后毒气生成量少，同时炸药中应不含或少含有毒成分。

（4）有适当的稳定储存期。在规定的储存时间内，不应变质失效。

（5）原料来源广泛，价格便宜。

（6）加工工艺简单，操作安全。

二、粉状硝铵类炸药

该类炸药主要有铵梯、铵油和铵松蜡炸药。主要的特点是不含水，而且有时加入防水剂。

（一）主要成分及加工方法

1. 主要成分

（1）氧化剂：硝酸铵含量为 80% ～90% 左右，在炸药爆炸反应中提供氧，而炸药不是从空气中吸取氧。

（2）可燃剂：也叫还原剂，主要采用木粉、柴油或松香、石蜡。

（3）敏化剂：TNT，用来增加炸药的爆轰程度和改善爆轰性能（增加爆速、爆力、猛度）。

（4）疏松剂：由于硝酸铵有强烈的吸湿作用，易于结块硬化，加入细、干木粉能阻止硝铵结块。

（5）防潮剂：常用石蜡、松香、沥青，先熔化后加入湿润后正在碾的硝铵中，使之形成一薄膜均匀包在硝铵颗粒表面，形成一个隔水层，在一定时间内防止空气中水分渗入。

2. 加工方法

将硝酸铵粗粒、木粉、TNT 细粒，在轮碾机上反复犁起、碾压，下面加热，注意"干、细、匀"工艺及防火，只能用铝制工具。

（二）铵梯炸药

（1）成分：硝酸铵、木粉、TNT，有露天、岩石和煤矿三种。岩石和煤矿用铵梯炸药对毒气发生量有一定要求。煤矿硝铵炸药要加 15% ~ 20% 食盐作为消焰剂；对严重的瓦斯矿使用细盐粉作为"被覆"炸药。以 2 号岩石炸药为例：硝铵含量为 85%、TNT 含量为 11%、木粉为 4%；加入硬脂酸钙等，制成抗水岩石硝铵炸药。

（2）主要性能：（以 2 号岩石炸药为例）爆速 3600m/s；爆力 320mL；猛度 12mm；殉爆距离 5cm；爆热 3683kJ/kg。

一般 2 号岩石炸药由炸药工厂制造，运到矿山使用。

（三）铵油炸药

（1）成分：硝酸铵、柴油、木粉，配比分别为 92%、4%、4%。柴油的热值很高，多用轻柴油。当硝酸铵和木粉温度为 70 ~ 90℃时倒入柴油，以便混合均匀。

（2）性能：爆速 3600m/s；爆力 280 ~ 310mL；猛度 9 ~ 13mm；殉爆距离 4 ~ 7cm。

一般铵油炸药由矿山自行加工，多用于露天深孔、硐室大爆破，1971 年我国攀枝花市狮子山万吨级大爆破，在柏油公路上用压路机加工铵油炸药，现在多用搅拌机加工。

（3）多孔粒状铵油炸药：使用多孔粒状硝铵，加工铵油可提高吸油率，使氧化剂、还原剂充分接触。使用混药装药器能降低产生静电的危险。

（4）重铵油炸药：将 W/O 型乳胶基质按一定比例掺混到粒状铵油炸药中，形成的乳胶与铵油炸药掺和物称为重铵油炸药，乳胶基质的掺入改善了铵油炸药的抗水性能。

（5）膨化铵油炸药：利用膨化硝酸铵替代普通结晶硝酸铵或多孔粒状硝酸铵制备而成的铵油炸药称为膨化铵油炸药。分为膨化铵木油炸药和膨化铵复合油炸药。

（四）铵松蜡炸药

1. 成分

2 号铵松蜡炸药的组分为：91% 铵、1.7% 松香、0.8% 石蜡、5.0% 木粉、1.5% 柴油，松香和石蜡同时起还原剂和防水剂的作用。

2. 性能（以 2 号铵松蜡炸药为例）

爆力 310 ~ 330mL，猛度 13 ~ 16mm，殉爆距离 7 ~ 9cm，性能与 2 号岩石炸药相近，且在加工中不使用 TNT，成本低，易加工，并且有强抗水性，故在一定程度上可代替铵梯炸药，但毒气为 2 号岩石炸药的 1.4 倍。

三、含水的硝铵类炸药

目前使用的含水硝铵类炸药主要有浆状炸药、水胶炸药和乳化炸药。

（一）成分特点

（1）氧化剂：硝酸铵是作为水溶液进入制造工艺。

（2）胶凝或乳化剂：在硝酸铵水溶液中必须加入胶凝剂或乳化剂（乳化 BB），将氧化剂水溶液，各种不溶于水的成分（如敏化剂）胶凝一起，或形成油包水型粒子，使油水紧密吸附；使氧化剂、还原剂有很好的耦合。

（3）敏化剂：由于水在炸药中起钝感的作用，使炸药起爆感度降低，为了使炸药能顺利起爆，可在含水硝铵类炸药中加入适量的敏化剂以提高感度。

1）猛炸药敏化剂，常用 TNT、甲基胺硝酸盐、硝化甘油等。

2）金属粉末敏化剂，多用铝、镁粉等。

3）气泡敏化剂，如亚硝酸钠等。

（4）还原剂：除 TNT、铝粉外，还有燃油、石蜡。

含水的硝铵正是主要依靠胶凝、乳化、敏化剂的作用，解决了怕水的硝铵不能用水作为炸药成分这样的矛盾，制造了完全抗水的炸药，这是民用炸药工业的一个重大革命。

（二）浆状炸药（1956 年由迈尔文·库克发明）

1. 炸药成分

（1）氧化剂水溶液。将含量占炸药总量 65% ~ 85% 的氧化剂溶解于含量占 10% ~ 20% 的水中，形成饱和水溶液。氧化剂以硝酸铵为主；附加少量的硝酸钠或硝酸钾，可增加炸药的含氧量，提高溶解度和炸药的密度，降低硝酸铵的晶析点，改善胶体低温状态，提高炸药的抗冻性能和保持塑性。

（2）敏化剂。加 5% ~ 15% 的 TNT。

（3）胶凝剂。起黏稠作用，将不溶于水的各种组分的颗粒悬浮于水溶液中，并保持一定的流变性，通常为白芨粉、槐豆胶、皂角胶和田菁胶等。

（4）发泡剂。亚硝酸钠 0.5% ~ 1.0%，形成敏化气泡。

（5）交联剂（阻胶剂）。提高炸药胶凝效果和稠化程度，以增强抗水性，硼砂 1.4%。

（6）燃烧剂。柴油 2.5% ~ 4.0%。

（7）表面活化剂。起乳化和弹缩作用，提高耐冻能力，十二烷基磺酸钠 1.0% ~ 3.0%。

2. 性能

（1）外观为灰褐或浅褐色，"发面"状，软"年糕"状。

（2）感度低，用雷管不能起爆，常用起爆弹或中继药包。

（3）储存期为 7 ~ 15d，随温度而定，夏季短，一般用药前 1 ~ 2d 由各矿自行加工。

（4）临界直径 $d_{临}$ 大，对 5 号浆状炸药 $d_{临} = 45mm$。

（5）具有一定流变性，密度大，5 号炸药为 $1.15 ~ 1.24g/cm^3$。能沉入水中，到达孔底，能填满爆孔，是露天矿水孔爆破理想用药，成本低。

（6）5 号浆状炸药，$D = 4500 ~ 5600m/s$，爆力和猛度比 2 号岩石炸药小。

（三）水胶炸药

1. 成分

水胶炸药与浆状炸药没有严格的界限，二者的主要区别在于使用不同的敏化剂，浆状炸药的主要敏化剂是非水溶性的火炸药成分、金属粉末和固体可燃物，而水胶炸药则采用水溶性的甲基胺硝酸盐作为敏化剂，而且水胶炸药的爆轰感度比普通浆状炸药高，具有工业雷管的感度。

2. 性能

（1）外观呈护肤香脂状，半透明，颜色浅黄。

（2）密度可调范围为 $1.0 ~ 1.3g/cm^3$。

（3）抗水性能强。

（4）感度高，具有普通工业雷管的感度。

（5）爆速可达 $D = 3500 ~ 4000m/s$。

（6）猛度不小于 15mm。

（7）储存有效期 270d。

（四）乳化炸药

乳化炸药的组分是以无机含氧盐水溶液作为分散相，悬浮在含有分散气泡或空心玻璃球或其他多孔性材料的似油类物质构成的连续介质中，形成一种油包水型的特殊乳化体系。

1. 成分

（1）氧化剂水溶液。将占炸药总量 60% ~ 65% 的硝酸铵和占总量 10% ~ 15% 的硝酸钠作为氧化剂溶解于占总量 8% ~ 16% 的水中，形成饱和水溶液。

（2）乳化剂。乳化剂 1.0% ~ 2.5%，形成油包水型，即由于乳化剂的作用，使柴油构成极薄的油膜覆盖在过饱和水溶液微粒的外表，两者紧密吸附，使氧、还原剂有很高的比表面积；既防止空气及外部水任意侵入微粒内，又能防止微粒内水分蒸发，以保证储藏性能的稳定，这样的微粒非常小，粒径在 $2\mu m$ 左右。

（3）还原剂。用黏度合适的柴油、石蜡混合熔融物 3% ~ 6%。

（4）敏化剂。铝粉 3% ~ 5%；其他有的用空心微珠；还有的用发泡剂；如亚硝酸钠 0.1% ~ 0.5%，通过搅拌形成"敏化微气泡"。

（5）添加剂。包括乳化促进剂、晶形改性剂和稳定剂等，其添加量一般为 0.1% ~ 0.5%。尽管添加量很少，但对乳化炸药的药体质量、爆炸性能和储存稳定性等都有着明显的改进作用。

2. 性能

（1）外观：护肤香脂状，半透明，颜色浅黄（加硫黄），浅色（加铝粉时）。

（2）密度：用微孔材料降低密度，可调范围为 $1.45 \sim 1.8 \text{g/cm}^3$。

（3）抗水性：优良，比浆状炸药好，因为是油包水型。

（4）感度：较高，用 8 号雷管能可靠稳定起爆，与浆状不同，因为它的微气泡充足，均匀，殉爆差大于 8cm，$d_临 = 12\text{mm}$。

（5）爆速：$D = 4500 \sim 5200\text{m/s}$。

（6）猛度：$16 \sim 19\text{mm}$，比 2 号岩石炸药猛度大 30%。

3. 特点

成本低（比 2 号岩石炸药）、高威力、高感度和极优的抗水性，具有强大的生命力，推广迅速，不仅有取代硝甘油作为水下炸药之势，而且已取代了部分 2 号岩石炸药；但储藏性能差（比浆状好），一般在 3 个月以下，与气温有关；还由于是油包水型，故炸药黏性大，不易于装入纸筒内。

四、其他工业炸药

（一）黑火药

黑火药是我国四大发明之一，它是由硝酸钾、木炭和硫黄组成的机械混合物。硝酸钾是氧化剂，木炭是可燃剂，硫黄是可燃剂，可使碳与硝酸钾只进行生成二氧化碳的反应，阻碍一氧化碳的生成，改善黑火药的点火性能，而且还能起到碳和硝酸钾的结合剂作用，有利于黑火药的造粒。

黑火药在火和火花的作用下，很容易引起燃烧或爆炸，按其爆炸变化的速度，黑火药属于发射药的类型。黑火药的爆发点为 $290 \sim 310℃$；爆炸分解的气体温度为 $2200 \sim 2300℃$。在工程爆破中，黑火药一般只用于开采料石和石膏等，大部分黑火药用于制作导火索。

（二）液体炸药

液体炸药一般具有良好的流动性、高能量密度、使用方便、安全性能好等特点，适合某些特殊应用的场合，至今在我国个别难爆的矿山的爆破作业中长期使用硝酸 – 硝基苯类液体炸药，爆破效果一直很好。主要品种有：

（1）浓硝酸 – 硝基甲烷、浓硝酸 – 硝基苯的混合物。如，硝酸：硝基苯 = 72：28（质量比）混合液体炸药，爆速为 7300m/s。

（2）四硝基甲烷 – 硝基苯混合物。如，四硝基甲烷：硝基苯 = 77.5：22.5（质量比）混合液体炸药，爆速 7700m/s。

（3）高氯酸脲为主要组分的混合液体炸药。如 85% 高氯酸脲水溶液：苦味酸 = 95：5 的混合液体炸药，爆速为 6520m/s。

（4）以硝酸肼为主要组分的混合液体炸药。如，硝酸肼：肼：水 = 78：13：9 的混合液体炸药，爆速为 8060m/s。

（三）低爆速炸药

1. 用于爆炸加工的低爆速炸药

泡沫炸药是以 TNT、黑索金、泰安、硝化棉等作为爆炸组分，以高分子塑料做黏结剂，在制备过程中引入化学气泡使其固化后形成的泡沫炸药。如此获得多孔性炸药密度为 $0.08 \sim 0.8 \mathrm{g/cm^3}$，爆速约为 2000m/s。亦可以在猛炸药 TNT 或黑索金中加入稀释剂，组成系列低爆速炸药。这类炸药主要用于不同金属材料的爆炸焊接。它不仅可以焊接大面积金属平板，而且还可以对金属管道进行外包覆及内包覆焊接，广泛应用于石油、化工等部门。

2. 用于岩土爆破的低爆速炸药

在岩土爆破中，低爆速炸药主要用于光面爆破、预裂爆破和振动敏感区域爆破，澳大利亚 Orica 公司 2000 年推出的能量可变的 Novalite 系列炸药可作为土岩爆破低爆速炸药的一个典型实例。

（四）特种爆破剂

1. 静态破碎剂

静态破碎是以膨胀物质为主要原料，配以其他添加剂组成的，一般含有水合膨胀性物质、水合反应延缓剂、水硬性物质和减水剂等。

使用静态破碎剂的破碎方法有如下特点：（1）静态破碎剂不含有毒组分，不是危险品，保管与使用均很方便；（2）破碎时噪声小、无振动、无粉尘、无有毒气体，施工安全无公害；（3）无需捣实覆盖，施工简单；（4）一般地说，静态破碎剂的施工可与其他施工同时进行，提高整个工程的作业效益。

2. 高能燃烧剂

高能燃烧剂是由气体剂、可燃剂和适量添加剂组成的细匀混合物。它在封闭的钻孔内点燃后，生成高温高压气体，对物体产生破碎或切割，其破碎作用介于炸药和静态爆破剂之间。

任务三　炸药的感度

【任务描述】

炸药这种亚稳态的物质对不同形式的起爆能具有不同的感度。同一种炸药对各种不同作用的感度之间没有一个相当的换算关系。实用中要求炸药有一个适当的感度，即感度不能太高，也不能太低。感度太高使用不安全，而感度太低会造成起爆困难。

炸药对于各种外界作用的感度是有选择性的，即某一种炸药对某一种外界作用比较敏感，而对其他一些作用则较迟钝。如叠氮化铅对机械能作用比对热能作用更敏感，它的热感度比 TNT 低，而机械感度比 TNT 要高得多。

了解炸药的感度对于实际工作有着极其重要的意义。对一般猛炸药来讲，在生产、储存、运输和使用过程中，不应发生意外的爆炸。这就要求它对于热作用和机械作用有较低的感度；而对于冲击波作用则要有适当的感度，以便在使用中需要它爆炸时，能够准确地爆炸。使用炸药时，对用来起爆炸药的起爆能所呈现的感度称为使用感度。炸药的感度有许多种，常用的主要有热感度、机械感度、爆轰感度、冲击波感度、静电感度、火焰感度、电火花感度、射击感度等。

【能力目标】

(1) 会测定炸药的各种感度；
(2) 能在爆破工程实际中合理利用炸药的感度。

【知识目标】

(1) 了解感度的定义；
(2) 掌握感度的测定；
(3) 掌握影响感度的因素；
(4) 掌握研究感度的意义。

【相关资讯】

一、研究感度的意义

（一）定义

感度是指炸药在外能作用下发生爆炸反应的难易程度。炸药的感度与所需的起爆能成反比,也就是说炸药所需起爆能愈小,该炸药感度愈高。按照外能的作用形式,炸药的感度有热感度、机械感度和爆轰感度。同一炸药对不同形式起爆能的感度不存在一定的当量关系。

（二）感度的作用

(1) 关系到炸药在制造、运输、搬运、储存、使用过程中的安全。
(2) 关系到装药能否安全起爆,对爆破效果有重要作用。

二、感度的分类

（一）热感度

1. 定义及分类
炸药在热能作用下发生起爆的难易程度称为热感度,包括加热感度和火焰感度。

2. 测定
A　加热感度（爆发点）测定
炸药在规定时间（5min）内起爆所需加热的最低温度叫加热感度。

将 0.05g 炸药放入铜试管中迅速插入伍德合金浴锅中, 如 5min 内不爆炸, 将温度升高 5℃; 如不到 5min 就爆炸, 则降低温度, 反复实验可以得出爆发点。DDNP 爆发点为 170~175℃, 黑索金为 215~235℃, 硝铵类炸药更高。爆发点测定器如图 2-1 所示。

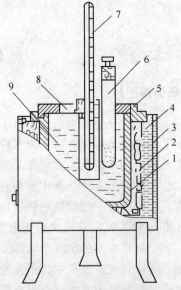

图 2-1　爆发点测定器

1—合金浴锅；2—电热丝；3—外壳；
4—隔热层；5—锅盖；6—铜试管；
7—温度计；8—放气孔；9—低熔点合金

B　火焰感度的测定

炸药在明火（火焰、火星）作用下发生爆炸的难易

程度叫火焰感度。常用炸药对导火索喷出的火焰的最大引爆距离值来表示。将 0.05g 炸药放入火帽中，调节导火索端与火帽中炸药的距离，点燃导火索，导火索末端火焰可以引爆炸药的最大距离即为火焰感度。一般用 6 次平行实验测得的均值表示。

（二）机械感度

1. 定义及分类

炸药在机械能作用下发生爆炸的难易程度称为机械感度。包括撞击感度和摩擦感度。

2. 测定

A　撞击感度测定

撞击感度用垂直落锤仪进行测定，如图 2-2 所示。用 0.05g 炸药 10kg 重锤在 25cm 高处下落，25 次平行试验发生爆炸的百分率来表示（垂直落锤仪用于猛炸药撞击感度的测定）。如 2 号岩石炸药撞击感度为 32%～40%，铵松蜡炸药为 0～4%。

对起爆药，用弧形落锤仪测定，如图 2-3 所示。用 0.02g 炸药 100% 爆炸的最小重锤高度作为上限距离；100% 不爆炸的最大落高作为下限距离（平行实验次数为 10 次）。如雷汞当锤重为 480g 时，上限距 80mm、下限距为 55mm。

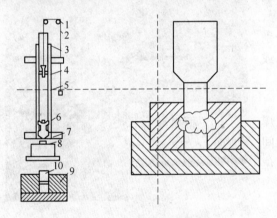

图 2-2　撞击感度测定图

1—滑轮；2—钢丝绳；3—导轨；4—钢爪；5—刻度尺；
6—落锤；7—击柱；8,9—套筒；10—上击柱

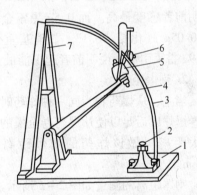

图 2-3　弧形落锤仪

1—钢底座；2—撞击装置；3—弧形架；
4—轴架；5—锤头；6—定位钩；7—支架

B　摩擦感度的测定

摩擦感度用摆式摩擦仪来测定，如图 2-4 所示。将 0.02g 炸药在 1500g 摆锤，90° 摆角的作用下，上下两击柱间发生水平移动摩擦，25 次试验中引爆炸药的百分率即为摩擦感度。

如 2 号岩石炸药摩擦感度为 16%～20%，铵松蜡炸药为 4%～16%。

（三）爆轰感度

炸药在其他炸药的爆炸作用下发生爆炸的难易程度。一般用极限起爆药量或殉爆距离表示。

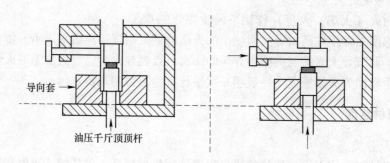

图 2-4　摩擦感度的测定

1. 极限起爆药量

0.5g 受试炸药以 50MPa 的压力压入 8 号铜雷管壳中，然后装入定量起爆药，扣上加强帽，以 30MPa 的压力压药；用导火索点燃起爆药引起爆炸，通过增减起爆药量，反复实验可测出该炸药爆炸所需最小起爆药量。

如 0.5g 黑索金、TNT 或特屈儿可分别被 0.13g、0.163g、0.17g 的 DDNP 起爆，说明前者感度最高。而 0.5g 黑索金可分别被 0.05g 氮化铅、0.13g 二硝基重氮酚或 0.19g 雷汞引爆，说明前者起爆能最大。

2. 殉爆距离

当主、从爆药卷为同一种炸药时，主爆药卷爆炸以后足以使从爆药卷全爆的药卷间最大距离叫做该炸药的殉爆距离，单位为 cm。

殉爆距离的测量如图 2-5 所示。

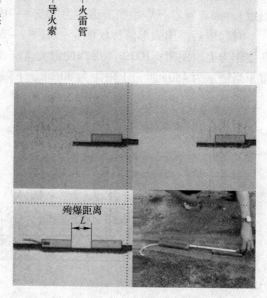

图 2-5　殉爆距离的测量

三、影响炸药感度的三个因素

（一）药的化学结构和化学性质的影响

含—O—NO$_2$ 的比含—NO$_2$ 硝基团的炸药感度要高；爆热值高的炸药感度要高。黑索金比 TNT 感度高。

（二）炸药物理性质的影响

热容量小、导热率低、密度适当、颗粒细小、混拌均匀的炸药，感度高。

（三）掺和物的影响

掺入高熔点、高硬度石英砂等，可提高炸药撞击和摩擦感度。

任务四 炸药氧平衡及热化学参数

【任务描述】

氧平衡不仅可以指导炸药生产配方，而且会影响炸药的热化学参数，在工程爆破中对提高炸药利用率，改善爆破效果，降低爆破成本，都有着极其重要的意义。本任务主要阐述炸药的氧平衡及爆炸性能与威力大小的参数。

【能力目标】

会计算炸药的氧平衡。

【知识目标】

(1) 掌握炸药氧平衡的意义；
(2) 掌握炸药氧平衡的计算；
(3) 了解炸药的其他热化学参数。

【相关资讯】

一、炸药的氧平衡

(一) 爆轰产物

1. 爆轰产物

爆轰产物是反应区反应终了瞬间的化学反应产物，与炸药化学组成、物理性质及反应程度有关。主要有 CO_2、H_2O（气、液态）、CO、NO_2、NO、C（固态）、O_2、N_2 等。

爆炸产物为爆轰产物与外界介质相互作用发生新反应生成的新产物，用于衡量爆炸后有毒气体的生成量。

2. 理想的爆轰产物

当炸药中 C、H 等元素被不同程度氧化时，放出的热值不同：

$$C + O_2 \rightleftharpoons CO_2 + 395kJ/mol$$
$$2C + O_2 \rightleftharpoons 2CO + 110kJ/mol$$
$$2H_2 + O_2 \rightleftharpoons 2H_2O + 242kJ/mol$$
$$N_2 + O_2 \rightleftharpoons 2NO - 90kJ/mol$$
$$N_2 + 2O_2 \rightleftharpoons 2NO_2 - 17kJ/mol$$

无论从热量产生还是人体健康的角度考虑，理想爆轰产物都是相同的，主要有 H_2O、CO_2。

(二) 氧平衡 (O.B.) 计算

1. 氧平衡定义

氧平衡指炸药中的 C 和 H 完全氧化生成 H_2O、CO_2 时，每克炸药多余或缺少的含氧克数，即：

O. B. = 多余或缺少的氧量/炸药量；

O. B. = 0 时为零氧平衡；

O. B. > 0 时为正氧平衡，生成 NO_2、NO、N_2O_5 等；

O. B. < 0 时为负氧平衡，生成 CO、H_2、C（固态）等。

2. 一般单质炸药氧平衡的计算

炸药可写为含有 4 种元素的通式：$C_aH_bO_cN_d$，其氧平衡值为：

$$O. B. = \frac{\left(c - 2a - \frac{b}{2}\right) \times 16}{M} \quad (g/g) \qquad (2-1)$$

式中　M——炸药实验式的摩尔质量，$g/g(mol)$。

【例 2 - 1】已知木粉的通式为 $C_{50}H_{72}O_{33}$，求 O. B.。

解：
$$O. B. = \frac{\left[33 - \left(2 \times 50 + \frac{1}{2} \times 72\right)\right] \times 16}{1200}$$

$$= -1.37 g/g$$

$$= -137\%$$

3. 混合炸药氧平衡值计算

炸药各成分的氧平衡值乘以其组分的重量百分比，就等于该混合炸药的氧平衡值。

【例 2 - 2】求铵油炸药（92 - 4 - 4）的氧平衡值。

解：已知炸药的成分和配比为：硝酸铵 92%、木粉 4%、柴油 4%；氧平衡值依次为 + 20%、- 327%、- 137%。

$$O. B. = 92\% \times 20 + 4\% \times (-327\%) + 4\% \times (-137\%)$$

$$= -0.16\%$$

4. 氧平衡（O. B.）的作用

（1）指导进行炸药的配方研究，使各种元素的有效利用率提高。

（2）对预测和控制炸药爆炸后爆轰产物中的有毒气体量，分析有毒气体的成分有重要作用。

（3）炸药的配制。

在配制混合炸药时，通过调节其组成和配比，应使炸药的氧平衡接近于零氧平衡，这样可以充分利用炸药的能量和避免或减少有毒气体的产生。

确定包含两种成分的混合炸药配比的方法如下：设炸药中氧化剂和可燃剂的配比分别为 x、y，令 a、b、c 分别为这两种成分和混合后的氧平衡值，则有：

$$x + y = 100\%$$

$$ax + by = c \qquad (2-2)$$

若按零氧平衡配制，则取 $c = 0$，可联立求解 x、y。若要配制三种成分的炸药，需要根据经验先确定某一种成分在炸药中所占的百分含量，然后按以上方法计算其他两组分的配比。

【例 2 - 3】　在铵油炸药中（硝酸铵与柴油的混合炸药），加入 4% 木粉作松散剂，按零氧平衡设计炸药配方。

解： 设 100g 炸药中含硝酸铵 x，柴油 y，则：

$$x + y + 4 = 100$$

已知各组分的氧平衡（见表 2 - 1）：硝酸铵 20%，柴油 -342%，木粉 -137%，按零氧平衡配制炸药时应为：

$$0.2x - 3.42y - 1.37 \times 4 = 0$$

解得： $x = 92.21, y = 3.79$

表 2 - 1 一些炸药和物质的氧平衡及定容生成热

物质名称	分子式	氧平衡/%	生成热/kJ·mol^{-1}
硝酸铵	NH_4NO_3	20.0	5354.83
硝酸钾	KNO_3	39.6	489.56
硝酸钠	$NaNO_3$	47.0	463.02
硝化乙二醇	$C_2H_4(ONO_2)_2$	0.0	233.41
乙二醇	$C_2H_4(OH)_2$	-129.0	444.93
泰安 PETN	$C_5H_8(ONO_2)_4$	-10.1	512.50
黑索金 RDX	$C_3H_6N_3(NO_2)_3$	-21.6	-87.34
奥托金 HNX	$C_4H_4N_4(NO_2)_4$	-21.6	-104.84
特屈儿 CE	$C_6H_2(NO_2)_4NCH_3$	-47.4	-41.49
梯恩梯 TNT	$C_6H_2(NO_2)_3CH_3$	-74.0	56.52
二硝基甲苯 DNT	$C_6H_3(NO_2)_2CH_3$	-114.4	53.4
硝化棉 NC	$C_{24}H_{31}(ONO_2)_9O_{11}$	-38.5	2720.16
苦味酸 PA	$C_6H_2(NO_2)_3$	-55.9	
叠氮化铅 LA	$P_b(N_3)_2$		-448.00
雷汞 MP	$Hg(CNO)_2$	-1184.0	-273.40
二硝基重氮酚 DDNP	$C_6H_2(NO_2)_2NON$	-58.0	-198.83
石蜡	$C_{18}H_{38}$	-346.0	558.94
木粉	$C_{15}H_{22}O_{11}$	-137.0	2005.48
轻柴油	$C_{16}H_{32}$	-342.0	946.09
沥青	$C_{30}H_{18}O$	-276.0	594.53
淀粉	$(C_6H_{10}O_5)n$	-118.5	948.18
古尔胶	$C_{3.21}H_{6.2}O_{3.38}N_{0.043}$	-98.2	6878.9(kJ/kg)
甲铵硝酸盐	$CH_6N_2O_3$	-34.0	339.60
水(汽)	H_2O		240.70
水(液)	H_2O		282.61
二氧化硫	SO_2		297.10
二氧化碳	CO_2		395.70
一氧化碳	CO		113.76
二氧化氮	NO_2		-17.17
一氧化氮	NO		-90.43

物 质 名 称	分 子 式	氧平衡/%	生成热/kJ·mol⁻¹
硫 化 氢	H_2S		20.16
甲 烷	CH_4		74.10
氯 化 钠	NaCl		410.47
三氧化二铝	Al_2O_3		1666.77

二、炸药的热化学参数

(一) 爆热

1. 爆热

炸药在爆炸分解时释放出的热量称为爆热。爆热等于炸药的反应热与爆炸产物生成热之差。工业炸药的爆热在 3300 ~ 5900kJ/kg。爆热可以根据爆炸生成气体的种类、数量计算，也可以用量热器直接测量。爆热测定如图 2 - 6 所示。

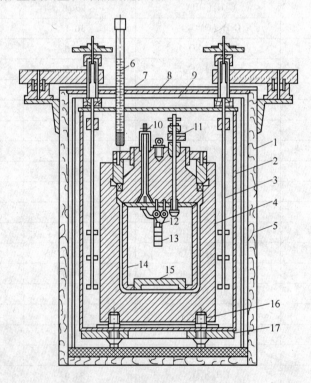

图 2 - 6　爆热测定装置示意图

1—水桶；2—量热桶；3—搅拌桨；4—量热弹体；5—保温桶；6—贝克曼温度计；7 ~ 9—盖；
10—电极接线柱；11—抽气口；12—电雷管；13—药柱；14—内衬桶；15—垫块；16—支撑螺栓；17—底托

2. 能量密度

单位体积的反应物反应时所放出的能量称为能量密度，单位为 J/L。

3. 爆热的理论计算

(1) 生成热：由元素生成 1mol（或 1kg）化合物（非单质，单质生成热规定为零）

所放出（或吸收）的热量，叫作该化合物的生成热。根据过程的不同，其有定压或定容生成热之分。吸热为"－"，放热为"＋"。

（2）盖斯定律：在同一过程（定压或定容）下，化学反应的热效应与反应的途径无关，而只取决于反应的初态和终态。

所以，如图2－7所示，爆热 Q_V ＝爆轰产物生成热 Q_{1-3} －炸药的生成热 Q_{1-2}。

部分炸药的爆热、热值及能量密度见表2－2～表2－4。

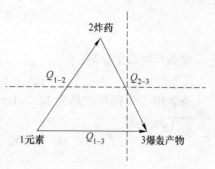

$$Q_{2-3} = Q_{1-3} - Q_{1-2}$$

图2－7　盖斯定律

表2－2　一些炸药的爆热

炸 药 名 称	爆热/kJ·kg^{-1}	装药密度/g·cm^{-3}
TNT	4222	1.5
黑索金	5392	1.5
泰安	5685	1.65
特屈儿	4556	1.55
雷汞	1714	3.77
硝化甘油	6186	1.6
硝酸铵	1438	—
（80:20）铵梯炸药	4138	1.3
（40:60）铵梯炸药	4180	1.55

表2－3　一些炸药或燃料的热值

物质名称	木材	汽油	无烟	硝化甘油	TNT
热值/kJ·kg^{-1}	1881	32440	41800	63536	4222

表2－4　一些炸药或燃料的能量密度

物 质 名 称	燃料与氧混合物的燃烧热/kJ·L^{-1}	炸药爆热/kJ·L^{-1}
木材	17.1	
汽油	18.0	
无烟煤	17.6	
TNT		6479
硝化甘油		10032

【例2－4】　求TNT的爆热Q。

解：　　先确定近似爆炸反应式：

$$C_6H_2(NO_2)_3CH_3 \longrightarrow 2.5H_2O + 3.5CO + 3.5C + 1.5N_2 + Q_V$$

产物生成热：

$$H_2O: 2.5 \times 240.4 = 601 \text{kJ/mol}$$
$$CO: 3.5 \times 113.7 = 398.0 \text{kJ/mol}$$

爆轰产物总生成热：

$$Q_{1-3} = 601 + 398 = 999 \text{kJ/mol}$$

查表得 TNT 的生成热为 42.2kJ/mol。

TNT 的爆热：

$$Q_{2-3} = 999 - 42.2$$
$$= 956.8 \text{kJ/mol} = 1000 \times 956.8/227$$
$$= 4215 \text{kJ/kg}$$

4. 影响爆热的因素

（1）炸药的氧平衡：零氧平衡时，炸药内可燃元素能完全氧化并放出最大热量。但是，即使对于零氧平衡炸药，放出的热量也不同，炸药中含氧量越多，单位质量放出的热量也越大。此外，由盖斯定律知，炸药的生成热越小，爆热就越高。

（2）装药密度：对缺氧较多的负氧平衡炸药，增大装药密度可以增加爆热，这是因为装药密度增加，爆压增大，使二次可逆反应向增加爆热的方向发展。对其他炸药影响不大。

（3）附加物影响：在炸药中加入细金属粉末不仅能与氧生成金属氧化物，而且能与氮反应生成金属氮化物，这些反应是剧烈的放热反应，从而可增加爆热。

（4）装药外壳影响：增加外壳强度或重量，能阻止气体产物的膨胀，提高爆压，从而提高爆热。特别是对缺氧严重的炸药影响较大。

5. 炸药化学反应的完全程度

炸药反应越完全，放热越充分，则爆热越高。

（二）爆容

每千克炸药爆炸生成气体产物在标准状态下的体积称为爆容。单位为 L/kg。爆轰气体产物是炸药放出热能借以作功的介质。爆容越大，炸药作功能力越强，因此，爆容是炸药作功能力的一个重要参数。

爆炸反应方程确定后，按阿佛加得罗定律很容易计算炸药的爆容。若炸药的通式 $C_aH_bN_cO_d$ 是按 1mol 写出的，则爆容计算公式为：

$$V_0 = \frac{22.4 \sum n_i \times 1000}{M} \quad (\text{L/kg}) \tag{2-3}$$

式中　$\sum n_i$——气体产物的总摩尔数；

　　　　M——炸药的摩尔量。

若炸药通式是按 1kg 写出的，则：

$$V_0 = 22.4 \sum n_i \quad (\text{L/kg}) \tag{2-4}$$

（三）爆温

爆温是指炸药爆炸时放出的能量将爆炸产物加热到的最高温度。爆温是炸药的重要参数之一,研究炸药的爆温具有重要的实际意义。一方面,它是炸药热化学计算所必需的参数;另一方面,在实际爆破工程中对其数值有一定的要求。如对于煤矿井下具有瓦斯、煤尘爆炸危险工作面的爆破,必须使用煤矿许用炸药,对这类炸药的爆温就有严格的控制范围,一般应在2000℃以内,而对于其他爆破,为提高炸药的作功能力,则要求爆温高一些。

在爆炸过程中,温度变化极快,且其数值极高,可达几千度,目前的实验方法很难测定,为了得到炸药的爆温值,一般采用理论计算方法。

爆温的计算方法常用的是卡斯特法,即利用爆热和爆炸产物的平均热容来计算爆温。为使计算过程简化,有以下三条假定:

(1) 爆炸过程近似视为定容过程;

(2) 爆炸过程是绝热的,爆炸反应放出的能量全部用来加热爆炸产物;

(3) 爆炸产物的热容只是温度的函数,而与爆炸时所处的压力等其他条件无关。

从炸药膨胀作功的观点考虑,希望能够提高炸药的爆温,但为避免引燃瓦斯和煤尘,矿用炸药的爆温不能过高,并有严格的限制。提高爆温的途径是增加爆热和减少爆炸产物的热容,而降低爆热的途径则相反。在煤矿许用炸药中,常用加入消焰剂(如氯化钠)的办法来降低爆温。

(四) 爆压

爆轰产物在爆炸完成的瞬间所具有的压力称为爆压,单位为MPa。爆炸过程中爆炸产物内的压力是不断变化的,爆压是指爆轰结束时,爆炸产物在炸药初始体积内达到热平衡时的流体静压值。它反映炸药爆炸瞬间猛烈破坏程度。

任务五 炸药的爆炸性能

【任务描述】

作为一种特殊的能源,工业炸药具有制作简单、成本低廉的特点,同时由于其使用方便,爆炸性能优越,广泛应用于矿岩爆破、爆炸加工、起爆传爆等各个方面。工业炸药爆炸的性能指标有很多,而影响这些参数的因素也比较复杂,其中常见的爆炸性能指标有爆力、猛度、殉爆距离、爆速和聚能效应等,本任务在分析工业炸药各项爆炸性能的基础上,重点阐述了影响工业炸药爆炸性能的因素。

【能力目标】

(1) 会测定相关的爆炸性能指标;

(2) 利用炸药的爆炸性能指标解决工程实际问题。

【知识目标】

(1) 掌握炸药各常用性能指标的测定;

(2) 掌握影响爆速的因素;

(3) 掌握影响殉爆距离的因素;

(4) 掌握克服沟槽效应的措施。

【相关资讯】

一、爆速

（一）爆速的测定方法

炸药的爆速是衡量炸药爆炸性能的重要标志量，也是目前可以比较准确测定的一个爆轰参数。

1. 导爆索法

其原理是利用已知爆速的导爆索来与一定长度炸药柱的平均爆速相比较，简便地测量出炸药的爆速。该法简单易行。测量装配如图 2 – 8 所示。用牛皮纸做成长约 350mm、内径 32mm 的一端封闭的炸药纸筒。把待测定的炸药 300g，均匀分成 5 次装入纸筒内。装筒时要控制长度使其保持一致，量出装药的长度，算出装药密度。切取 1m 长已知爆速的导爆索，在其中点处作一记号并对准铅板（或铝板）上预先刻好的刻痕，平铺于铅板上（稍有间隙）用铁丝固定，在待测炸药卷上打两个相距 200mm、直径 ϕ25mm 的小孔，把导爆索两端分别插入孔内，用胶布固定好。在药卷的左端装入起爆雷管，起爆后爆轰波沿药包自左向右传播，首先到达 A 点，立即引爆导爆索的左端，使爆轰波沿导爆索传播。与此同时，爆轰波继续沿药包传播，经过一定时间到达 B 点，立即引爆右端导爆索。这样一来，沿导爆索两端相向传爆的爆轰波，必将相遇于中心点 C 的右边 K 点，该点受到两爆轰波的叠加作用，爆痕较为明显。据此可得方程（2 – 5）：

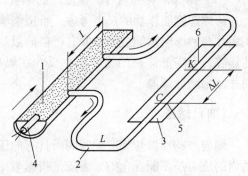

图 2 – 8　导爆索法测爆速装置
1—被测炸药；2—导爆索；3—铅（或）铝板；
4—雷管；5—导爆索中点；6—爆轰波相遇点

$$\frac{L/2 + \Delta L}{D_{索}} = \frac{I}{D} + \frac{L/2 - \Delta L}{D_{索}} \qquad (2-5)$$

简化后得 $D = D_{索} I/(2\Delta L)$，将 $I = 200$mm 代入，得：

$$D = 100 D_{索}/\Delta L \qquad (2-6)$$

式中　D——炸药爆速，m/s；

　　$D_{索}$——导爆索爆速，m/s；

　　L——导爆索长度，mm；

　　I——AB 长度，mm；

　　ΔL——K 点至导爆索中点长度，mm。

2. 电测法

目前较常用的是示波器测定法和数字爆速仪测定法，如图 2 – 9 所示，它们都是利用炸药爆轰产物的电离作用。起爆前在药包的 2 个点上插入探针，加上一定电压，爆轰波到达瞬间，由于爆轰的作用，原断路探针短路或短路探针断路，即产生脉冲信号。开门关门使仪器记下 2 点间的脉冲数，在仪器上显示出来。已知长度 i，测出爆轰波的传播时间，

被测炸药爆速可用式 (2-7) 计算:

$$D = i/t \quad (m/s) \tag{2-7}$$

式中 i——两探针的距离，m；

$\quad\quad t$——爆轰波从 $A \to B$ 的时间，s。

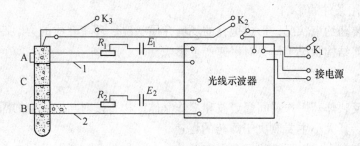

图 2-9 光线示波器测爆速示意图

$K_1 \sim K_3$—开关；E_1，E_2—电池；R_1，R_2—电阻；C—被测炸药卷

（二）影响爆速的因素

爆速是一个重要的爆轰参数，它是计算其他爆轰参数的依据，也可以说爆速间接地表示出其他爆轰参数值，反映了炸药爆轰的性能。因此，研究爆速有着重要的意义。

炸药理想爆速主要取决于炸药密度、爆轰产物组成和爆热。从理论上讲，仅当药柱为理想封闭，爆轰产物不发生径向流动，炸药在冲击波波阵面后反应区释放出的能量全部都用来支持冲击波的传播，爆轰波以最大速度传播时，才能达到理想爆速。实际上炸药是很难达到理想爆速的，炸药的实际爆速都低于理想爆速。爆速除了与炸药本身的化学性质如爆热、化学反应速度有关外，还受装药直径、装药密度和粒度、装药外壳、起爆冲能及传爆条件等影响。

1. 炸药组成的影响

炸药的爆速首先取决于本身的配方，配方不同，爆速显然不同，单质组分的猛炸药的爆速为 6～9km/s，民用炸药爆速一般为 2～5km/s。

2. 药卷直径的影响

用相同的起爆能引爆不同直径的药卷时，药卷的爆速和稳定传爆的情况有很大不同，随着药卷直径的增大，爆速和爆炸稳定性均有所提高，当药卷直径增大到极限直径以后爆速不再增大。

3. 炸药密度的影响

增大炸药的密度可提高理想爆速，但临界直径和极限直径也会发生变化。炸药密度对临界直径的影响规律是随炸药类型的不同而变化的，对于单质猛炸药，当药卷直径一定时，爆速是随密度的增大而增大，爆速与密度之间成正比关系；而混合炸药的密度与爆速的关系比较复杂，存在一个最优密度范围区。

4. 组分颗粒度和混合均匀性的影响

工业炸药爆轰的化学反应首先是从炸药组分表面开始的。因此，组分越细，比表面越大，越有利于爆轰反应的进行。同时，混合炸药的组分越细，各组分混合越均匀，越有利于提高爆速。

5. 间隙效应的影响

混合炸药连续药卷只要直径等于或大于临界直径，通常在空气中都能正常传播。但在炮孔中，如果药卷与炮孔壁间存在径向间隙，这种径向间隙常常会影响爆轰波传播的稳定性。

6. 不同使用条件的影响

工业炸药装药约束状况，形成炮孔的环境介质状况、环境介质的力学特征、雷管的起爆威力以及几何结构状况等均会对爆速产生影响。

二、猛度

炸药猛度反映炸药爆炸瞬间爆轰波和爆炸气体产物直接对与之接触的固体介质局部产生破碎的能力。其大小主要取决于炸药的爆速，爆速愈高，猛度愈大，岩石粉碎得愈厉害。

我国用铅柱压缩法检测炸药猛度，如图 2－10 所示。由于这种方法简单易行，只要试验条件相同，试验结果就可供比较，所以在生产实际中普遍采用。其缺点是：铅柱压缩值与炸药实际猛度之间没有精确的比例关系，同时铵油炸药、浆状炸药等许多工业炸药因规定的试验药量太小，无法进行猛度实验。

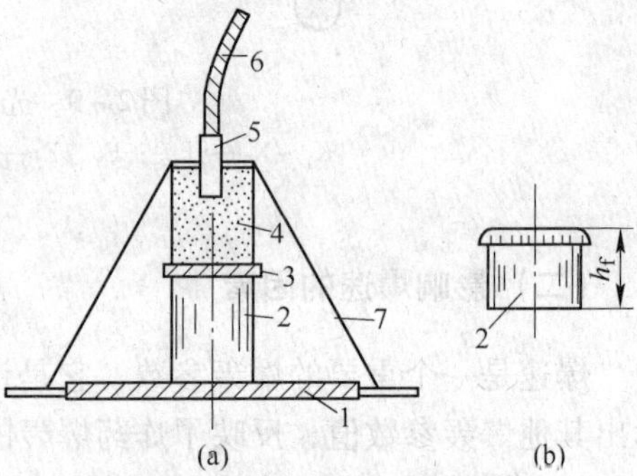

图 2－10　炸药猛度测试
1—钢板；2—铅柱；3—圆钢片；4—药柱；
5—雷管；6—导火索；7—钢丝

三、爆力

炸药的爆力是表示炸药爆炸作功的一个指标，它表示炸药爆炸所产生的冲击波和爆轰气体作用于介质内部，对介质产生压缩、破坏和抛移的作功能力。爆力的大小主要取决于炸药爆炸时的爆热、爆温和所生成气体量的多少。炸药的爆热、爆温愈高，生成气体体积愈多，则爆力就愈大。一般采用铅铸扩大法（见图 2－11）和爆破漏斗法（见图 2－12）检测炸药爆力。和猛度检测一样，许多低感度工业炸药不能用铅铸扩大法进行爆力试验。

（一）铅铸扩大法

用高与直径同为 200mm 的纯铅柱体，中心钻直径 25mm、深 125mm 的孔，内装密度为 $1g/cm^3$ 的 10g 炸药，插入 8 号雷管，用粒度为 0.03～0.7mm 的石英砂堵塞，爆后形成梨状容积。测出爆破前后体积的变化。

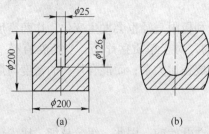

图 2－11　炸药爆力测定法的铅铸
（a）爆炸前的铅铸；（b）爆炸后的铅铸

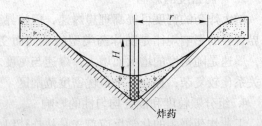

图 2－12　爆破漏斗法测爆力

（二）爆破漏斗法

试验时在均匀的介质中设置一个炮孔，将一定量的被测炸药以相同的条件装入炮孔中，并进行堵塞，引爆后形成如图 2 – 12 所示的一个爆破漏斗，然后在地平面沿两个互相垂直的方向测量漏斗的直径，取其平均值，并同时测量漏斗的可见深度。爆破漏斗的体积如式（2 – 8）所示计算：

$$V = \frac{1}{3}\pi r^2 H \tag{2-8}$$

式中　V——爆破漏斗的体积，m^3；

　　　r——爆破漏斗的底圆半径，m；

　　　H——爆破漏斗的可见深度，m。

四、殉爆

（一）炸药殉爆及产生的原因

一个药包（卷）爆炸后，引起与它不相接触的邻近药包（卷）爆炸的现象，称为殉爆。殉爆在一定程度上反映了炸药对冲击波的感度。通常将先爆药包（卷）称为主发药包（卷），被引爆的后一个药包（卷）称为被发药包（卷）。前者能够引爆后者的最大距离叫做殉爆距离，一般以 cm 计，它表示一种炸药的殉爆能力。在工程爆破中，殉爆距离对于确定分段装药、盲炮处理和合理的孔网参数等都具有指导性意义。在炸药厂和危险品库房设计中，它是确定安全距离的重要依据。

（二）殉爆距离的测定

如图 2 – 13 所示，先将沙土地面捣固，然后用与药径相同的圆木棒在此地面压出一半圆形槽，将两药卷放入槽内，中心对正，主发药包（卷）的聚能穴与被发药包（卷）的平面端相对，量好两药包（卷）之间的距离，随后起爆主发药包（卷），如果被发药包（卷）完全爆炸（不留有残药和残纸片），改变距离，重复试验，直到不殉爆为止。取连续 3 次发生殉爆的最大距离作为该炸药的殉爆距离。

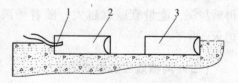

图 2 – 13　殉爆距离的测定
1—雷管；2—主发药包（卷）；3—被发药包（卷）

（三）影响殉爆距离的因素

1. 装药条件

密度对主发药包（卷）和被发药包（卷）的影响是相同的。实践证明，主发药包（卷）的条件给定后，在一定范围内，被发药包（卷）密度小，殉爆距离会增加；随着主发药包（卷）密度增高，殉爆距离也增大。

2. 药量和药径

试验表明，增加药量和药径，将使主发药包（卷）的冲击波强度增大，被发药包（卷）接收冲击波的面积也增加，殉爆距离也就可以增大。

3. 药包外壳和连接方式

如果主发药包（卷）的外壳坚硬，甚至将两个药包（卷）用管子连接起来，由于爆炸产物流的侧向飞散受到约束，自然会增大被发药包（卷）方向的引爆能力，显著增大殉爆距离，而且随着外壳、管子材质强度的增加而进一步加大。

药包的摆放涉及冲击波与爆炸产物流的打击方向，对殉爆极有影响。在主发药包（卷）与被发药包（卷）轴线对正的情况下殉爆效果最好。

4. 两药包（卷）间的介质

两个药包（卷）间的介质如果不是空气而是水、金属、砂土等密实介质，殉爆距离明显下降。这种现象可以用来防止殉爆，如危险工房间若设防爆土堤或防爆墙，工房间的殉爆安全距离可大为缩短。但是在炮孔中药卷间若有岩粉、碎石，就可能出现因传爆的中断而产生拒爆，此时必须将药卷间的岩粉和碎石清除。

五、沟槽效应

（一）沟槽效应现象

沟槽效应，又称管道效应、间隙效应，就是当药卷与炮孔壁间存在有月牙形空间时，爆炸药柱所出现的自抑制——能量逐渐衰减直至拒（熄）爆的现象。实践表明，在小直径爆破作业中这种效应相当普遍地存在，是影响爆破质量的重要因素之一。

地下爆破作业中的沟槽效应已为人们所熟知。对于这种现象的通常解释是，爆炸产物压缩药卷和孔壁之间的间隙中的空气，产生冲击波，它超前于爆轰波并压缩药卷，抑制爆轰。与这一解释不同，美国的 M. A. 库克和 L. L. 尤迪等人对此进行一系列的试验后认为，沟槽效应是由于药卷外部炸药爆轰产生的等离子体引起的。这就是说，炸药起爆后在爆轰波波阵面的前方有一等离子层，对后面未反应的药卷表层产生压缩作用，妨碍该层炸药的完全反应。等离子波阵面和爆轰波阵面分开得越大，或者等离子波越强烈，这个表层穿透得就越深，能量衰减就越大。随着等离子波的进一步增强，就会引起后面药包爆轰的熄灭。

（二）沟槽效应的影响因素

一般地说，沟槽效应是与炸药配方、物理结构、包装条件和加工工艺有关的，下面以乳化炸药为例进行说明。

1. 炸药配方

由于乳化炸药是用乳化技术制备而成的，使其具有极细的油包水型物理内部结构，氧化剂与可燃剂以近似分子大小的距离彼此紧密接触，爆轰传递迅速，其爆速接近或超过等离子波的速度，等离子体超前压缩作用不再存在。按照等离子体理论，沟槽效应就很小，甚至不存在。但是对于含有敏化气泡的乳化炸药，随着储存时间的延长，爆速等爆炸性能衰减，其沟槽效应也会逐渐显著起来。

2. 工艺控制条件的变更

工艺控制条件的变更对于乳化炸药的质量有着明显的影响。就沟槽效应而言，凡是能改善和增强乳化炸药混合条件的工艺因素，都能提高乳化炸药的质量，减小沟槽效应。

3. 包装条件

不同的包装条件也会影响乳化炸药的沟槽效应，例如增大药卷外壳的强度会使乳化炸药的沟槽效应显著减小，甚至消除。这是由于增强约束条件，不仅提高了乳化炸药的爆速，而且抵御了等离子体的压缩穿透作用。

（三）减小或消除沟槽效应的措施

（1）化学技术：可选用不同的包装涂覆物，如柏油沥青、石蜡、蜂蜡等。

（2）调整炸药配方和加工工艺，以缩小炸药爆速与等离子体速度间的差异。

（3）堵塞等离子体的传播：一是在炮孔中的每个药卷间插上一层塑料薄板或填上炮泥；二是用水或有机泡沫充填炮孔与药卷之间的月牙形间隙。

（4）增大药卷直径。

（5）沿药包全长放置导爆索起爆。

（6）采用散装技术，使炸药全部充填炮孔不留间隙。

六、聚能效应

（一）聚能效应现象

在使用爆破器材过程中，我们会发现雷管的底部有一个凹穴，小直径药卷的底部也有常常带有一个凹穴，设置这个凹穴的作用就是为了提高雷管的引爆能力和炸药的爆炸效果。为了进一步说明和认识这种凹穴的作用，我们做一组不同形状药包的爆炸试验。

这些不同形状的药包引爆以后，其穿透效果是不相同的，如图 2 - 14 和表 2 - 15 所示。

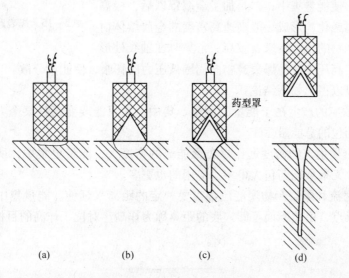

(a)　　　(b)　　　(c)　　　(d)

图 2 - 14　不同药包的穿透能力

上述试验结果说明，在某种特定药包形状的影响下可以使爆炸的能力在空间重新分布，大大增强对某一方向的局部破坏作用，这种底部具有凹穴的药包爆炸时对目标的破坏作用显著增强的现象称为聚能效应。

表 2 – 5　不同底部形状药包对靶板的穿透结果

试验号	药柱形状	药柱底与靶面距离/mm	穿透深度/mm
图 2 – 14（a）	圆柱、平底	0	浅坑
图 2 – 14（b）	圆柱、下有凹穴	0	6～7
图 2 – 14（c）	圆柱、有凹穴、有药型罩	0	80
图 2 – 14（d）	圆柱、有凹穴、有药型罩	70	110

（二）产生聚能效应的原因

为了解释聚能效应，可研究爆轰产物的飞散过程。如图 2 – 15 所示，圆形药柱爆轰后，爆轰产物沿近似垂直原药柱表面的方向向四周飞散，作用于钢板部分的仅仅是药柱端部的爆轰产物，作用的面积等于药柱端部面积。而带凹穴的圆柱药柱则不同，当爆轰波前进到凹穴部分，其爆轰产物沿着凹穴表面垂直方向飞出。由于飞出的速度相等，药型对称，爆轰产物要聚焦在轴线上，汇聚成一股速度和压力都很高的气流，称为聚能流，它具有极高的速度、密度、压力和能量密度。无疑，爆轰产物的能量集中在靶板的较小面积，在钢板上形成了更深的孔，这便是凹穴能够提高破坏的原因。

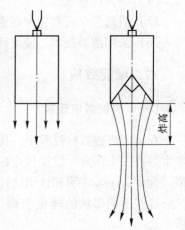

图 2 – 15　爆轰产物的飞散过程

试验表明，凹穴处爆轰产物向轴线汇集有下列三个原因：一是爆轰产物质点以一定速度沿近似垂直于凹穴的方向向轴线汇集，使能量集中；二是加了金属罩以后，极高的压力会使金属融化，形成一股高速高密度的金属熔体射流；三是爆轰产物的压力本来就较高，汇集时在轴线处形成更高压力区，高压力区使爆轰产物向周围低压力区膨胀，使能量分散。

通过试验可以得出如下结论：

（1）聚能效应的产生在于能量的调整、集中，它只能改变药柱某个方向的猛度，而没有改变整个药包的总能量。

（2）由于金属射流的密度远比爆轰聚能流的密度大，能量更集中，所以有罩聚能药包的破甲作用比无罩聚能药包大得多，应用的也更多。

（3）金属射流和爆轰产物聚能流都需要一定的距离来延伸。能量集中的断面总是在药柱底部外的某点，由此断面至凹穴底的距离称为炸高。对位于炸高的目标，破甲的效果最好。

思考与练习题

1. 对工业炸药有什么要求？
2. 硝铵炸药的组成成分有哪些？各在炸药中起什么作用？

3. 简述乳化炸药具有良好抗水性能的原因。

4. 什么是炸药的氧平衡？研究炸药氧平衡的意义是什么？

5. 已知 2 号岩石炸药的配方（硝酸铵 85%、TNT11%、木粉 4%），求其氧平衡值。

6. 何为炸药的感度？研究它有何意义？

7. 简述影响爆速的因素。

8. 简述沟槽效应产生的原因及减少沟槽效应的措施。

9. 何为聚能效应？有何意义？

10. 何为殉爆距离？有何意义？

项目二　起爆方法及器材

目前广泛使用四种起爆方法：火雷管起爆法、电雷管起爆法、导爆索起爆法和导爆管起爆法；除电雷管起爆法外，其他是非电起爆法。

任务一　火雷管起爆法

【任务描述】

作为最早的起爆方法，火雷管起爆法具有简单易行、成本低、运用灵活等特点，但不能延期，具有一定的危险性，国家相关部门已明令在爆破作业中禁止使用。本文主要讲述火雷管起爆法的起爆器材及对本起爆法的评价。

【能力目标】

熟悉雷管的结构及各部分的作用。

【知识目标】

掌握雷管的结构及各部分的作用。

【相关资讯】

一、起爆的实质

起爆的实质：火雷管起爆法是指利用导火索燃烧时产生的火焰，先引爆火雷管，再由火雷管激发炸药爆炸的起爆方法。

这种起爆方法所需的器材有火雷管、导火索、点火材料。

1867 年，诺贝尔获得在锡管中装入雷汞的专利，诺贝尔雷管是炸药工业中最重要的一步。

二、起爆器材

（一）火雷管

1. 管壳

火雷管的管壳一般采用纸、铜、铝、铁、塑料等材料制成，呈圆管状。管壳必须具有一定的强度，以减小正、副起爆药爆炸时的侧向扩散和提高起爆能力，管壳还可避免起爆药直接与空气接触，提高雷管的防潮能力。管壳一端开口以供插入导火索；另一端密闭，做成圆锥形或半球面形聚能穴，以提高该方向的起爆能力。如图 2 – 16 所示。

2. 起爆药和加强药

大约至1900年，对这种复合雷管进行了改进，用加强药来代替部分的起爆药，使它在安全和威力两方面都得到提高。

（1）起爆药：具有良好的火焰感度，在火焰作用下迅速增至爆轰速度，但威力小。一般多用 DDNP，过去用雷汞，军工上用史蒂酚酸铅，8 号雷管起爆药用量为 0.3 ~ 0.4g/个。

（2）猛炸药：感度低，不能用火焰直接点燃，必须用起爆药的起爆冲能；但威力大，现民用雷管多用黑索金、TNT 各50% 混制，压入 8 号雷管，用药量 0.7g/个左右。

雷管用药中通常使用较少的敏感起爆药，配以较多的威力大的加强药，使雷管具有较高的敏感性、一定的安全性和较大的威力，解决了安全与威力的矛盾；根据药量的不同，雷管分为 10 个等级，现多用 8 号工业雷管，起爆导爆管的雷管可用 6 号雷管。

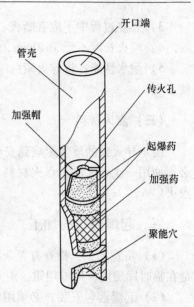

图 2 - 16　火雷管结构

（3）加强帽：它是中心带有 1.9mm 小孔的金属罩，由铜带冲制而成，其作用与外壳相似，在雷管中形成密闭小室，其作用是：

1）减少灵敏的起爆暴露面积。

2）防止外界影响，防潮。

3）有利于起爆药爆轰。

（二）导火索

法国的路易·来修尔于 1907 年发明导火索，外皮当时是用铅管作的。导火索结构如图 2 - 17 所示。

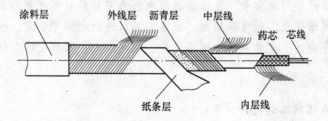

图 2 - 17　导火索结构

（1）作用：用于传递火焰，燃烧时仅药芯燃烧，外皮不燃烧。

（2）结构：由芯线、药芯和各层包缠物（纸、棉纱、塑料皮、沥青多层）组成。

（3）性能：

1）外观：白色棉纱包缠。

2）燃速：100 ~ 125m/s。

3）燃烧过程中不应有断火、透火、速燃、爆燃等现象。

4）喷火长度不低于40mm，以保证一定的点燃能力。

5）耐水性能：将导火索两端用防潮剂浸封50mm，浸在1m深的常温静水中2h其性能不变。

（三）点火材料

由于导火索的质量影响到安全问题，故《爆破安全规程》规定：所有火雷管起爆时，必须使用一次点火法，点火材料主要用来实现一次点火；主要有点火筒点火和铁皮三通点火。

三、起爆药包的加工

（1）雷管加工：检查有否杂物，导火索切平口，卡紧，胶住。将导火索插入火雷管是在临时库房内，用专用钳，由专人进行。

（2）起爆药包安装：必须用竹锥或木锥在药包内扎一个深于雷管位置的小孔，再将装有导火索的火雷管装入，用胶布或细绳捆好。

（3）注意事项：只能在爆破工作面附近进行，在药包加工前，雷管与炸药必须分开保管。

四、火法起爆法的评价

简单易行、成本低、使用极广，但安全性差、有毒气体多（因导火索燃烧）、线路无法检查、不能精确控制时间、不能用于有瓦斯和矿尘爆炸的矿井。国家爆破器材主管部门已明令淘汰火雷管，并禁止在爆破作业中使用。

任务二　电雷管起爆法

【任务描述】

电雷管起爆法是使用电雷管、导线和爆破电源激发炸药装药爆轰的方法。电起爆具有一次起爆量大，起爆安全，能准确延时，起爆前可以进行检测等优点，在工程爆破中得到广泛应用。本任务讲述了电爆网路的网路元件、网路形式、网路设计与计算等内容。

【能力目标】

（1）会进行电爆网路的设计计算；

（2）会进行电爆网路的连接。

【知识目标】

（1）掌握电爆网路形式；

（2）掌握电爆网路的设计计算；

（3）掌握电爆网路施工连接；

（4）掌握电爆网路优缺点。

【相关资讯】

一、电雷管起爆的实质

起爆实质：通电→电雷管爆炸→起爆药包。

二、起爆器材

（一）电雷管

1. 电雷管的结构

（1）火雷管部分：基本构造同前。

（2）电力点火装置：

1）构成：由脚线、桥丝和引火头组成。

2）作用：通电脚丝发热，点燃引火头，产生火焰引爆雷管。

2. 种类

（1）即发电雷管：如图 2-18 所示，其结构就是电点火装置加火雷管，两者用卡口器连接，因没有延期装药，点火后 4~5ms 左右电雷管即炸，故为即发电雷管。

（2）延期电雷管：在电引火元件与起爆药之间增加了延期装置，通电以后引火头发火，引起延期装置燃烧，延迟一段时间后雷管爆炸。

1）雷管的段别：雷管延期时间的标志。

2）延期装药：其作用就是将点火头产生的火焰隔一定的预定延期时间，精确地传递给火雷管；它位于电点火头与火雷管之间。常用的延期药如下：

① 秒或半秒延期。以精制导火索或在延期体壳内压入延期药构成，延期时间由延期药的装药长度、药量和配比来调节。如图 2-19（b）中的 3，间隔时间 0.5~2.0s，可实现 1~12s 之间连续延期。

② 毫秒延期。采用硅铁、铅丹的混合

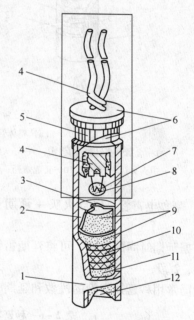

图 2-18　纸壳即发电雷管结构

1—管壳；2—加强帽；3—传火孔；4—脚线；5—铁箍；
6—卡口；7—桥丝；8—引火头；9—主起爆药；
10—第一副起爆药；11—第二副起爆药；12—聚能穴

物，并掺入适量的硫化锑，以调节药剂的反应速度。以不同配比药量达到 20 段或 20 段以下的延期，间隔时间 25~300ms，连续延期时间最长达 2000ms，目前至 1985 年止，有 30 段（0~600ms）产品，如图 2-20（b）中的 8。

3）秒差电雷管：电点火头 + 连接套管（带排气孔）+ 精制导火索 + 火雷管，三者用卡口器连接，通电后，电点火点燃导火索，同时击穿排气孔蜡纸，导火索燃烧气体由排气孔冒出，保证在常压下燃烧，不速燃，于一定时间后导火索点燃火雷管。如图 2 – 19（b）所示。

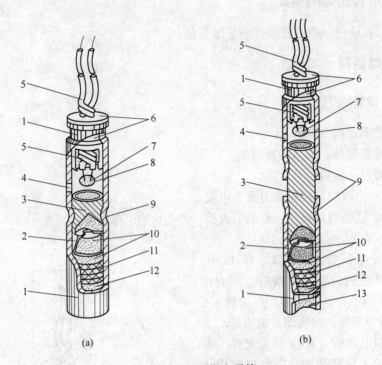

图 2 – 19　秒延期电雷管

（a）整体管壳式；（b）两段管壳式

1—金属管壳；2—加强帽；3—导火索；4—排气孔；5—脚线；6—卡口塞；7—桥丝；
8—引火头；9—卡痕；10—正起爆药；11—第一副起爆药；12—第二副起爆药；13—聚能穴

4）毫秒电雷管：电点火头 + 延期长内管 + 毫秒压装延期药 + 火雷管；如图 2 – 20 所示。

根据延期时间的不同，可将延期雷管分成若干个段，段数不同，延期时间不同。分别叫 1 段，2 段，…。

我国常用秒延期雷管的段数和延期时间见表 2 – 6。

表 2 – 6　秒延期电雷管的段数和延期时间

段　别	延期时间/s	标志（脚线颜色）
1	不大于 0.1	灰蓝
2	1.0 + 0.5	灰白
3	2.0 + 0.6	灰红
4	3.1 + 0.7	灰绿
5	4.3 + 0.8	灰黄
6	5.6 + 0.9	黑蓝
7	7.0 + 1.0	黑白

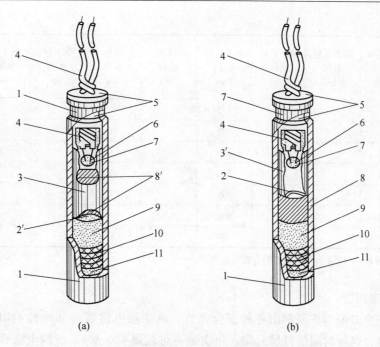

图 2 - 20　毫秒延期电雷管

（a）装配式；（b）直填式

1—金属壳体；2—铅质延期体；2′—传火孔；3—延期药芯；3′—反扣长内管；4—脚线；5—卡口塞；

6—桥丝；7—引火头；8—卡痕；8′—延期药；9—主起爆药；10—第一副起爆药；11—第二副起爆药

我国常用毫秒延期电雷管的段别与名义延期时间见表 2 - 7。

表 2 - 7　毫秒延期电雷管的段别与名义延期时间（《工业电雷管》）

段号	第1毫秒系列/ms	第2毫秒系列/ms	第3毫秒系列/ms	第4毫秒系列/ms	1/4秒系列/ms	半秒系列/ms	第1秒系列/ms	第2秒系列/ms	第3秒系列/ms
1	0	0	0	0	0	0	0	0	0
2	25	25	25	25	0.25	0.50	1.2	2	1
3	50	50	50	45	0.50	1.00	2.3	4	2
4	75	75	75	65	0.75	1.50	3.5	6	3
5	110	110	110	85	1.00	2.00	4.8	8	4
6	150		128	105	1.25	2.50	6.2	10	5
7	200		157	125	1.50	3.00	7.7		
8	250		190	145		3.50			
9	310		230	165					
10	380		280	185					
11	460		340	205					
12	550		410	225					
13	650		480	250					

续表 2 - 7

段号	第1毫秒系列/ms	第2毫秒系列/ms	第3毫秒系列/ms	第4毫秒系列/ms	1/4秒系列/ms	半秒系列/ms	第1秒系列/ms	第2秒系列/ms	第3秒系列/ms
14	760		550	275					
15	880		625	300					
16	1020		700	330					
17	1200		780	360					
18	1400		860	395					
19	1700		945	430					
20	2000		1035	470					

注：第2毫秒系列为煤矿许用毫秒延期电雷管系列。

3）特种电雷管。

主要从安全方面考虑研制出各种安全雷管：抗杂散电雷管（非线性电阻，底压时阻抗大，抗杂电，高压时阻抗低易起爆，每次最多可起爆480发）、抗静电雷管（用于防止装药器装药时药粒与塑料管摩擦产生的静电）、无起爆药雷管（用662炸药代DDNP）。

4）数码电子雷管。

其本质在于用一个微型电子定时器取代了普通电雷管中的延期药和电点火元件，不仅使延期精度大提高，而且控制了通往引火头的电源，从而最大限度地减少了因引火头能量需求而引起的误差。每只雷管的延期可在0～100ms范围内按ms级编程设定，其延期精度可控制在0.2ms以内。数码电子雷管起爆高可靠和高精度，每只雷管装入炮孔后其发火时间设定灵活性，对静电、射频电和杂散电流的固有安全性，对起爆之前可测控性，都是普通电雷管无法比拟的。

（3）电雷管的主要参数。

研究电雷管从通电到发火的过程中的影响因素、电雷管参数及要求对于安全、可靠、准确进行电雷管起爆，具有重大的意义。

电雷管全电阻 r。电雷管的全电阻指桥丝电阻和脚线电阻之和。

由于桥丝与脚线是串联的，显然从能量充分利用的观点，希望脚线电阻低而桥丝电阻高，故以镍铬丝配铜脚线最好。

r 值反映了电雷管质量（$r \approx 0$ 时短路，$r = \infty$ 时断路，均不得使用），要求成组雷管值差不大于 0.25Ω，可先检查，对雷管进行分组；保证串联组一致起爆。

（4）最低准爆电流 $i_准$：向单个电雷管通以恒定的直流电，使引火头必定点燃的最小电流，称为最低准爆电流 $i_准$；一般国产雷管 $i_准 \leq 0.7A$。

$i_准$ 用于衡量电雷管发火的感度，过大时起爆困难，$i_准$ 用来保证可靠发火。

（5）最大安全电流。

向电雷管通以恒定的直流电，在5min内不致点燃引火头的最大电流，称为最大安全电流 $I_安$；康铜丝 $I_安 = 0.3 \sim 0.5A$；镍铬丝 $I_安 = 0.125A$。

$I_安$ 用以保证作业的安全，$I_安$ 过小，雷管过于敏感易受杂电干扰而早起爆，在上述 $I_安$ 指标下，规定工作地点的杂电不容许超过 30mA，而专用仪表工作电流也应在 30mA 以下。一般低于 10mA，很安全。

$i_准$、$I_安$ 实质都是衡量雷管发火感度的参数，只不过分别从准爆和安全不同角度去考察而已，以实现可靠、安全的要求。

（6）点燃时间 t_B 和传导时间 θ：t_B 是指电雷管开始通电到引火头点燃的时间。

θ 是指从引火头点燃到雷管起爆时间，显然延期雷管 θ 值较大。$t_B + \theta = t_R$（雷管反应时间）；在串联组中，每个雷管 t_B 有差别，在最小的时间 t_{Rmin} 内串联组就会切断电源。故应加大 θ 值，使得组内最小的 t_{Rmin} 大于组内最大 t_{Bmax}，才能保证串联组内雷管，在最敏感雷管爆炸前最钝感的已经点燃。

（7）点燃起始能 K_B：

K_B 是点燃引火药头最低能量，也称发火冲能，它表示雷管点燃的感度。K_B 越大，感度越小；K_B 越小，感度越大，越易于点燃。

显然有：

$$K_B = I^2 t_B$$

（8）串联成组电雷管的准爆条件：

由于串联电阻中每个雷管得到的电流都一样，而每个雷管的敏感度有差异，要保证每个雷管都不拒爆，显然要保证在最敏感雷管爆炸前最钝感雷管已经点燃，即：

$$t_{Bmin} + \theta_{min} \geq t_{Bmax} \quad 或 \quad \theta_{min} \geq t_{Bmax} - t_{Bmin} \tag{2-9}$$

从 K_B 值考虑，不等式（2-9）两边乘上 $I_准^2$，则有：

$$\theta_{min} I_准^2 \geq I_准^2 t_{Bmax} - I_准^2 t_{Bmin} = K_{Bmax} - K_{Bmin}$$

所以：

$$I_准 \geq \sqrt{\frac{K_{Bmax} - K_{Bmin}}{\theta_{min}}} \tag{2-10}$$

这是串联组雷管准爆条件。

在小电流作用下，加热过程缓慢，传导热损失相对较多，使电雷管的点燃时间延长，点燃冲能值提高；在较大电流作用下，加热过程迅速，传导热损失相对较少，点燃冲能值也减小，最敏感与最钝感雷管点燃时间差大大缩小。

为保证成串雷管全爆，其 $I_准$ 值比单个的 $i_准$ 值大的多，这一点是很重要的，因为工业上与军事上不一样，一般要求同时起爆几十个至几千个所组成的串联网络，所以规定：

直流：　　　　　　　　　　　　$I_准 \geq 2.5A$

交流：　　　　　　　　　　　　$I_准 \geq 4.0A$

（二）导电线

电雷管必须通过各种导电线才能连接成多种串并联网路。电爆路中使用的导线一般采用绝缘良好的铜线和铝线，在大型电爆网路中常将导线按其位置和作用划分为端线、连接线、区域线和主线。

1. 端线

端线是用于加长电雷管脚线，使之能引出炮孔口外或硐室外。端线一般采用断面为 $0.2 \sim 0.4mm^2$ 的铜质塑料皮软线。

2. 连接线

连接线是用来连接相邻炮孔或药室的导线，一般采用断面为 $1 \sim 4mm^2$ 的铜芯或铝芯塑料皮线。

3. 区域线

区域线是连接分区与网络主线的导线，它一般采用断面面积稍大于连接线的铜芯或铝芯线。

4. 主线

主线是连接区域线和电源的导线，通常采用断面为 $16 \sim 150mm^2$ 铜芯或铝芯电缆线。

（三）起爆电源

（1）照明电源：110V、220V，井下多用110V、36V。

（2）动力电源：360V，多用于地表或地下深孔大爆破，硐室大爆破。

（3）直流电源：干电池或蓄电池。

（4）起爆器：

1）发电机式：手摇发电机，直接起爆雷管，容量小，起爆10发以下。

2）电容式：蓄电池—交流—升压—整流—电容器充电—起爆时对网路放电。容量大、体积小、重量轻。

三、电爆网路的连接方式

为了确保在同一电爆网路中所有雷管准爆，爆破前要测试每个雷管的电阻值，根据所采用的起爆电源和网路设计方式计算流经每个电雷管的电流强度，其电流强度大于准爆电流。电起爆网路的连接方式有串联、并联、串并联或并串联。

（一）串联电爆网路

如图 2 – 21 所示，串联电爆网路是将所有要起爆的电雷管的两根脚线或端线依次串连接成一回路。

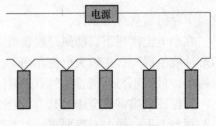

图 2 – 21　串联电爆网路

串联回路的总电阻 R 为：

$$R = R_1 + R_2 + nr \qquad (2-11)$$

式中　R_1——主线电阻，Ω；

　　R_2——药包之间的连线电阻，Ω；

　　r——电雷管的电阻，Ω；

　　n——串联回路中的电雷管数目。

串联回路总电流 I 为：

$$i = I = \frac{E}{R_1 + R_2 + nr} \qquad (2-12)$$

式中　i——通过每发电雷管的电流值，A；

　　I——串联网路的总电流，A；

　　E——起爆电源的电压，V。

在施工中，串联电爆网路操作简单方便，连线速度快。网路中短路或断路故障容易检测。串联电爆网路中电雷管的总个数受起爆电源电压限制，不能串联很多雷管，故在小规模爆破工程中被广泛采用。

（二）并联电爆网路

如图 2 - 22 所示，并联电爆网路是将所有要起爆的电雷管两脚线分别连到两根导线上，然后与电源相连接。

并联回路的总电阻 R 为：

$$R = R_1 + \frac{R_2}{n} + \frac{r}{n} \qquad (2 - 13)$$

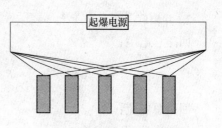

图 2 - 22　并联电爆网路

并联回路总电流 I 为：

$$I = \frac{E}{R_1 + \dfrac{R_2 + r}{n}} \qquad (2 - 14)$$

通过每发电雷管的电流：

$$i = \frac{I}{n} \qquad (2 - 15)$$

（三）混联电爆网路

如图 2 - 23 所示，混联电爆网路是由串联和并联组合起来的一种网路。通常采用串并联、并串联。

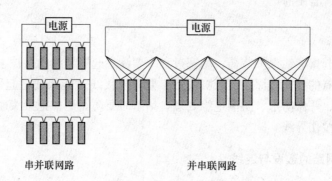

串并联网路　　　　　　　　　　并串联网路

图 2 - 23　混联电爆网路

1. 串并联

回路总电阻：

$$R = R_1 + \frac{1}{m}(R_2 + nr) \qquad (2 - 16)$$

回路总电流：

$$I = \frac{E}{R_1 + \dfrac{1}{m}(R_2 + nr)} \qquad (2 - 17)$$

通过每发雷管的电流：

$$i = \frac{E}{m\left[R_1 + \frac{1}{m}(R_2 + nr) \right]} \tag{2-18}$$

2. 并串联

回路总电阻：

$$R = R_1 + m\left(\frac{r}{n} + R_2 \right) \tag{2-19}$$

回路总电流：

$$I = \frac{E}{R_1 + m\left(\frac{r}{n} + R_2 \right)} \tag{2-20}$$

通过每发雷管的电流：

$$i = \frac{E}{nR_1 + nm\left(\frac{r}{n} + R_2 \right)} \tag{2-21}$$

式中　n——串并联时，为一个串联组中串联的雷管数目；并串联时，为串联组的组数；

　　　m——并串联时，为一个并联组中并联的雷管数目；串并联时，为并联组的组数。

四、电力起爆法的施工

电力起爆法的施工包括起爆药包的加工、装药、堵塞，电爆网路的连接、导通、网路检查、电阻平衡、合闸起爆。

（一）装药

堵塞过程中起爆导线保护装药，堵塞过程中要注意起爆导线的保护，特别是在深孔爆破施工中，因为有的孔比较深，雷管脚线短，要另外接线才能保证把起爆导线引出孔外，孔内接头要牢固，并做防水、防潮绝缘处理。堵塞时要防止炮棍把接头碰伤或打断，防止炮棍和导线搅绕拉伤导线。

（二）电爆网路的敷设与连线

实施电爆网路敷设与连线时应该十分认真仔细，要求网路敷设牢固、连接紧密、导电性能良好、绝缘可靠和符合设计要求。所有各类导线在连接之前必须短接（即短路），正式连接时将它打开，用砂纸或小刀擦净或刮掉线芯上的氧化物和油污，如果采用的是单股导线，则多采用直线型连接法。主线一般多采用多股芯线的胶皮线或电缆，连接时，先将导线的各股单线分别扳开成伞骨形，再将每根单线用砂纸或小刀擦净和刮光，然后参差地相向合并，用钳子将各根单线向合并的电线绕接。

（三）电爆网路的导通与检测

导通的目的是用导通仪来检验网路敷设和连接的质量，以确保网路通电后能顺利地起爆。

导通的原理是用导通仪测定整个网路或网路的某一局部的电阻值，并与设计计算的电阻值进行比较，如果两者相差太大，则证明网路中某部分发生了断路、短路、漏连和漏电等问题，因此要对网路进行检查和修正。

用来测量电爆网路和电雷管电阻的导通仪必须是爆破专用的爆破线路电桥和爆破欧姆表，不能采用普通的电桥、欧姆表和万能表等。

五、电力起爆法评价

（一）适用条件

电力起爆法可广泛应用于炮眼、深孔和药室爆破中。

（二）电力起爆法的优点

（1）可以实现远距离操作，大大提高了起爆的安全感；

（2）可以同时起爆大量药包，有利于增大爆破量；

（3）可以准确控制起爆时间和延期时间，有利于改善爆破效果；

（4）起爆前可以用仪表检查电雷管的质量和起爆网路的施工质量，从而保证起爆网路的正确性和起爆的可靠性。

（三）电力起爆法的缺点

（1）准备工作复杂，作业时间长；

（2）电爆网路设计和计算烦琐，要求操作者具备一定的电工知识；

（3）必须具备起爆的电源；

（4）在有外来电的地方，潜在引起电雷管早爆的危险。

任务三　导爆索起爆法

【任务描述】

导爆索起爆网路多用于深孔爆破、硐室爆破与其他起爆方式联合使用。在深孔爆破中，可利用中继雷管形成毫秒间隔的起爆网络，而在预裂光面爆破中，则使用联合网络。优点是不受外电干扰、传爆稳定、孔数不受限制，缺点是无法用仪表检测，并有噪声污染。

【能力目标】

会进行导爆索起爆网路连接。

【知识目标】

（1）掌握导爆索起爆网路连接的注意事项；

（2）熟悉导爆索起爆法的优缺点。

【相关资讯】

一、起爆的实质

导爆索起爆是利用雷管爆炸引爆导爆索，再经由导爆索网路引起炸药包爆炸的方法。因为导爆索内含有猛炸药，可以直接引爆炸药包。

二、起爆器材

（一）导爆索

1. 普通导爆索的结构

如图2-24所示，其结构与导火索相似，仅药芯不同，是用黑索今（白色粉末），中间有三根线，其外有三层棉纱和纸条缠绕，有两层防潮层间隔开，最外面涂成红色以区别于导火索。

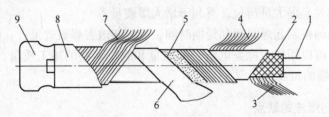

图2-24　普通导爆索的结构

1—芯线；2—黑索今或泰安；3—内层线；4—中层线；5—沥青；
6—纸条层；7—外层线；8—涂料层；9—防潮帽或防潮层

2. 导爆索与导火索的区别

（1）外观：导爆索呈红色，导火索呈灰白色。

（2）芯药：导爆索芯药是黑索金或泰安；导火索芯药是黑火药。

（3）作用：导爆索传递爆轰波，爆速不小于6000m/s；导火索燃烧火焰，燃烧速度低。

（4）效果：导爆索可直接起爆炸药；导火索只能起爆雷管。

3. 普通导爆索的规格与性能

（1）导爆索具有突出的传爆性能和稳定的起爆能力。

1.5m长的导爆索能完全起爆一个200g的标准压装TNT药块。

（2）耐热性能：在+50℃保温6h后或在-40℃冷冻2h后，导爆索起爆和传爆性能不变。

（3）耐拉强度：在承受500N静压拉力后，仍保持原有的爆轰性能。

（4）抗水性能：棉线导爆索在深度为1m、水温为10~25℃的静水中浸4h后；塑料导爆索在水压为50kPa、水温为10~25℃的静水中浸5h后；传爆性能不变。

（5）出厂前，导爆索都要经过耐弯曲性试验，以满足敷设网路时对导爆索进行弯曲、打结的要求。

4. 使用注意事项

由于药芯是用黑索今制成，感度比硝铵炸药高，所以导爆索不能敲击、猛烈碰撞，不能用剪刀、钳子剪，只能用快刀割断，不能用明火点。

（二）继爆管

继爆管：继爆管是导爆索起爆系统中一种延时装置。在导爆索网路中的适当位置接入继爆管，可以起到延长传爆时间和接力传爆的作用。

继爆管基本上是由不带点火装置的毫秒延期雷管和消爆管组成。使用时，从两端将导爆索插入继爆管内，用连接管将它们卡紧。

1. 单向继爆管

（1）结构：如图2-25所示，消爆管＋长内管＋毫秒延期药＋火雷管。另有外套管和连接管。

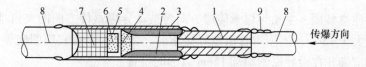

图2-25 单向继爆管

1—消爆管；2—大内管；3—外套管；4—延期药；5—加强帽；
6—正起爆药；7—副起爆药；8—导爆索；9—连接管

（2）工作原理：由主动端导爆索传来高温高压的气体产物和爆轰波经消爆管（带小孔的塑料管）消爆，压力、温度下降，点燃长内管后面的延期药，其后的作用同于毫秒电雷管，不同的是这时延期药的燃烧在敞开的空间下燃烧。

如果主、被动端接反了，被动端起爆后，经消爆管消爆后，就不可能引爆主动端，所以单向继爆管有方向性，连接时容易出差错。

2. 双向继爆管

如图2-26所示，实质是2个继爆管共用一个缩孔，连接方便，不会出现方向错误，但成本高。

图2-26 双向继爆管

1—消爆管；2—大内管；3—外套管；4—延期药；5—加强帽；
6—正起爆药；7—副起爆药；8—导爆索

三、网路连接与起爆

（一）连接方式

如图2-27所示，导爆索网路连接方式有搭接，水手接，T型连接，三角形搭接。

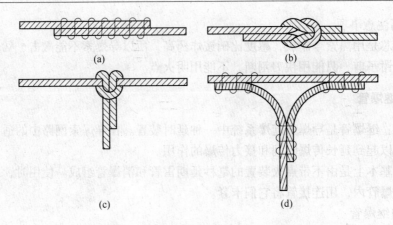

图 2 - 27　几种导爆索连接的正确方法
（a）搭接；（b）水手接；（c）T 型连接；（d）三角形搭接

连接时的注意事项：主动导爆索传爆方向与被动导爆索传方向的夹角小于 90°；搭接导爆索的长度大于 15cm；当用雷管引爆导爆索时，雷管的聚能穴应朝向导爆索的传爆方向；起爆雷管应绑扎在距导爆索端部 15cm 以远的位置。

（二）起爆药包的加工

导爆索起爆药包的加工有三种方法：

（1）将导爆索直接绑扎在药包上［见图 2 - 28(a)］，然后将它送入孔内。

（2）起爆散装炸药时，将导爆索的一端系一块石头或药包［见图 2 - 28(b)］，然后将它下放到孔内，接着将散装炸药倒入。

（3）当采用起爆药柱时，将导爆索的一端绑扎在起爆药柱露出的导爆索扣上。

（4）硐室爆破用起爆结，如图 2 - 29 所示，将这个起爆结装入一袋或一箱散装炸药的起爆体中。雷管爆炸先引爆此起爆结块，然后再起爆大量炸药。

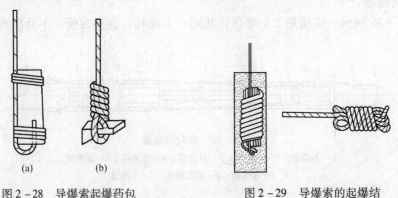

图 2 - 28　导爆索起爆药包　　　　　　图 2 - 29　导爆索的起爆结

（三）导爆索的起爆网路

1. 齐发起爆网路

（1）开口网路（又称分段并联网路）。如图 2 - 30 所示，开口网路由一根主干索、若干根并联的支干索以及各深孔中的引爆索组成，整个网路是开口的。

（2）环形网路（又称双向并联）。如图2-31所示，各个深孔或药室中的引爆索可以接受从两个方向传来的爆轰波，起爆更加可靠性，但导爆索消耗增大。

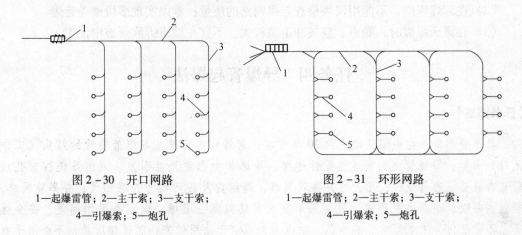

图2-30　开口网路
1—起爆雷管；2—主干索；3—支干索；
4—引爆索；5—炮孔

图2-31　环形网路
1—起爆雷管；2—主干索；3—支干索；
4—引爆索；5—炮孔

2. 微差起爆网路。

如图2-32所示，使用导爆索和继爆管组成微差起爆网路。

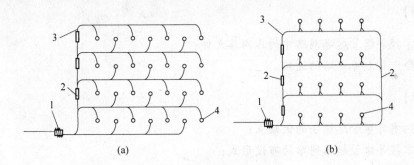

图2-32　微差起爆网路
（a）开口网路的微差起爆；（b）环形网路的微差起爆
1—起爆雷管；2—继爆管；3—导爆索；4—炮孔

四、导爆索起爆法评价

（一）导爆索起爆法的适用条件

导爆索起爆法适用于深孔爆破、硐室爆破和光面预裂爆破。

（二）导爆索起爆法的优点

（1）操作技术简单，与用电雷管起爆方法相比，准备工作量少。

（2）安全性较高，一般不受外来电的影响，除非雷电直接击中导爆索。

（3）导爆索的爆速较高，有利于提高被起爆炸药传爆的稳定性。

（4）可以使成组炮孔或药室同时起爆，而且同时起爆的炮孔数不受限制。

（三）导爆索起爆法的缺点

（1）导爆索成本较高，用这种起爆方法的费用几乎比其他起爆方法高 1 倍以上。

（2）在起爆以前，不能用仪表检查起爆网路的质量；难以实现多段微差起爆。

（3）在露天爆破时，噪声、空气冲击波较大。不宜在城市拆除爆破中使用。

任务四　导爆管起爆法

【任务描述】

导爆管起爆法在中国已使用约 20 年左右，起爆程序由连接导爆管雷管的结头（工作元件）开始，导爆管之间用连接元件连接，导爆管由击发元件引发。网络系统按布孔或药室布置要求进行设计，形式有并并联网络，即组内及线间均为并联形式；并串联网络，即组内并联、组间串联形式，且多采用复式网络以保证准爆。优点是操作简便、安全性高、不受任何外来电影响、成本低。缺点为起爆前无法用仪表检测连接质量，不能用于有沼气和矿尘危险之地；网络分段过多时，易因空气冲击波破坏网络；高寒地区塑料管易硬化从而降低使用性能。

【能力目标】

（1）掌握导爆管起爆网路中的各网路元件；

（2）会进行起爆网路的连接。

【知识目标】

（1）熟悉导爆管起爆法的优缺点；

（2）掌握导爆管起爆网路的布设形式；

（3）掌握导爆管起爆网路的各网路元件及其作用；

（4）掌握导爆管起爆网路的施工连接；

（5）掌握导爆管起爆网路发生拒爆的原因及预防措施。

【相关资讯】

一、起爆的实质

作用过程：雷管（或用炸药、导爆索、发令枪）+导爆管+毫秒雷管+炸药包。导爆管仅用来传递两爆破器材之间的爆轰波。速度为 1600～2000m/s。

二、起爆器材

（一）导爆管

1. 构造

如图 2－33 所示,塑料导爆管是一种用高压聚乙烯材料制成的白色或彩色塑料软管(半透明），外径为 3mm，内直径为 1.5mm，管内壁有薄层黑索金、泰安等猛炸药与铝粉等组成的混合炸药，每米导爆管壁的药量为 14~18mg。导爆管被激发后，管内出现一个向前传播的爆轰波，大约经过 30cm 左右长度后传爆稳定。只要管内炸药密度均匀，传播过程会永远进行下去。导爆管内炸药的传爆速度，因管内的炸药品种不同而异，一般在 1600~2000m/s。

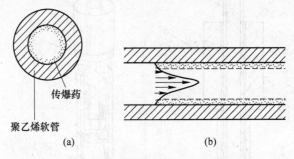

传爆药

聚乙烯软管

(a)　　　　　　　　(b)

图 2-33　导爆管结构及其管道效应图

（a）导爆管结构；（b）导爆管中的管道效应

2. 导爆管的稳定传爆原理

稳定传爆时，黏附在导爆管内壁上的炸药粉末受到爆轰波前沿波阵面高温高压的作用，首先在炸药表面发生化学反应，反应的中间产物迅速向管内扩散，反应放热一部分用于维持管内的高温高压，另一部分则使余下的炸药粒子继续反应。

扩散到管腔的中间产物与空气混合后，继续发生剧烈的爆炸反应，爆炸产生的能量支持爆轰波前沿波阵面稳定前移而不致衰减，稳定前移的爆轰波继续使内壁上未反应的炸药开始反应。这个过程的循环就是导爆管内的稳定传爆。

3. 与雷管的连接

由于导爆管外径比雷管的内径小很多，必须用卡口塞相连（见图 2-34 及图 2-35），连接各种段别的延期雷管。

（二）导爆管的起爆

1. 用导爆索起爆

用导爆索起爆时如图 2-36 所示，在一木（铁）棍外周，平行摆放一层导爆管，在其外缠绕 3~4 圈导爆索，用胶布捆扎好，起爆导爆索即可，每次可起爆 40~60 根导爆管，也可以同时设几个点，几个点的导爆索再集中起爆。此方法简单，一次起爆量大，但应注意只能起爆一层。

2. 直接用雷管起爆

直接用雷管起爆是将传爆雷管包裹在中央，用胶布等捆扎紧，雷管爆炸后，同时引爆被包裹的导爆管，一发 8 号工业雷管可引爆 50 根以下的导爆管。由于雷管的聚能穴方向的能量较强，金属管壳雷管爆炸的金属飞片容易将导爆管击穿产生拒爆，所以包裹时应将雷管的聚能穴指向导爆管传爆的相反方向。

3. 用击发枪引爆

用击发枪引爆时击发枪形同手枪，将导爆管插入枪管，装上发火帽扣动扳机，撞击发火帽即可引爆导爆管。发火帽的冲击能量较弱，通常只能引爆单根导爆管。

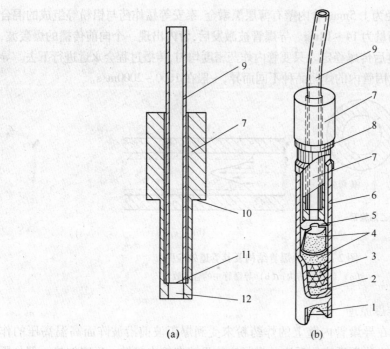

图 2 - 34　卡口塞与导爆管雷管示意图

（a）卡口塞放大图；（b）导爆管雷管

1—聚能穴；2—第一副起爆药；3—第二副起爆药；4—起爆药；5—加强帽；6—纸壳；7—卡口塞；
8—铁箍；9—导爆管；10—管壳限位台阶；11—导爆管限位台阶；12—喷孔

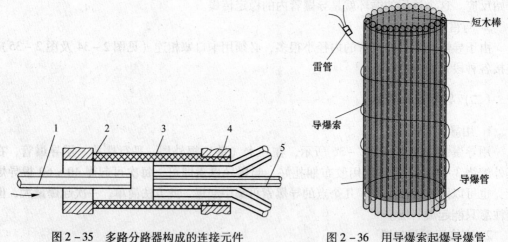

图 2 - 35　多路分路器构成的连接元件

1—主发导爆管；2—塑料塞；3—壳体；
4—金属箍；5—被发导爆管

图 2 - 36　用导爆索起爆导爆管

三、导爆管起爆网路的敷设

（一）导爆管起爆网路的组成

1. 击发元件

网路中的击发元件是用来击发导爆管的，有击发枪、起爆电笔、电容式起爆器、普通雷管和导爆索等。现场爆破多用后两种。

2. 传爆元件

传爆元件是由导爆管与非电雷管装配而成。在网路中，传爆元件爆炸后可再击发更多的支导爆管，传入炮孔实现成组起爆。

3. 起爆元件

起爆元件多用 8 号雷管与导爆管装配而成。根据需要可用瞬发或延发非电雷管，装入药卷，置于炮孔中起爆炮孔内的所有装药。

4. 连接元件

连接元件用于连接传爆元件与起爆元件。有塑料连接块，在现场多用工业胶布，既方便、经济，又简单可靠。

（二）导爆管网路的联结形式

1. 簇联

簇联，如图 2-37 所示，又称并联或"一把抓"。是将各药包的导爆管汇集在一起，均匀地捆绑在 1 发起爆雷管上。当炮孔数较多时，可将导爆组成几组捆绑在几发起爆雷管上，再将这些起爆雷管的导爆管汇集在 1 发起爆雷管上起爆。这种连接方式简单，操作方便，常用于炮孔集中的爆破网路中。

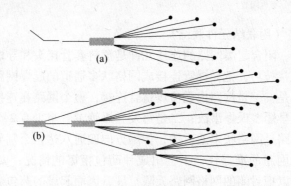

图 2-37 导爆管并联网路
(a) 簇联；(b) 簇并联

2. 串联

如图 2-38 所示，串联是将网路中的雷管串联，利用导爆管正向入射分流原理，在网路中可以实现无雷管分流传爆。

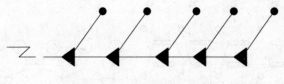

图 2-38 导爆管串联网路

3. 接力式起爆网路

接力式起爆网路如图 2-39 所示，是利用雷管的延期时间的累加性，达到各传爆点不同时间爆破的目的。使用少数几个段位的非电雷管可以实现无数段位的分段爆破。

4. 并串联

如图 2 - 40 所示，导爆管的并串联是将导爆管分成几组，用连接元件并联，然后再用一根导爆管将各组导爆管串联在一起的连接形式。

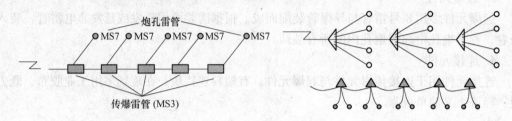

图 2 - 39　导爆管接力式起爆网路　　　　图 2 - 40　导爆管的并串联网路

5. 复式串联网路

复式串联网路在每个药包内有 2 发导爆管雷管，将引出炮孔的导爆管捆联在 2 发导爆管传爆雷管上，提高了起爆的可靠性。如图 2 - 41（a）所示，合复式串联网路是将同一炮孔的 2 发导爆管雷管分开，并各自分组捆联在两发传爆雷管上；如图 2 - 41（b）所示，单复式串联网路是将同一炮孔的 2 发导爆管雷管同时捆扎在 2 发导爆管传爆雷管上。

6. 闭合起爆网路（用联结元件联结）

如图 2 - 42 所示，闭合起爆网路的连接元件是塑料套管接头和导爆管。利用这种反射式连接元件，通过连接技巧，把导爆管连接成网格状多通道的起爆网路，可以确保网路传爆的可靠性。其特点是：一是网路内无传爆雷管连接，整个网路在连接过程中，网路中不会因为杂电干扰引起早爆、误爆事故；二是每发导爆管雷管至少有 2 个方向来的爆轰波能使其引爆；三是整网路是网格状多通道的，传爆方向四通八达，个别导爆管雷管或局部导爆管缺陷不影响整个网路的准爆性，不会出成片药包拒爆的情况；四是在网路连接过程中，通过连接技巧可以把封闭的网格网路无限扩展，因而起爆的药包数量不受限；五是在网路上任意点击发起爆，整个网路中的药包都会全部引爆，通常可用电雷管多点击发，提高网路击发的可靠性；六是网路连接操作简单，检查方便，网路无需进行计算，只要掌握

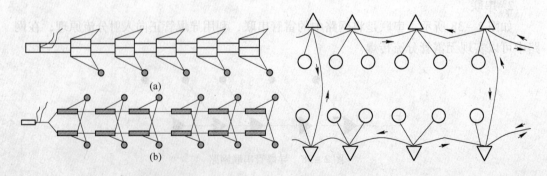

图 2 - 41　导爆管复式串联网路　　　　　图 2 - 42　闭合起爆网路
　　　（a）合复式；（b）单复式

基本要领，任何爆破工都可以直接进行操作。

（三）网路敷设操作要点

（1）网路敷设前爆破技术负责人应该就起爆网路设计向操作人员进行技术交底。交底内容包括连接方式、线路走向、雷管的段别、每束导爆管的根数、防护措施等。

（2）敷设网路时应避免对导爆管的砸、拉、折等，不能打死结，炮孔内不得有接头。

（3）在导爆管簇联绑扎时需注意：

1）雷管聚能穴与传爆方向相反；

2）聚能穴到导爆管端头的距离不小于15cm；

3）导爆管可以用1发雷管或2发雷管起爆，1发雷管起爆量不得超过10根导爆管，2发不得超过20根；

4）传爆雷管应位于导爆管束的中央；

5）绑扎牢固，不得有松动。

（4）导爆四通的固定，4根导爆管安装平整，距离四通底部不大于5mm并且安装牢固。导爆管固定方法：一种是采用缩口金属箍，一种是采用螺帽固定。

（5）防护措施：常用厚纸板、沙包或橡皮管等材料将整个导爆管束覆盖或包裹起来。

四、导爆管起爆网路发生拒爆的原因及预防措施

（一）导爆管网路器材的缺陷及预防措施

1. 器材存在的缺陷

（1）导爆管本身质量欠佳，有砂眼、管腔狭窄或异物堵塞、管内缺药段过长，或管口密封不良管内受潮而发生拒爆。

（2）传爆或引爆的导爆管雷管失效。

（3）四通连接件顶部有砂眼，使爆轰波飞逸，起不到传导的作用；或者连接件的尺寸过大，使导爆管不能插牢，在传爆时脱落，造成拒爆。

（4）在导通处起绑扎作用的黑胶布过期失效，或黏度不够，起不到加强接头拉力的作用。

2. 处理措施

对器材存在的问题只能通过必要的质检和现场实验，导爆管应使用可靠厂家的产品，对质量有问题的导爆管应停止使用，可作为传爆和能引爆雷管使用。

（二）爆破工程操作中的失误及预防措施

1. 容易出现的失误：

（1）导爆管保管不善，剪开后没有及时烧封管口，使管内受潮或进入异物。

（2）采用雷管传爆时，雷管尾冲向导爆管传爆方向，或绑扎雷管处没有覆盖防护物，使雷管外壳飞散时切断本串或邻近处的导爆管。

（3）采用小药卷起爆多根并联导爆管时，药卷与导爆管相距过近，导致药卷爆炸提前破坏相邻导爆管网路，引起大量拒爆。

（4）网路布设时，导爆管被外力拉伸变形，造成管内拒爆或延长传爆时间；导爆管形成"死结"或堵塞炮孔时，将导爆管堵折形成孔内瞎炮。

（5）网路中的接头部位没有用胶布扎牢，使管脱落。

（6）当采用导爆管起爆进行常规爆破时，在阴雨浓雾情况下，没有及时改用雷管或导爆管索传爆，而依然采用导通连接件网路，导爆管受潮，网路产生拒爆。

（7）网路布设后，缺乏严格的检查验收制度，人为造成错接、漏接。

2. 处理措施

（1）解决施工中的失误，应从建立严格的操作规程做起。

（2）针对导爆管易受潮拒爆，导爆管剪开后要及时烧封管口。

（3）在空气湿度大的情况下，应考虑采用雷管传爆。

（4）采用雷管传爆时，导爆管应理顺后绑扎雷管，雷管尾应顺向导爆管的尾部；雷管应尽可能放在被传管束的中心部位；放雷管部位除用胶布绑扎外，要注意用厚纸板等覆盖，以防雷管壳碎片飞散削断导爆管。

（5）布网过程应在地面布设导爆管，避免用力伸拉或管路悬空受很大拉力，避免其受拉变长。布设时，注意不要形成管路"死结"，对炮孔内管路要特别注意其顺直，不要在堵孔过程中将导爆管堵死，或死折，或堵破。

（6）对采用导通件接头，要插满管数，并用胶布加固，注意接头处不承受外力。

（7）阴雨浓雾天爆破时，禁止采用导通件网路（或采用严密的防潮措施），以保证起爆可靠。网路布设后应认真检查验收，这是避免出现故障的极重要一环。

（三）网路设计中的缺陷及预防措施

1. 网路设计中的缺陷

（1）采用单支管路传爆时，网路头尾没有闭合，使导通件的网路传爆可靠性大受影响。

（2）对一次起爆量大的拆除控制爆破，起爆的可靠性要求严格，应该采取复式网路。这种复式网路除各支路应当头尾闭合外，各支路间应适当交叉连接。

（3）导爆管传爆方式的使用范围不恰当，在多水的涵洞、湿度大的梅雨季节和浓雾条件下的露天爆破，应采用导通件网路。

（4）网路设计中，对导爆器材的质量要求，施工中的技术要求不明确，致使网路存在隐患。

2. 处理措施

（1）采用导通网路时应在支路的首尾闭合。对复式网路除闭合外还应支路交叉连接，以提高传爆的可靠性。

（2）考虑到水对导爆管的影响，凡是有水及湿度影响大的爆破环境，应从传爆方式上考虑导爆网路的防水问题，在地面深孔爆破可以采用雷管传爆；对药室爆破应尽量减少传爆雷管，同时药室采用导爆索串联起爆。

（3）在网路的设计说明中，应针对起爆器材规定的操作要求及施工中的操作过程提出较详尽的技术要求，以备布网过程中实施检查，提高导爆管网路起爆的可靠性。

五、导爆管起爆法评价

（一）导爆管起爆法适用条件

导爆管起爆法的应用范围比较广泛，除在有沼气和矿尘爆炸危险的环境中不能采用以外，几乎在各种条件下都可采用。

（二）导爆管起爆法的优点

（1）安全性较高，普通低温火焰不能使导爆管燃烧和爆炸；从根本上减少了电力起爆中因外来电的干扰而引起的事故隐患；除非雷电直接击中它。

（2）它能使成组炮孔或药室同时起爆，而且同时起爆的炮孔数不受限制，并且它能实现各种方式的微差起爆。

（3）与导爆索起爆法相比，导爆管传爆过程中声响小，没有破坏作用。

（4）导爆管起爆方法灵活，形式多样，操作技术简单，工人容易掌握；与电起爆法比较，起爆的准备工作量少，成本低，便于推广。

（5）导爆管质量易于检查，质量稳定；导爆管网路连接简单，不需要复杂的电阻平衡和网路计算，可节省爆破作业时间，提高工效。

（三）导爆管起爆法的缺点

（1）导爆管起爆系统不能用于有瓦斯或矿尘爆炸危险的爆破作业场合。

（2）网路连好后，不能用仪表检查网路连接的好坏；导爆管本身的强度有限，在露天深孔填塞时要特别注意，以免损坏。

（3）在高寒地区，导爆管的硬化使起爆、传爆性能降低。

（4）传爆速度较低，爆区太长或延期段数太多时（如井下大区爆破），空气冲击波、飞石或地震波可能会破坏普通导爆管起爆网路。

任务五　混合网路起爆法

【任务描述】

工程爆破中为了提高起爆系统的准爆率和安全性，考虑到各种起爆材料的不同性能，经常将两种以上不同的起爆方法组合使用，形成一种准爆程度较高的混合网路。这种网路有两种以上起爆材料掺混使用，有的形成两套网路。混合网路常用的形式有3种：电－导爆管混合网路；导爆索－导爆管混合网路和电－导爆索混合网路。有时电雷管、导爆管和导爆索三者也同时采用。

【能力目标】

会对混合起爆网路进行连接。

【知识目标】

掌握各种混合起爆网路的连接方式。

【相关资讯】

一、电－导爆管混合网路

这种起爆网路集电雷管、导爆管的优点于一体。

在大量炮孔采用导爆管网路起爆时，为了增加起爆网路的可靠性，实现微差起爆，往往采用电力导爆管起爆网路，其中电力起爆的作用是多点激发导爆管网路，实现孔外微差，或在各爆区距离较大时使用导线将各区的激发电雷管连接起来，构成串联或串并联起爆网路。

电－导爆管混合网路在拆除爆破中使用较多，硐室爆破与其他爆破也有应用。例如1985年广东省政府招待所爆破拆除时，1.2万发炮孔导爆管雷管，汇集成320个结点，再用电雷管起爆。1984年沙溪口水电站厂房基坑开挖，采用电－导爆管混合网路，即由电雷管起爆炮孔内导爆管雷管，一次爆破3万立方米，爆破孔400多个，分60余段起爆。

二、导爆索－导爆管混合网路

导爆索－导爆管混合网路使用较多。导爆管与导爆索敷设方便，只要连接可靠，网路起爆可靠性较高。

导爆管与导爆索连接时采用垂直连接：即将导爆管放在导爆索上，呈"十"字形，交叉点用胶布捆好。交叉点到炮孔内的导爆管直而不紧。

三、电－导爆索混合网路

在该类网路中，利用导爆索能够直接起爆炸药、传爆速度高的特点，可以使整个药包同时可靠地起爆，而在药包外部或其他药包采用电雷管或导爆管雷管起爆。

该网路广泛应用于光面爆破或预裂控制爆破工程，以及轴向不耦合装药情况。

思考与练习题

1. 绘图说明火雷管、电雷管、非电导爆管雷管的结构及其各部分的作用。
2. 矿山常用的起爆方法有哪几种？试述各种起爆所用的起爆器材，起爆实质、优缺点和适用条件。
3. 导爆索起爆网路的连接方式有几种？连接中的注意事项有哪些？
4. 试述导爆管稳定传爆的原理。
5. 电爆网路有哪几种连接形式？计算原则是什么？
6. 试述电爆网路连接的注意事项。
7. 试述导爆管网路布设、连接的注意事项。
8. 试述导爆管网路产生拒爆的原因及防治措施。
9. 某矿回采工作爆破时，两个采场同时进行。两个采场各作为一个区域，采用串并联网路连接，各串组10发电雷管，每个采场由32个串联组并联，每发雷管的全电阻为2.5Ω，连接线总电阻为1.2Ω，区域线的总电阻为1Ω，主线总电阻为0.9Ω，起爆电源为380V的交流电。试绘制出网路图，并计算每个电雷管的电流，是否准爆？

岩土爆破技术

项目一　浅孔与深孔爆破

浅眼爆破所用炮眼直径通常小于50mm，炮眼深度小于5m，用浅眼进行爆破的方法叫做浅眼爆破法，是目前工程爆破的主要方法之一。浅眼爆破法适用范围广泛，设备简单，方便灵活，工艺简单，只要严格掌握药量计算，并根据岩石性质调整爆破参数，能容易达到目的要求。例如，井巷掘进，硐室开挖，露天小台阶采矿，地下浅眼崩矿，二次破碎，边坡、危石处理爆破，建筑石料、公路、铁路石方工程，隧道、沟渠、桥涵基础开挖石方等，都可用浅眼爆破法。

深孔爆破用炮眼直径大于50mm，炮眼深度大于5m，也是目前采矿方法的重要工艺之一。深孔爆破效率高、速度快、作业安全，可使矿床开采强度降低，落矿劳动生产率大为提高，因而随着我国采矿工业的发展，得到了广泛的应用。

任务一　井巷掘进爆破

【任务描述】

井巷工程指为进行采矿和其他工程目的，在地下开凿的各类通道和硐室的总称。井巷掘进爆破包括平巷掘进爆破、井筒掘进爆破、隧道掘进爆破和硐库开挖爆破。它们广泛地应用于矿山、交通、水利水电、大型油库等工程。

井巷掘进爆破的效果好坏直接影响到每一掘进循环的进尺、装岩和支护等工作能否顺利进行。因此，提高爆破效果和质量、不断改进爆破技术，对提高掘进速度，加速矿山建设具有重要意义。

井巷掘进爆破的特点是只有一个自由面，而且自由面大小受掘进断面的限制，同时炮眼深度受到限制，一般只有1.5~3.0m。

【能力目标】

（1）会根据工程实际情况布置井巷掘进中的各种炮孔；

（2）会确定井巷掘进各种炮眼参数。

【知识目标】

(1) 掌握井巷掘进中各种炮眼的布置；

(2) 掌握炮眼各参数的确定；

(3) 掌握井巷掘进中炮眼布置的原则。

【相关资讯】

一、井巷掘进爆破的要求

通常，对井巷掘进爆破的要求有：

(1) 在技术上，巷道断面规格、井巷掘进方向和坡度要符合设计要求，爆破块度均匀，爆堆集中，以利于提高装岩效率。

(2) 在经济上，炮眼利用率高，材料消耗少，成本低而掘进速度快。

(3) 在安全上，要保证在巷道掘进施工过程中施工操作安全和爆破安全，保证巷道施工完毕后的使用安全。

二、平巷掘进工作面炮眼布置

（一）炮眼的种类及作用

平巷掘进中的炮眼，按其位置和作用的不同，分为掏槽眼、辅助眼和周边眼。周边眼又可分为顶眼、底眼和帮眼。如图 3 - 1 所示。

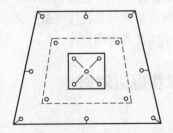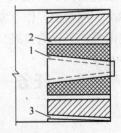

图 3 - 1　炮眼的种类及作用

1—掏槽眼；2—辅助眼；3—周边眼

(1) 掏槽眼：将自由面上某一部位的岩石顺井巷前进的方向掏出一个凹槽，创造出新的自由面，为其他炮孔创造有利的爆破条件。因此掏槽眼非常关键。

(2) 辅助眼：用来进一步扩大和延伸掏槽孔爆破形成的自由面，扩大掏槽的范围，在掏槽的基础上，崩落更多的岩石。

(3) 周边眼：控制巷道断面的规格与形状，最终形成巷道断面。

（二）掏槽眼的形式

根据掏槽眼与工作面的关系，掏槽方式可分为倾斜掏槽和垂直掏槽两种。

1. 倾斜掏槽

A　特点

眼与自由面斜交，掏槽眼数少，槽腔内的碎块容易被抛出；但孔深受到断面大小的限制，也就影响到循环进尺。

　　B　单向倾斜掏槽

　　如图 3-2 所示，掏槽眼排列成一行，并朝一个方向倾斜称为单向倾斜掏槽。适用于软岩（钾岩、石膏等）或具有层理、节理、裂隙或软夹层的岩石。可根据自然弱面存在的情况分别采用顶部掏槽、底部掏槽或侧向掏槽。掏槽眼倾斜的角度依岩石可爆性不同，可取 50°~70°。与此相邻的第二排眼也要适当倾斜。

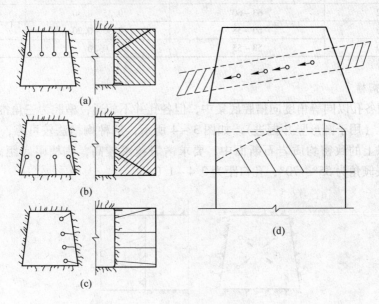

图 3-2　单向倾斜掏槽
（a）顶部掏槽；（b）底部掏槽；（c）侧向掏槽；（d）扇形掏槽

　　C、楔形掏槽

　　如图 3-3 所示为垂直楔形掏槽。槽腔为垂直的三角棱柱体。由 2~4 对相向倾斜眼组成，孔底间距一般为 10~20cm，与自由面交角通常为 60°~70°。多用于 4m² 断面以上的中硬岩以上的均质岩石。

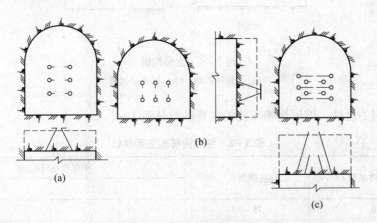

图 3-3　楔形掏槽示意图
（a）垂直楔形掏槽；（b）水平楔形掏槽；（c）双楔形掏槽

根据不同岩石的岩性，楔形掏槽的主要参数见表 3 – 1。

表 3 – 1　楔形掏槽的主要参数

岩石坚固性系数 f	炮孔与工作面的夹角/(°)	两排炮孔之间的距离/m	炮孔数目/个
2 ~ 6	75 ~ 70	0.6 ~ 0.5	4
6 ~ 8	70 ~ 65	0.5 ~ 0.4	4 ~ 6
8 ~ 10	65 ~ 63	0.4 ~ 0.35	6
10 ~ 12	63 ~ 60	0.35 ~ 0.30	6
12 ~ 16	60 ~ 58	0.30 ~ 0.20	6
16 ~ 20	58 ~ 55	0.20	6 ~ 8

D　锥形掏槽

锥形掏槽各孔以同等角度向槽腔底集中，但各孔并不相通，槽腔为三角锥形、金字塔锥形或圆锥形（用于圆形竖井掘进）。如图 3 – 4 所示，这种掏槽法较可靠，适用于断面面积为 $4m^2$ 以上的致密均质岩石断面中，要求凿岩技术较高，掏槽眼底距离保持 10 ~ 20cm，掏槽眼倾角为 55° ~ 70°，孔口距为 0.4 ~ 1.0m。

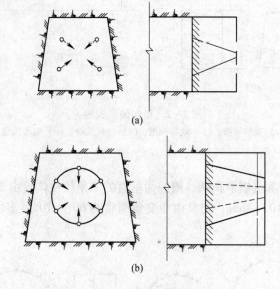

(a)

(b)

图 3 – 4　锥形掏槽

（a）角锥形掏槽；（b）圆锥形掏槽

根据不同的岩性，锥形掏槽布孔的主要参数见表 3 – 2。

表 3 – 2　锥形掏槽的主要参数

岩石坚固性系数 f	炮孔倾角/(°)	相邻炮孔间距/m	
		孔口距离	孔底距离
2 ~ 6	75 ~ 70	1.00 ~ 0.90	0.40
6 ~ 8	70 ~ 68	0.90 ~ 0.85	0.30
8 ~ 10	68 ~ 65	0.85 ~ 0.80	0.20

岩石坚固性系数 f	炮孔倾角/(°)	相邻炮孔间距/m	
		孔口距离	孔底距离
10 ~ 13	65 ~ 63	0.80 ~ 0.70	0.20
13 ~ 16	63 ~ 60	0.70 ~ 0.60	0.15
16 ~ 18	60 ~ 58	0.60 ~ 0.50	0.10
18 ~ 20	58 ~ 55	0.50 ~ 0.40	0.10

2. 垂直眼掏槽（直眼掏槽）

A　特点

垂直眼掏槽炮眼与自由面垂直，掏槽眼之间很近，且互相平行，孔深不受断面限制，孔数比斜眼多。它与斜眼掏槽不同：首响眼爆破时主要不以工作面为自由面，而以最近的空眼壁为自由面，空眼起导向和提供补偿空间的作用，所以空孔在直眼掏槽中起重要作用。

B　缝形掏槽（龟裂掏槽）

如图 3 - 5 所示，无论是垂直龟裂掏槽，还是水平龟裂掏槽，掏槽眼均布置在一条直线上，彼此间严格平行，装药眼与空眼间隔布置称为缝形掏槽。掏槽眼数目取决于巷道断面大小和岩石的坚固性系数，在中硬以上岩石，一般 3 ~ 7 个眼，眼间距离 8 ~ 15cm。空眼直径可与装药直径相同，直径可以取 50 ~ 100mm。此种掏槽方式最适合于工作面有较软的夹层或接触带相交的情况，将掏槽眼布置在较软或接触带附近的部位。

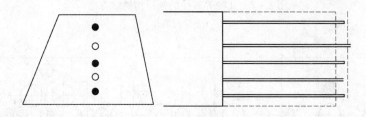

图 3 - 5　龟裂掏槽

C　桶形掏槽

桶形掏槽因形成的是角柱形槽腔，所以也叫角柱掏槽。如图 3 - 6 所示，各掏槽眼相互平行且呈对称排列。易于掌握，中硬岩石巷道中使用效果很好，运用最广。

桶形掏槽的体积及宽度较大，有利于辅助孔的爆破。空孔直径可与装药孔相同或采用直径为 75 ~ 100mm 的大直径空孔，以便增大人工自由面。

（1）等直径空孔：如图 3 - 7 所示。它比平行龟裂掏槽（缝形掏槽）的槽腔体积和宽度大，这样为后面的辅助眼爆破创造良好条件。有许多不同的空眼，装药眼排列方案，见图 3 - 6。

（2）大直径空孔：如图 3 - 8 所示。大空孔能形成较大的人工自由面和补偿空间。

D　螺旋掏槽

螺旋掏槽如图 3 - 9 所示，与桶形掏槽大同小异。不同之处是各装药眼距响炮顺序与

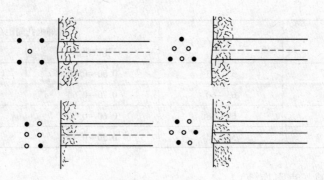

图 3 - 6　桶形掏槽

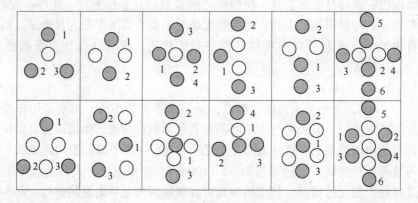

图 3 - 7　几种等直径的桶形掏槽的方案
1 ~ 6—装药炮孔

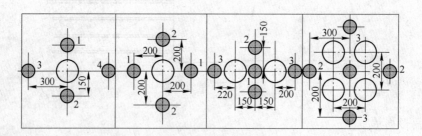

图 3 - 8　几种大直径的桶形掏槽的方案
1 ~ 4—装药炮孔

空孔之间的距离依次递增呈螺旋线布置，由近及远顺序起爆，使槽腔体积逐步扩展。各孔之间的距离为：$L_1 = (1 \sim 1.8)D, L_2 = (2 \sim 3.5)D, L_3 = (3 \sim 4.5)D, L_4 = (4 \sim 5.5)D, D$ 为孔直径；空孔比装药孔深 300mm，以便装入一卷药用于清渣。

　　此法优点是用同样的眼数可得到较大的槽腔。但如果 1、2 响孔拒爆，掏槽失败，即可靠性差，故多用于施工熟练、岩石易爆、巷道断面较大的情况下，有时用双螺旋掏槽。

　　3. 混合掏槽

　　如图 3 - 10 所示，混合掏槽是指两种以上的掏槽方法混合使用，主要用于一些复杂的

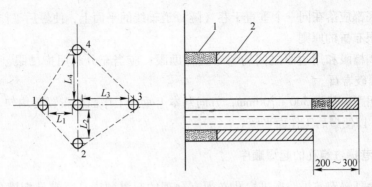

图 3-9　螺旋掏槽原理示意图

1~4—起爆顺序

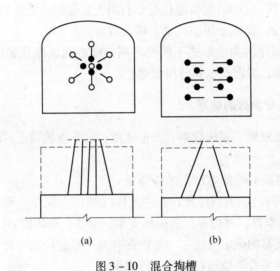

(a)　　　　　　　　(b)

图 3-10　混合掏槽

（a）桶形与锥形混合掏槽；（b）双楔形混合掏槽

掘进条件。例如，在岩石特别坚硬或巷（隧）道断面较大时，可采用复式楔形或桶形加锥形等混合掏槽。优点：弥补斜孔掏槽深度不够与直孔掏槽槽腔体积较小的不足。

（三）各种炮眼布置的原则

1. 掏槽眼布置的原则

（1）掏槽眼最先布置，掏槽孔位置一般应布置在开挖断面的中部或中偏下位置。

（2）在岩层层理明显时，炮孔方向应尽量垂直于岩层的层理面。

（3）掏槽孔一般由 4~6 个装药孔和 2~4 个空孔组成，空孔个数应随孔深增大而增加。

2. 周边眼布置的原则

（1）在掏槽眼之后布置周边眼。

（2）它是控制巷道成型好坏的关键，其眼口中心都应布置在设计掘进巷道的轮廓线上，眼底应稍向轮廓线外偏斜，外倾角约 3°~5°，外倾距离为 100~150mm，间距为 0.5~1m。

（3）孔底都应落在同一个垂直于巷（隧）道轴线的平面上，使爆后工作面平整。

3. 辅助眼布置的原则

（1）在掏槽眼和周边眼之间均匀布置辅助眼；应当充分利用掏槽眼创造的自由面，最大限度地爆破岩石。

（2）其间距一般为 500 ~ 700mm，方向基本上垂直工作面，布置要均匀。孔底应落在同一平面上，以使爆后工作面平整。

（四）井巷掘进炮孔的起爆顺序

（1）为提高爆破效果，掘进炮孔必须有合理的起爆顺序，通常是掏槽孔→辅助孔→周边孔；每类炮孔还可以再分组按顺序起爆。

（2）合理起爆顺序，应使后起爆炮孔充分利用先起爆炮孔创造的自由面。

（3）一次起爆孔少，能减小爆破震动、增大自由面。

（4）掏槽孔起爆顺序因掏槽形式不同而不同；螺旋掏槽逐孔起爆、龟裂和桶形掏槽可同时或多段延期起爆；辅助孔也要分段起爆。

（五）平巷掘进爆破参数的确定

炮孔参数影响爆破效果、掘进成本、掘进速度。以下参数确定后还得由实践修正。

1. 药耗 q

（1）单耗 q：指爆破 1m³ 原岩所需的炸药量。

随炸药（品种、药径）、岩石性质、掘进条件（断面、深度）而变。q 过小，爆破效果差；q 过大，掘进成本高，过抛掷可能损坏支架、设备、震坏围岩、破坏稳固性。

巷道单位炸药消耗量的确定方法：一是依据有关工程定额选取和工程类比法确定；二是用经验公式计算，再将计算值通过试验进行修正。

一般由各矿山经验确定，开始可参照表 3 - 3。

表 3 - 3　平巷掘进单位炸药消耗量参考值　　　　　　　　（kg/m³）

掘进断面面积 S/m^2	岩石普氏坚固性系数 f				
	2 ~ 3	4 ~ 6	8 ~ 10	12 ~ 14	15 ~ 20
<4	1.23	1.77	2.48	2.96	3.36
4 ~ 6	1.05	1.50	2.15	2.64	2.93
6 ~ 8	0.89	1.28	1.89	2.33	2.59
8 ~ 10	0.78	1.12	1.69	2.04	2.32
10 ~ 12	0.72	1.01	1.51	1.90	2.10
12 ~ 15	0.66	0.92	1.36	1.78	1.97
15 ~ 20	0.64	0.90	1.31	1.67	1.85
>20	0.60	0.86	1.26	1.62	1.80

（2）查表选取 q：查表 3 - 3，表 3 - 3 列出了主要参数 f 及 S 与图的关系。如当 $f = 8 ~ 10$，$S = 4 ~ 6m^2$ 时，$q = 2.15kg/m^3$。

（3）计算总药量 Q：

$$Q = qv = qSl\eta \tag{3-1}$$

式中　v——爆破原岩体积；

　　　η——炮眼利用率，$\eta = 0.80 \sim 0.95$；

　　　l——炮孔深度，m；

　　　S——井巷掘进断面，m^2。

（4）药量分配：

药量分配原则是掏槽眼—辅助眼—底眼—帮眼—顶眼，从多到少。因为掏槽眼爆破条件最差，底眼要克服爆堆的阻力。

可根据各类炮眼不同的爆破作用，合理地按照装药系数分配到每个炮眼里，掏槽眼：0.7 ~ 0.8，辅助眼：0.5 ~ 0.7，周边眼：0.4 ~ 0.6。

2. 眼径 d

d 的决定因素有凿岩设备、工具，掘进条件（断面、孔深），炸药威力等。

d 过大，每孔凿速下降，需大型设备，会破坏围岩稳固性；d 过小，孔数上升，凿眼和移位工作量大。

（1）大直径药卷直径：药卷直径为 38 ~ 45mm，用于台车，高效凿机，大断面。

（2）标准直径药卷：药卷直径为 32mm 或 35mm，炮孔直径一般比药卷直径大 4 ~ 7mm，匹配的标准钻头直径为 36 ~ 42mm。

（3）小直径药卷直径：

1）药卷直径为 25 ~ 30mm，用于小断面（$S \leqslant 4m^2$），坚硬岩，高威力炸药（如乳化油）。

2）炮孔直径一般比药卷直径大 4 ~ 7mm；耦合装药时，药卷直径与炮孔直径相等。

3. 炮眼数目 N 的确定

A　确定原则

在保证合理的爆破效果前提下（爆破块度和爆破轮廓符合要求），N 值要保证炸药量全部装完，装药量还与装药长度有关，一般为装炮孔总长的 80% ~ 90%，保证炸药全部装实的前提下尽可能减少 N 值。显然，N 过小，不能满足 Q 要求，爆不开或块度过大；N 过大，不经济，凿岩成本上升。

B　方法

（1）炮眼数目的经验估算：

$$N = 3.3 \sqrt[3]{fs^2} \tag{3-2}$$

式中　N——炮孔数目，个；

　　　f——岩石坚固性系数。

（2）炮孔数目（N）可按一个循环的总装药量平均装入所有炮眼的原则计算：

$$N = Q/Q_{单孔} = \frac{qs\eta}{\frac{1}{4}\pi d^2 \tau \Delta} \tag{3-3}$$

式中　Δ——炮孔装药密度；

　　　τ——装药系数，一般取 0.5 ~ 0.7。

每平方米掘进工作面所需炮眼数目 N 见表 3 - 4。

表 3-4　每平方米掘进工作面所需炮眼数目 N

岩石坚固性系数 f	巷道断面积/m²					
	4	6	8	10	12	14
5	2.65	2.39	2.09	1.81	1.81	1.70
8	3.00	2.78	2.50	2.21	2.20	2.05
10	3.25	3.05	2.77	2.48	2.35	2.20
12	3.61	3.33	4.04	2.74	2.45	2.35
14	3.91	3.60	3.31	3.01	2.71	2.50
18	4.45	4.15	3.85	3.54	3.24	2.99

最终炮眼数 N 应根据爆破的实际情况进行调整，使炮眼利用率达 85% ~ 90% 以上才是合理的。

4. 炮眼深度 l

炮孔深度指自由面到孔底的垂直距离。l 值关系到工时利用率、每班循环次数、掘进速度。

(1) l = 2.5 ~ 3.5m：使用于大断面、f 值小、岩石可爆性好、施工机械化程度高的情况。铁道隧道施工 l 值有时达 4m 以上。

(2) l = 1.5 ~ 2.5m：与 (1) 相反时，目前我国矿山 l 多为 1.5 ~ 2.5m。

对于竖井一般取 (0.3 ~ 0.5)D。

当采用气腿式凿岩机时，炮孔深度与岩性和开挖断面的关系见表 3-5。

表 3-5　炮孔深度参考值

岩石坚固性系数 f	巷道掘进断面/m²		
	4 ~ 8	8 ~ 12	> 12
	炮孔深度/m		
1.5 ~ 3	1.8 ~ 2.2	2.0 ~ 3.0	2.5 ~ 3.5
4 ~ 6	1.6 ~ 2.0	1.8 ~ 2.2	2.2 ~ 2.5
7 ~ 9	1.4 ~ 2.0	1.6 ~ 2.2	1.8 ~ 2.2
10 ~ 20	1.2 ~ 1.8	1.4 ~ 2.0	1.6 ~ 2.0

三、竖井掘进爆破

竖井就是服务于各种工程在地层中开凿的直通地面的竖直通道，又称立井。

在地下矿山，竖井（立井）是通向地表的主要通道，是提取矿石、岩石，升降人员、运输材料和设备，以及通风、排水的咽喉。

在长、大隧道的开挖工程中，为缩短工期往往需要掘进竖井，以增加工作面和改善通风条件。

（一）炮孔布置

竖井一般均采用圆形断面，其炮孔呈同心圆布置。同心圆数目一般为 3 ~ 5 圈，其中最靠近开挖中心的 1 ~ 2 圈为掏槽孔，最外一圈为周边孔，其余为辅助孔。如图 3 - 11 所示。

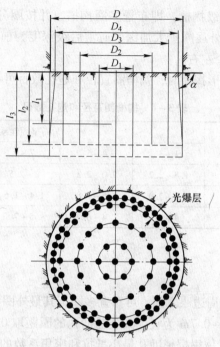

图 3 - 11 竖井炮孔布置图

$(l_1 = (0.7 ~ 0.8) l_2 ; l_2 = l_3 + (200 ~ 300) \text{mm})$

为易于确定眼位，防止岩块崩坏井内悬吊设备，并减小掏槽部分岩石的块度，在工作面中心可钻 1 个中心眼，一般不装药，眼深为其他炮眼的 0.7 ~ 0.8 倍。

1. 掏槽眼

A 圆锥形掏槽

如图 3 - 12（a）所示，圆锥形掏槽与工作面的夹角（倾角）一般为 70° ~ 80°，掏槽孔比其他炮孔深 0.2 ~ 0.3m。各孔底间距不得小于 0.2m。适用于炮眼较浅的情况。

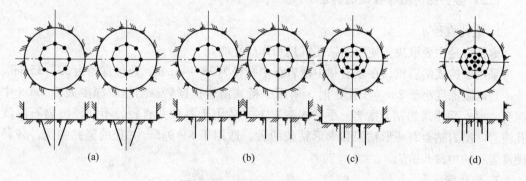

图 3 - 12 竖井掘进掏槽眼布置图

B 直眼掏槽

（1）一级桶形掏槽。如图 3 - 12（b）所示，圈径通常为 1.2 ~ 1.8m，孔数为 4 ~ 7

个。适于炮孔较深的情况。

（2）多级桶形掏槽。如图 3 – 12（c）、（d）所示，爆破坚硬岩石时，为减小岩石挟制力，可以采用二级或三级掏槽，即布置多圈掏槽，并按圈分次爆破，相邻每圈间距为 0.2 ~ 0.3m 左右，由里向外逐圈扩大加深，通常后级深度为前级深度的 1.5 ~ 1.6 倍，各圈孔数分别控制在 4 ~ 9 个左右。

采用圆锥形和直线桶形掏槽时，掏槽圈直径和炮孔数目可参考表 3 – 6 选取。

表 3 – 6　掏槽圈直径和炮孔数目

掏槽参数		岩石坚固性系数 f				
		1 ~ 3	4 ~ 6	7 ~ 9	10 ~ 12	13 ~ 16
掏槽圈直径 /m	圆锥掏槽	1.8 ~ 2.2	2.0 ~ 2.3	2 ~ 2.5	2.2 ~ 2.6	2.2 ~ 2.8
	桶形掏槽	1.8 ~ 2.0	1.6 ~ 1.8	1.4 ~ 1.6	1.3 ~ 1.5	1.2 ~ 1.3
炮孔数目/个		4 ~ 5	4 ~ 6	5 ~ 7	6 ~ 8	7 ~ 9

2. 辅助眼和周边眼

A　辅助眼

辅助眼介于掏槽眼和周边眼之间，可布置多圈，其最外圈与周边眼距离应满足光面爆破光爆层的要求，以 0.5 ~ 0.7m 为宜。其余辅助孔的圈距取 0.6 ~ 1.0m，按同心圆布置，孔距 0.8 ~ 1.2m 左右，具体根据辅助孔最小抵抗和密集系数的关系来调整。

B　周边眼

周边眼布置有以下两种方式：

（1）采用深孔光面爆破时，将周边孔布置在竖井轮廓线上，孔距取 0.4 ~ 0.6m。为便于打孔，略向外倾斜，孔底偏出轮廓线 0.05 ~ 0.1m。

（2）采用非光面爆破时，将炮孔布置在距井帮 0.15 ~ 0.3m 的圆周上，孔距为 0.6 ~ 0.8m。孔向外倾斜，使孔底落在掘进面轮廓线上。与深孔光面爆破相比，井帮易出现凸凹不平、岩壁破碎。

（二）竖井掘进爆破参数的确定

1. 炮孔直径 d

炮孔直径主要取决于使用的钻孔机具和炸药性能。

采用手持式凿岩机，在软岩和中硬岩石中孔径为 38 ~ 45mm，药包直径为 32 ~ 35mm。

当炮眼深度小于 2m（浅孔）时，采用手持式凿岩机凿岩；当炮眼深度大于 2m（中深孔）时，采用凿岩钻架凿岩。手持式凿岩方式适用于各种井直径、不同硬度岩石的浅孔凿岩。凿岩钻架有环形钻架和伞形钻架两种，适用于 5 ~ 9.5m 井径的竖井掘进，各种硬度岩石的中深孔凿岩。

2. 炮孔深度 l

炮孔深度取决于以下三个方面：

（1）钻孔机具。手持式凿岩机孔深以 1.2 ~ 2m 为宜，伞式钻架孔深为 3.5 ~ 4.0m 效果最佳。

（2）掏槽形式。目前我国大多采用直眼掏槽，最大孔深是 4.4m，国外最大孔深也在 5m 左右，当孔深超过 6m 以后，钻速显著下降，孔底岩石破碎不充分，岩块大小不均，岩帮也难以平整。

（3）炸药性能。对于药卷直径为 32mm 的岩石硝铵炸药，一发雷管只能引爆 6~7 个药卷，最大传爆长度为 1.5~2.0m（相当于 2.5m 左右的孔深）。若药卷过长，必然引起爆轰不稳定，甚至拒爆，因此，进行中深孔和深孔爆破时，应改善炸药的爆炸性能或采用电力起爆和导爆索起爆的复式起爆网路。

炮孔深度的确定，可在充分考虑上述影响因素的同时，按计划要求的月进度，依式（3-4）进行计算：

$$l = \frac{Ln_1}{24n\eta_1\eta} \tag{3-4}$$

式中　L——计划月进度，m；

　　　l——按月进度要求的炮孔深度，m；

　　　n——每月掘进天数，根据掘砌作业的方式而定。平行作业可取 30d；单行作业，在采用喷锚支护时为 27d，在采用混凝土或料石永久支护时为 18~20d。

3. 炸药单耗 q

影响炸药单耗的主要因素有岩石坚固性、岩石结构构造特性、炸药威力等。由于井筒断面面积较大，单位炸药消耗量与断面面积大小关系不大。

单位炸药消耗量的确定方法：

（1）参照国家颁布的预算定额选定。

（2）试算法。根据以往经验，先布置炮孔，并选择各类炮孔装药系数，依次求出各炮孔的装药量、每循环的炸药量和单位炸药消耗量。

（3）类比法。参照类似工程。

炸药单耗选取可参考表 3-3 或表 3-7。

4. 炮孔数目 N

炮孔数目确定的步骤是：通常先根据单位炸药消耗量进行初算，再根据实际统计资料用工程类比法初步确定炮孔数目，该数目可作为布置炮孔时的依据，然后再根据炮孔的布置情况，对该数目适当加以调整，最后得到确定的值。

根据单位炸药消耗量对炮孔数目进行估算时，可用式（3-5）进行计算：

$$N = \frac{qS\eta m}{\alpha G} \tag{3-5}$$

式中　m——每个药卷的长度，m；

　　　α——炮孔平均装药系数，当药包直径为 32mm 时，取 0.6~0.72；当药包直径为 35mm 时，取 0.6~0.65；

　　　G——每个药卷的质量，kg。

（三）起爆方法

（1）采用电力起爆时，多采用串联和并联两种。而串联网路由于工作条件差容易发生拒爆现象，在竖井掘进中极少采用。

表 3 - 7　国内部分竖井的爆破参考表

井筒名称	掘进断面/m²	岩石性质	炮眼深度/m	炮眼数目/个	掏槽方式	炸药种类	药包直径/mm	雷管种类	爆破进尺/m	炮眼利用率/%	单耗/kg·m⁻¹
凡口新副井	27.34	石灰岩 $f=8\sim10$	2.8	80	锥形	甘油与硝铵炸药	32	毫秒	2.18	81	1.96
铜山新大井	29.22	花岗闪长岩,大理岩 $f=4\sim6,8\sim10$	3~3.8	62	直眼	含 20%~30% TNT 和 2% TNT 的硝铵	32	毫秒	平均 2.51	75.3	1.67
安庆铜矿副井	29.22	页岩,角页岩,细砂岩	2~2.3	70~95	锥形	硝铵黑	32	毫秒;秒差	2.7~3.31	77	3.14
凤凰山新副井	26.4	大理岩 $f=8\sim10$	4.3~4.5	104	复锥	2号岩石硝铵炸药	32	秒差	1.5~1.7	75	2.15
拆头河2号井	26.4	石灰岩 $f=6\sim8$	1.83	65	锥形	40%硝化甘油炸药	35	毫秒	1.6	87.5	1.97
万年2号风井	29.22	细砂岩,砂质泥岩 $f=4\sim6$	4.2~4.4	56	直眼	铵梯黑	45	毫秒	3.86	89	2.28
金山店主井	24.6	$f=10\sim14$	1.3	60	锥形	2号岩石硝铵炸药	32	毫秒	0.85	70	1.79
金山店西风井	24.6	$f=10\sim14$	1.5	64	锥形	2号岩石硝铵炸药	32	毫秒	1.11	85	1.79
凡口矿主井	26.4	石灰岩 $f=8\sim10$	1.3	63	锥形	2号岩石硝铵炸药	32	秒差	1.1	85	1.70
程潮铁矿西副井	15.48	$f=12$	2.0	36	锥形	硝化甘油炸药	35	秒差	1.74	93	1.22

（2）导爆管雷管起爆网路。如图3-13和图3-14所示，导爆管雷管起爆网路多采用接力式簇联网路，即用1发或2发电雷管引爆若干发捆绑导爆管雷管，再由捆绑导爆管雷管引爆炮孔中的雷管，用普通起爆器引爆。由于导爆管雷管具有良好的抗杂散电流性能，因此在捆绑电雷管之前的连线工作中，可以不切断井筒工作面的电源，改善井筒内连线的照明度，有利于提高装药质量，改善爆破效果。装药连线时要特别注意以下几点：

1）不能剪断导爆管，要检查雷管的导爆管孔口是否封堵严密，若封堵不严密导致导爆管受潮或进水，导爆管可能拒爆。

2）捆绑雷管时要防止雷管飞片切断导爆管拒爆。

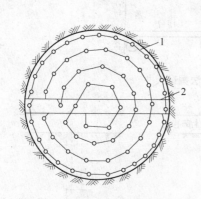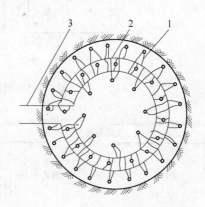

图3-13　竖井爆破中的串并联网路　　　　图3-14　竖井爆破中的并联网路
1—雷管脚线；2—爆破母线　　　　　1—雷管脚线；2—爆破基线；3—爆破母线

四、天井掘进爆破技术

天井是矿山用于连接上下两个开采水平，提升下放设备、材料，通风、行人以及勘探矿体等。专门用于放矿的天井也称溜井。

（一）浅眼爆破法

如图3-15所示，浅眼爆破自下而上进行，工人站在人工搭筑的工作台上进行钻眼、爆破作业。工作台每循环架设一次，工作台与工作面距离为2~2.5m。采用上向式凿岩机打眼。

该方法在掘进高天井时，通风、提升条件差，工效低且不安全，仅在掘进短盲天井时采用。

（二）平行空孔深孔分段爆破掘进天井

如图3-16所示，先掘好上下水平巷道→在天井顶部开掘凿岩硐室→用架设的深孔钻机沿井段全高一次钻完全部深孔→然后将井段划分为若干个爆破分段，由下向上逐段进行爆破。

爆下来的岩渣借自重下落，炮烟则通向上部水平巷道排出，装药、填塞、连线、起爆等作业都在上部水平巷道或凿岩硐室中完成。

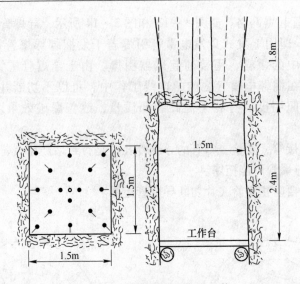

图 3 - 15　浅眼爆破法掘进天井

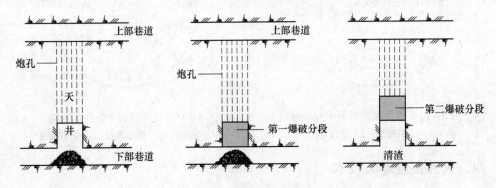

图 3 - 16　深孔爆破法掘进天井

与传统的掘进方法相比，深孔爆破掘进具有效率高、操作安全、劳动条件好等优点，故现在使用广泛。

1. 炮孔布置

炮孔布置是在天井全断面内，自上而下地打好所有炮孔，然后自下而上地分段进行爆破。打孔时，要求相对孔偏小于 1%。

炮孔排列如图 3 - 17 所示。装药孔与空孔沿天井全高互相平行，掏槽方法为螺旋掏

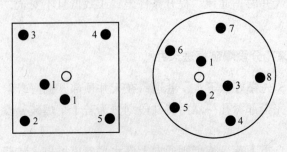

图 3 - 17　深孔分段爆破掘天井的深孔布置
1 ~ 8—起爆顺序

槽，可扩大槽腔面积。

2. 爆破参数确定

A 首响孔到空孔的距离 a_1

由初始补偿系数 n_1 确定，n_1 的定义为：

$$n_1 = S_{空}/S_{实}$$

式中 $S_{空}$——断面图上空孔的面积；

$S_{实}$——断面图上爆落岩石的实用面积。

（1）当补偿空间刚够时：

$$K = (S_{空} + S_{实})/S_{实} = 1 + n_1$$

$$n_1 = K - 1$$

当 $K = 1.5$ 时，$n_1 = 0.5$。

（2）当补偿有富裕时，$n_1 > K - 1$，当 $K = 1.5$ 时，$n_1 > 0.5$，取 $n_1 = 0.7$。如图 3 – 18 所示。

$$S_{空} = \frac{\pi}{4}D^2$$

$$S_{实} = \frac{D + d}{2}a_1 - \frac{\pi D^2}{8} - \frac{\pi d^2}{8} \tag{3-6}$$

由 n_1 的定义，有：

$$n_1 = \left(\frac{\pi d^2}{4}\right)\Big/\left(\frac{D + d}{2}a_1 - \frac{\pi D^2}{8} - \frac{\pi d^2}{8}\right) \tag{3-7}$$

当 $n_1 = 0.7$ 时，化简得：

$$a_1 = \frac{\pi}{2.8}\left(\frac{0.7D^2 + 2.7d^2}{d + D}\right) \tag{3-8}$$

当 $D = 150\text{mm}$，$d = 90\text{mm}$ 时，代入式（3 – 8），得 $a_1 = 339.0\text{mm}$。

对孔口实取 340mm。

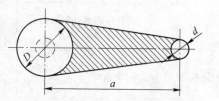

图 3 – 18 空孔直径同孔距的关系图解

B 孔径 d

（1）空孔：一般尽量用大直径（潜孔钻取 150mm，牙轮钻取 200 ~ 300mm）。

（2）装药孔：尽量采用小直径，通常取 90 ~ 150mm。

C 线装药密度

合理的线装药密度应当综合考虑岩石性质、炸药性能、深孔直径、掏槽孔至空孔的距离等因素，选取合适的值。

我国某金属矿山使用过的数据：掏槽孔直径为 90mm，药卷直径为 70mm；按孔距远近和空孔直径大小，2 号岩石硝铵炸药装药集中度分别采用 1.65kg/m、2.05kg/m 和 2.67kg/m，周边孔采用 3.6 ~ 3.74kg/m。

　　D　爆破分段高度

　　爆破分段高度主要与天井断面 S、炮孔偏斜实况和初始补偿系数 n_1 有关。当 $S = 3 \sim 4\mathrm{m}^2$ 及 $n_1 = 0.55 \sim 0.7$ 时，分段高度取 $5 \sim 7\mathrm{m}$。$n_1 < 0.5$ 时，分段高度宜取 $2 \sim 4\mathrm{m}$。见表 3 – 8。

表 3 – 8　国内矿山用深孔分段爆破法掘进天井实例

天井断面尺寸/m	2×2, 2×1.5, 1.5×1.5, $\phi 3.5$	$\phi 1.5$, 1.7×1.7	$\phi 0.8 \sim 2.5$, 0.5×4.9	2.5×2.5
岩石性质	灰岩、砂岩 $f = 8 \sim 14$	花岗岩、蛇纹岩 $f = 4 \sim 15$	砂岩、板岩、辉绿岩 $f = 2 \sim 5$	角砾石英岩 $f = 7 \sim 9$
天井高度/m	$15 \sim 36$	$37 \sim 56$	$13 \sim 53$	$3 \sim 15$
天井角度/(°)	$68 \sim 90$	90	$60 \sim 90$	90
钻机型号	TQ-100、TYQ-80	YQ-100	YQ-100、KD-100	YZ-90
炮孔直径/mm	$90 \sim 120$	100	$100 \sim 130$	$55 \sim 75$
炮孔数量/个	$7 \sim 9$	$3 \sim 5$	$1 \sim 5$	$19 \sim 21$
掏槽方式	平行空孔掏槽，单空孔 $\phi 150\mathrm{mm}$，并联空孔 $\phi 130$、$170\mathrm{mm}$	平行空孔掏槽，空孔直径 $\phi 120\mathrm{mm}$	各孔同时爆破	平行空孔掏槽，空孔 $\phi 120 \sim 150\mathrm{mm}$
爆破分段高度/m	分段爆破，一次爆破分段高度，单空孔为 $3 \sim 4$，并联空孔为 $5 \sim 7$	分段爆破，一次爆破分段高度为 $3 \sim 5$	15m 以下一次爆破成井；$15 \sim 25$m 分二段爆破，25m 以上分三段爆破	一次爆破成井：单空孔棱形掏槽，一次爆破高度小于等于8；双空孔棱形掏槽，一次爆破设计小于等于12
装药结构	掏槽孔间隔装药，其他孔连续装药	连续装药	连续装药	掏槽孔间隔装药，其他孔连续装药
堵塞物	木楔 + 炮泥（$0.2 \sim 0.5$m）	无	炮泥（$0.2 \sim 0.3$m）	木楔 + 炮泥（$0.1 \sim 0.5$m）
平均单耗/kg·m^{-1}	20	15	11.1	22.4

　　3. 装药结构

　　一般采用轴向间隔装药，敷设导爆索。如图 3 – 19 所示。

（三）球形药包倒置爆破漏斗爆破方案

　　如图 3 – 20 所示，此方案不需要空孔，掏槽孔的装药朝底部自由面爆破，爆出一个倒置的漏斗形锥体，后续的掏槽孔和周边孔的装药依次以漏斗侧表面和扩大了的漏斗侧表面为自由面分别先后爆破。

　　球形药包爆破法掘进天井，具有深孔数目少，对钻孔精度要求不太高等优点，但它存在一次爆破的分段高度相对较低、装药困难等缺点。

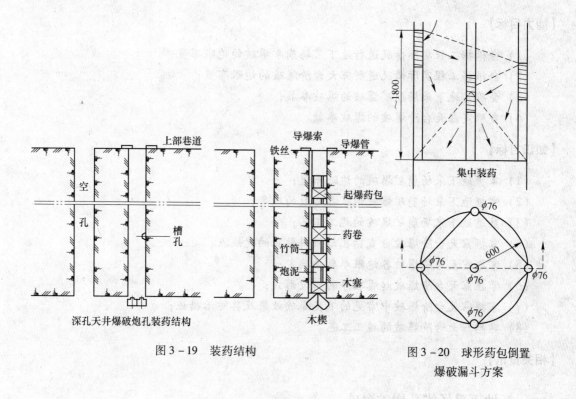

图 3 – 19 装药结构

图 3 – 20 球形药包倒置
爆破漏斗方案

任务二 采场崩矿的爆破

【任务描述】

根据矿体赋存情况与设备能力和条件，目前采矿爆破按孔径和孔深不同可分为浅孔爆破和深孔爆破，根据采矿方式可分为地下采矿爆破和露天台阶爆破。

深孔爆破和浅孔爆破相比，具有每米炮孔的崩矿量大、一次爆破规模大、劳动生产率高、矿块回采速度快、开采强度高、作业条件和爆破工作安全、成本低等优点；但是还有需要专门的钻孔设备、钻孔技术要求高和大块较多等缺点。所以，深孔爆破在冶金矿山广泛用于地下矿的中厚矿床回采、矿柱回采和空区处理等工作。

地下采矿爆破与露天台阶爆破相比其明显的特点包括：

（1）工作空间比较狭小，爆破规模小，爆破频繁；

（2）地质条件对地下工程影响更大，在施工过程中，岩体的性质和构造是选择开挖方式、开挖程序、爆破方式与支护手段的基本依据；

（3）地下采矿爆破所采用的凿岩、采掘机械，由于受作业空间的限制，与露天矿山相比，其生产能力小，自动化程度较低。

地下采矿爆破与井巷掘进爆破相比，具有以下特点：具有两个以上自由面；炮孔数量多，崩矿面积和爆破量都比较大，以及爆破方案的选择和起爆网路的设计比较复杂，所以爆破时的组织工作显得尤为重要。

【能力目标】

(1) 会根据工程实际情况进行地下采场崩矿爆破的炮眼布置；

(2) 会根据工程实际情况进行露天台阶爆破的炮眼布置；

(3) 会确定地下采场崩矿爆破的爆破参数；

(4) 会确定露天台阶爆破的爆破参数。

【知识目标】

(1) 掌握地下采场崩矿爆破的炮眼布置；

(2) 掌握地下采场崩矿爆破炮眼各参数的确定；

(3) 熟悉地下采场崩矿爆破的施工工艺；

(4) 掌握露天台阶爆破垂直钻孔与倾斜钻孔的优缺点；

(5) 掌握露天台阶爆破各炮眼参数的确定；

(6) 掌握露天台阶爆破起爆顺序的布设形式；

(7) 掌握露天台阶爆破中常见的不良爆破效果及其防治措施；

(8) 熟悉露天台阶爆破的施工工艺。

【相关资讯】

一、地下采场浅孔崩矿爆破

地下采场浅孔爆破主要用留矿法、分层充填法、分层崩落法，以及某些房柱法采矿的服务业中。

（一）炮眼布置

1. 炮眼排列的原则

(1) 尽量使炮眼排距等于最小抵抗线 W；

(2) 排与排之间尽量错开使其分布均匀，让每孔负担的破岩范围近似相等，以减少大块；

(3) 多用水平或上向炮孔，以便凿岩；

(4) 炮孔方向尽量与自由面平行。

2. 炮眼布置方式

地下浅孔爆破按炮孔方向不同，可分为上向炮孔和水平炮孔两种，其中上向炮孔应用较多。矿石稳固性较差时，一般采用水平炮孔，如图 3-21 (a) 所示，工作面可以是水平单层，也可以是梯形，梯段长为 3~5m，高度为 1.5~3.0m。矿石比较稳固时，一般采用上向炮孔布孔，如图 3-21 (b) 所示。

爆破工作面以台阶形式向前推进，炮孔在工作面的布置有方形或矩形排列和三角形排列，如图 3-22 所示。方形或矩形排列一般用于矿石比较坚硬、矿岩不易分离以及采幅较宽的矿体。三角形排列时，炸药在矿体中的分布比较均匀，一般破碎程度较好，而不需要二次破碎，故采用较多。

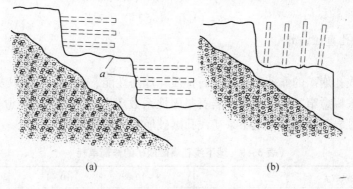

图 3 – 21　炮孔排列方式

（a）水平炮孔；（b）上向炮孔

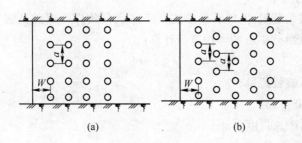

图 3 – 22　地下采场浅孔崩矿爆破的炮孔排列

（a）四方形排列；（b）三角形排列

（二）爆破参数的确定

1. 炮孔直径 d

采场崩矿的炮孔直径与矿床赋存条件有关，并对回采工作有重要影响。我国矿山浅孔爆破崩矿广泛使用的药径为 32mm，其相应的炮孔直径为 38～42mm。

国内一些有色金属矿山使用 25～28mm 的小直径药卷进行爆破，其相应的炮孔直径为 30～40mm，在控制采幅宽度和降低贫化损失等方面取得了比较显著的效果。当开采薄矿脉、稀有金属矿脉或贵重金属矿脉时，特别适宜使用小直径炮孔爆破。

2. 炮孔深度 l

炮孔深度与矿体、围岩性质、矿体厚度及边界形状等因素有关。它不仅仅决定着采矿场每循环的进尺和采高、回采强度，而且影响爆破效果和材料消耗。采用浅孔爆破留矿采矿法时，当矿体厚度大于 1.5～2.0m，矿岩稳固时，孔深常为 2m 左右，个别矿山开采厚矿体时孔深达到 3～4m；当矿体厚度小于 1.5m 时，随着矿体厚度不同，孔深变化于 1.0～1.5m 之间。当矿体较小且不规则、矿岩不稳固时，应选用较小值以便控制采幅，降低矿石的损失贫化。

3. 最小抵抗线 W 和炮孔间距 a

通常，最小抵抗线 W 和炮孔间距 a 可按式（3－9）选取：

$$W = (25 \sim 30)d \quad \text{或} \quad W = (0.35 \sim 0.6)l \tag{3-9}$$
$$a = (1.0 \sim 1.5)W$$

式中　d——炮孔直径，m。

4. 单耗 q

地下采矿浅孔崩矿的炸药单耗与矿石性质、炸药性能、孔径、孔深以及采幅宽度等因素有关。一般采幅愈窄，孔深愈大，岩石坚固性系数愈大，则炸药单耗愈大。表 3-9 列出了在使用 2 号岩石炸药时，地下采矿浅孔爆破崩矿的炸药单耗。

表 3-9　地下浅孔爆破崩矿的炸药单耗

岩石坚固性系数 f	<8	8~10	10~15	>15
单耗/kg·m^{-3}	0.25~1.0	1.0~1.6	1.6~2.6	2.6 以上

5. 一次爆破装药量 Q

采矿时一次爆破装药量 Q 与采矿方法、矿体赋存条件、爆破范围等因素有关。通常只根据炸药单耗和欲爆破矿石的体积进行计算：

$$Q = qml\bar{L}$$

式中　Q—— 一次爆破装药量，kg；

m——采幅宽度，m；

l—— 一次崩矿总长度，m；

$\bar{L}$——平均炮孔深度，m。

二、地下深孔崩矿爆破

地下采矿深孔爆破可分为两种，即中深孔和深孔爆破。国内矿山通常把钎头直径为 51~75mm 的接杆凿岩炮孔称为中深孔，而把钎头直径为 95~110mm 的潜孔钻机钻凿的炮孔称为深孔。实际上，随着凿岩设备、凿岩工具的改进，二者的界限有时并不显著，所以，通常把孔径大于 50mm、孔深大于 5m 的炮孔统称为深孔。深孔崩矿的特点是效率高、速度快、作业条件安全，广泛应用于厚矿体的崩矿。

（一）炮眼布置

1. 炮眼布置和爆破参数确定的原则

炮眼布置和爆破参数的确定应根据矿体的轮廓、使用的采矿方法、采场结构和采准切割布置等条件，将炸药均匀地分布在需要崩落的矿体内，使爆破后的矿石能完全崩落下来，尽量减少矿石的损失和贫化，而且矿石破碎要均匀，粉矿和大块少，崩矿效率高，回采成本低。

2. 炮孔布置方式

深孔布置方式有平行布孔和扇形布孔两种。平行布孔是在同一排面内，深孔互相平行，深孔间距在炮孔全长上均相等，如图 3-23 （a）所示。扇形布孔是在同一排面内，深孔排列成放射状，深孔间距自孔口到孔底逐渐增大，如图 3-23 （b）所示。平行布孔与扇形布孔相比，其优点是：（1）炸药分布合理，爆破矿石块度比较均匀；（2）每米深

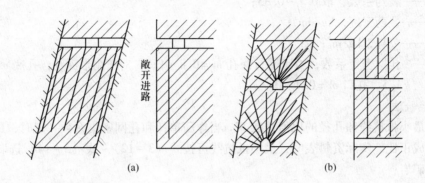

图 3 – 23 炮孔布置图

（a）平行深孔布置；（b）扇形深孔布置

孔崩矿量大。它的缺点是：（1）凿岩巷道掘进工作量大；（2）每钻凿一个炮孔就需移动一次钻机，辅助时间长；（3）在不规则矿体布置深孔比较困难；（4）作业安全性差。

扇形布孔的优缺点与平行布孔的优缺点相反。从比较中可以看出，平行排列虽然比扇形排列有一些优点，但缺点比较严重，特别是凿岩巷道掘进工作量大是其致命的弱点。因此，只有在开采坚硬的矿体时才采用。

（二）爆破参数的确定

1. 孔径 d

影响孔径的因素主要有使用的凿岩设备和工具、炸药威力、矿岩特性，一般孔径有加大的趋势。孔径愈大，每米深孔崩矿量 λ 增加，大块率 β 也增加。

采用接杆凿岩时，孔径一般为 50 ~ 75mm（桃矿取 60 ~ 65mm）；采用潜孔钻凿岩时，孔径取 90 ~ 120mm；当矿岩节理裂隙发育，在炮孔容易变形等情况下，采用大直径深孔是比较合理的。

2. 炮孔深度

选择炮孔深度时主要考虑凿岩机类型、矿体赋存条件、矿岩性质、采矿方法和装药方式等因素。目前，使用 YG-80、YGZ-90 和 BBC-120F 凿岩机时，孔深一般为 10 ~ 15m，最大不超过 18m；使用 BA-100 和 YQ-100 潜孔钻时，一般为 10 ~ 20m，最大不超过 25 ~ 30m。

3. 最小抵抗线 W 值确定

最小抵抗线 W 值的确定取决于 f 值、d 值和炸药性能，W 值大，块度大。

A 计算法

根据一个孔深为 l 的深孔所能装入的药量应等于深孔能爆下一定体积矿岩所需装入的药量（对平行孔），有

$$\pi d^2 / (4l\tau\Delta) = Walq \qquad (3-10)$$

$$m = a/W$$

$$W = d\sqrt{7.85\tau\Delta/(mq)} \qquad (3-11)$$

式中　τ——装药系数，取 $0.7 \sim 0.85$；

　　　　Δ——装药密度，kg/dm^3；

　　　　q——单耗，kg/m^3；

　　　　m——孔网密集系数，对于平行深孔 $m = 0.8 \sim 1.1$；对于扇形深孔，孔底 $m = 1.1 \sim$
　　　　1.5，孔口 $m = 0.4 \sim 0.7$。

B　经验法

根据最小抵抗线和孔径的比值选取 W。当炸药单耗和孔网密集系数一定时，最小抵抗线和孔径成正比。实际资料表明，最小抵抗线可按式（3－12）～式（3－14）选取。

坚硬矿岩：

$$W = (25 \sim 30)d \tag{3－12}$$

中硬矿岩：

$$W = (30 \sim 35)d \tag{3－13}$$

较软矿岩：

$$W = (35 \sim 40)d \tag{3－14}$$

C　根据矿山实际资料选取

目前矿山采用的最小抵抗线数值见表 3－10。

表 3－10　水平扇形深孔的最小抵抗线数值

炮孔直径/mm	$50 \sim 60$	$60 \sim 70$	$70 \sim 80$	$90 \sim 120$
最小抵抗线/mm	$1.2 \sim 1.6$	$1.5 \sim 2.0$	$1.8 \sim 2.5$	$2.5 \sim 4.0$

4. 孔间距 a

平行排列深孔的孔间距是指相邻两孔间的轴线距离。扇形深孔排列时，孔间距分为孔底距和孔口距。孔底距是指由装药长度较短的深孔孔底至相邻深孔的垂直距离；孔口距是指由堵塞较长的深孔装药端至相邻深孔的垂直距离，如图 3－24 所示。

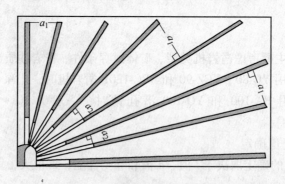

图 3－24　扇形深孔的炮孔间距

孔距过大，块度大，特别对于水平落矿，会造成"楼板"脱落；孔距过小，浪费炸药。

$$a = mW$$

对于平行孔，取 $m = 0.8 \sim 1.1$。

对于扇形孔：

孔底　$a_底 = m_底 W$，取 $m_底 = 1.1 \sim 1.5$；

孔口　$a_口 = m_口 W$，取 $m_口 = 0.4 \sim 0.7$。

5. 单耗 q

单耗的大小直接影响矿岩的爆破，其值大小与岩石的可爆性、炸药性能和最小抵抗线有关。q 值过小，会增加二次破碎用药量和工作量；块度过大，严重影响装、运、提工作效率。所以 q 值不能过低。通常参考表 3 – 11 选取，也可根据爆破漏斗试验确定。

表 3 – 11　地下采场深孔爆破炸药单耗

矿岩坚固性系数 f	3 ~ 5	5 ~ 8	8 ~ 12	12 ~ 16	>16
一次爆破单耗 $q/\text{kg} \cdot \text{m}^{-3}$	0.2 ~ 0.35	0.35 ~ 0.5	0.5 ~ 0.8	0.8 ~ 1.1	1.1 ~ 1.5
二次爆破单耗所占比例/%	10 ~ 15	15 ~ 25	25 ~ 35	35 ~ 45	>45

深孔每孔装药量 Q 为：

$$Q = qaWl = qmW^2 l \tag{3 – 15}$$

扇形深孔每孔装药量因其孔深、孔距均不相同，通常先求出每排孔的装药量，然后按每排长度和总堵塞长度，求出每米炮孔的装药量，然后分别确定每孔装药量。每排孔的装药量：

$$Q_p = qWS \tag{3 – 16}$$

式中　S——每排深孔的崩矿面积，m^2。

我国冶金、有色金属矿山的一次爆破炸药单耗一般为 $0.25 \sim 0.6\text{kg/m}^3$；二次爆破炸药单耗为 $0.1 \sim 0.3\text{kg/m}^3$，二次爆破炸药单耗较高的矿山反映其大块生产率较高。

（三）地下深孔爆破施工工艺

1. 验孔

爆破前应对深孔位置、方向、深度和钻孔完好情况进行验收，发现有不符合设计要求者，应采取补孔、重新设计装药结构等方法进行补救。

2. 作业地点、安全状况检查

包括装药、起爆作业区的围岩稳定性，杂散电流，通道是否可靠，爆区附近设备、设施的安全防护和撤离场地，通风保证等。

3. 爆破器材准备

按计算的每排孔总装药量，将炸药和起爆器材运输到每排的装药作业点。

4. 装药

目前已广泛采用装药器装药代替人工装药，其优点是效率高，装药密度大，对爆破效果的改善明显。使用装药器装药时，带有电雷管或非电导爆管雷管的起爆药包，必须在装药器装药结束后，再用人工装入炮孔。

5. 堵塞

有底柱采矿法用炮泥加木楔堵塞；无底柱采矿法只可用炮泥巴堵塞。合格炮泥中的黏土和粗砂的比例为 1 : 3，加水量不超过 20%；木楔应填在炮泥之外。

6. 起爆

起爆网路联结顺序是由工作面向着起爆站推进；电爆网路要注意防止接地，防止同其他导体接触。一次起爆量大可采用工业电，起爆量小采用起爆器；当前井下爆破多采用导爆管雷管网路起爆。

（四）VCR 法爆破

VCR—vertical crater retreat mining，原意是垂直漏斗后退式采矿，是加拿大在利文斯顿漏斗爆破理论上发展的，只有十多年的历史，我国在矾口矿已取得良好效果。

1. 原理

与连续柱状装药不一样，VCR 法爆破使用大直径、短药包，即长度不大于直径 6 倍的短柱状药包。这种药包可看成集中装药，接近于球状药包，爆炸时压缩波近似于球状应力波。而长柱状药包产生的是柱状应力波，柱状应力波对炮孔端部压力较小。球状应力波在有一个下向爆破漏斗自由面情况下，使矿岩处于强大的应力状态下发生破坏和位移。此外，药径大，炸药能量得以充分的利用。如图 3 - 25 所示。

2. 爆破参数

（1）炮孔直径。炮孔直径一般采用 160 ~ 165mm，个别为 110 ~ 150mm。

（2）炮孔深度。炮孔深度一般为一个台阶高度，一般为 20 ~ 50mm，有的达 70m；钻孔偏差必须控制在 1% 左右。

（3）孔网参数。排距一般采用 2 ~ 4m；孔距为 2 ~ 3m。

（4）最小抵抗线和崩落高度。最小抵抗线即药包最佳埋深，一般为 1.8 ~ 2.8m，崩落高度为 2.4 ~ 4.2m。

（5）单药包的重量。要求药包长径比不超过 6，重 20 ~ 37kg，一般要求用高密度、高爆速、高爆热的三高炸药。

（6）爆破分层。每次爆破分层的高度一般为 3 ~ 4m。爆破时为装药方便，提高装药效率可采用单分层或多分层爆破，最后一组爆破高度一般分层的 2 ~ 3 倍，采用自下而上的起爆顺序。

（7）炸药单耗。在中硬矿岩条件下，即 $f = 8 ~ 12$ 时，一般单耗平均为 0.34 ~ 0.5kg/t。

3. 施工工艺

（1）在矿块钻一个或多个大直径炮孔。

（2）在每个炮孔中装入一个大球状药包或近似球体的药包并堵塞，如图 3 - 26 所示：

1）用绳将孔塞放入孔内，按设计位置吊装好；

2）在孔塞上按设计长度装填一段砂或岩屑；

3）装下半部药包；

4）装起爆药包；

5）装上半部药包；

6）按设计长度进行上部堵塞；

7）联网起爆；

8）多层同时起爆时，上部堵塞到位后重复装药、堵塞。

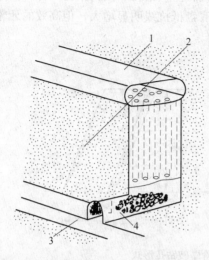

图3-25 一次凿岩分段爆破崩矿示意图
1—顶部平台；2—矿柱；3—运输巷道；4—出矿道

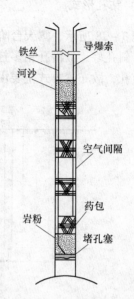

图3-26 VCR法装药结构

（3）药包爆炸时，借助于气体压力破碎岩石，在矿体中形成倒置的漏斗。

（4）从矿房运出漏斗中的破碎矿岩。

三、露天台阶深孔爆破

随着深孔钻机和装运设备的不断改进、爆破技术的不断完善和爆破器材的日益发展，深孔爆破的优越性更加明显。主要表现在以下几方面：

（1）大型设备的采用，尤其是牙轮钻机、大型电铲、电动轮汽车的配套使用，大大提高了开采强度和矿石产量。

（2）深孔爆破有利于使用先进的爆破技术，如毫秒微差爆破、宽孔距小抵抗线爆破、预裂爆破等技术的广泛应用，显著地改善了破碎质量，降低了有害效应。

（3）提高了延米爆破量，降低了采矿的综合成本等技术经济指标。

（一）台阶要素

台阶要素如图3-27所示，图中 H 为台阶高度；W_d 为前排钻孔的底盘抵抗线；L 为钻孔深度；l_c 为装药长度；l_d 为堵塞长度；h 为超深；a 为孔距；B 为在台阶面上从钻孔中心至坡顶线的安全距离。为了达到良好的爆破效果，必须正确确定上述各项台阶要素。

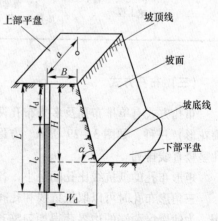

图3-27 台阶要素

（二）钻孔形式

如图 3 - 28 所示，露天台阶爆破的钻孔形式有垂直钻孔和倾斜钻孔两种。从爆破、安全来看，斜孔好，故潜孔钻多打斜孔，垂直孔底盘抵抗线明显增大，但高效的牙轮钻只适于打垂直孔，故布置方式主要由钻机形式定。

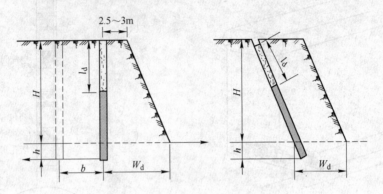

图 3 - 28　露天台阶爆破钻孔形式

垂直深孔与倾斜深孔的使用条件和优缺点列于表 3 - 12。

表 3 - 12　垂直深孔与倾斜深孔的比较

深孔布置形式	采用情况	优　　点	缺　　点
垂直深孔	在开采工程中大量采用，特别是大型矿山	（1）适用于各种地质条件（包括坚硬岩）的深孔爆破； （2）钻凿垂直深孔的操作技术比倾斜孔简单； （3）钻孔速度比较快	（1）爆破岩石大块率比较多，常常留有根底； （2）台阶顶部经常发生裂缝，台阶坡面稳固性比较差
倾斜深孔	中小型矿山、石材开采、建筑、水电、道路、港湾及软质岩石开挖工程	（1）布置的抵抗线比较均匀，爆破破碎的岩石不易产生大块和残留根底； （2）台阶比较稳固，台阶坡面容易保持； （3）爆破软质岩石时，能取得很高效率； （4）爆堆堆积岩块形状比较好，而爆破质量并不降低	（1）钻凿倾斜深孔的技术操作比较复杂，容易发生钻凿事故； （2）在坚硬岩石中不宜采用； （3）钻凿倾斜深孔的速度比垂直深孔慢

（三）布孔方式

布孔方式有单排布孔及多排布孔两种。多排布孔又分为方形、矩形及三角形（又称梅花形）三种，如图 3 - 29 所示。方形布孔具有相等的孔间距和抵抗线，各排中对应炮孔呈竖直线排列。

矩形布孔的抵抗线比孔间距小，各排中对应炮孔同样呈竖直线排列。

三角形布孔时可以取抵抗线和孔间距相等，也可以取抵抗小于孔间距，后者更为常用。为使爆区两端的边界获得均匀整齐的岩石面，三角形的排列常常需要补孔。从能量角度来看，等边三角形更为理想。

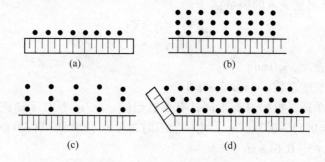

图 3 - 29　深孔布置方式
（a）单排布孔；（b）方形布孔；（c）矩形布孔；（d）三角形布孔

（四）深孔爆破参数

露天深孔爆破参数包括孔径、孔深、超深、底盘抵抗线、孔距、排距、堵塞长度和炸药单耗等。

1. 孔径 d

露天深孔爆破的孔径主要取决于钻机类型、台阶高度和岩石性质。我国大型金属露天矿多采用牙轮钻机，孔径取 250～310mm；中小型金属矿以及化工、建材等非金属矿则采用潜孔钻机，孔径为 100～200mm；铁路、公路等路基土方开挖常用的钻孔机械，其孔径为 76～170mm 不等。一般来说钻机选型确定后，其钻孔直径就确定下来。国内常用的深孔直径有 76～80mm、100mm、150mm、170mm、200mm、250mm、310mm 几种。

2. 孔深 L 与超深 h

孔深由台阶高度 H 和超深 h（对倾斜孔指垂直深度）决定。

台阶高度的确定应考虑为钻孔、爆破和铲装创造安全和高效率的作业条件，它主要取决于挖掘机的铲斗容积和矿岩开挖技术条件。

目前，我国深孔爆破的台阶高度为 $H = 10～15m$。

超深指炮孔超出台阶底盘标高以下那段深度。其作用是降低装药中心，以有效克服底部阻力，避免或减少根底，以形成平整的底部平盘。国内超深值一般为 0.5～3.6m。后排孔的超深值一般比前排小 0.5m。一般 $h = (0.15～0.35)W_{底}$。

垂直深孔孔深

$$L = H + h \tag{3-17}$$

倾斜深孔孔深

$$L = H/\sin\alpha + h \tag{3-18}$$

3. 底盘抵抗线 W_d

（1）对垂直孔按安全作业条件：

$$W_d \geqslant H \cdot \cot\alpha + B \tag{3-19}$$

式中　B——钻机作业安全距离，2.5～3.0m；

　　　H——台阶高；

　　　α——坡面角，60°～75°。

（2）根据每孔可能装入的药量：

$$W_d = d\sqrt{\dfrac{7.85\Delta\tau}{qm}} \tag{3-20}$$

式中　Δ——装药密度，g/cm^3；

　　　τ——装药长度系数，$\tau = 0.7 \sim 0.8$；

　　　q——炸药单耗，根据岩石不同，有参数范围，kg/m^3；对于硝铵炸药，软岩时可取 $q = 0.15 \sim 0.3kg/m^3$；中硬岩石时，可取 $q = 0.3 \sim 0.45kg/m^3$；硬岩时可取 $q = 0.45 \sim 0.6kg/m^3$；

　　　m——炮孔密集系数（即孔距与排距之比），一般取 $m = 1.2 \sim 1.5$。

（3）按台阶高度和孔径计算：

$$W_d = (0.6 \sim 0.9)H \tag{3-21}$$

$$W_d = kd \tag{3-22}$$

式中　k——系数，见表 3-13；

　　　d——炮孔直径，mm。

表 3-13　k 值范围

装药直径/mm	清渣爆破 k 值	压渣爆破 k 值
200	30 ~ 35	22.5 ~ 37.5
250	24 ~ 48	20 ~ 48
310	35.5 ~ 41.9	19.4 ~ 30.6

4. 孔距 a 与排距 b

孔距是指同一排深孔中相邻两钻孔中心线间的距离。按式（3-23）计算：

$$a = mW_d \tag{3-23}$$

式中　m——炮孔密集系数。

密集系数一般大于 1.0。在宽孔距小抵抗线爆破中则为 3~4，或更大。但是第一排孔往往由于底盘抵抗线过大，应选用较小的密集系数，以克服底盘的阻力。

排距指多排孔爆破时，相邻两排炮孔之间的距离，它与孔网布置和起爆顺序等因素有关。计算方法如下。

（1）采用等边三角形布孔时，排距与孔距的关系为

$$b = a\sin 60° = 0.866a \tag{3-24}$$

式中　b——排距，m；

　　　a——孔距，m。

（2）多排孔爆破时，孔距和排距是一个相关联参数。在给定的孔径下，每个孔有一个合理的负担面积，即：

$$S = ab \tag{3-25}$$

或

$$b = \sqrt{\dfrac{S}{m}} \tag{3-26}$$

5. 堵塞长度 l_d

合理的堵塞长度和良好的堵塞质量，对改善爆破效果和提高炸药利用率具有重要

作用。

合理的堵塞长度应能降低爆炸气体能量损失和尽可能增加钻孔装药量。良好的堵塞质量是尽量增加爆炸气体在孔内的作用时间和减少空气冲击波、噪声和飞石的危害。

堵塞长度按式（3-27）确定：

$$l_d = (0.7 \sim 1.0)W_d \tag{3-27}$$

通常垂直深孔取 $(0.7 \sim 0.8)W_d$；倾斜深孔取 $(0.9 \sim 1.0)W_d$。或

$$l_d = (20 \sim 30)d \tag{3-28}$$

如果 l_d 过小，岩块飞散，气体过早冲出炮孔，能量损失；l_d 过大，孔口会附近出现大块。

应该指出的是堵塞长度与堵塞质量、堵塞材料密切相关。堵塞质量好和堵塞物的密度大也可以减小堵塞长度。矿山大孔径深孔的堵塞长度一般为 5~8m，当采用尾砂堵塞时，也可减少到 4~5m。

6. 炸药单耗 q

影响炸药单耗的主要因素有岩石的可爆性、炸药特性、自由面条件、起爆方式和块度要求。因此，选取合理的炸药单耗往往需要通过多次试验或长期生产实践来验证。各种爆破工程都有根据自身生产经验总结出来的合理的炸药单耗值。在设计中可以参照类似矿岩条件下的实际单耗值选取，也可按表 3-14 选取。该表数据以 2 号岩石炸药为标准。

表 3-14　单位炸药消耗量 q 值

岩石坚固性系数 f	<2	3~4	5	6	8	10	12	14	16	20
$q/\text{kg} \cdot \text{m}^{-3}$	0.40	0.45	0.50	0.55	0.61	0.67	0.74	0.81	0.88	0.98

7. 每孔装药量

单排孔爆破或多排孔爆破的第一排孔的每孔装药量按式（3-29）计算：

$$Q = qaW_dH \tag{3-29}$$

多排孔爆破时，从第二排孔起，以后各排孔的每孔装药量按式（3-30）计算：

$$Q = kqabH \tag{3-30}$$

式中　k——考虑受前面各排孔的矿岩阻力作用的增加系数，$k = 1.1 \sim 1.2$。

（五）装药结构

装药结构是指炸药在装填时的状态。在露天深孔爆破中，分为连续装药结构、分段装药结构、孔底间隔装药结构和混合装结构。

1. 连续装药结构

连续装药结构即炸药沿着炮孔轴向连续装填，当孔深超过 8m 时，一般布置两个起爆药包，一个置于距孔底 0.3~0.5m，另一个置于药柱顶端 0.5m 处。其优点是操作简单；缺点是药柱偏低，在孔口未装药部分易产生大块。

2. 分段装药结构

分段装药结构是将深孔中的药柱分为若干段，用空气、岩渣或水隔开。其优点是提高了装药高度，减少了孔口部分大块率的产生；缺点是施工麻烦。

3. 孔底间隔装药结构

孔底间隔装药结构指在深孔孔底部留出一段不装药，以空气作为间隔介质。此外还有水间隔和柔性材料间隔，在孔底实行空气间隔装药亦称孔底气垫装药。

孔底空气间隔装药中空气的作用：

（1）降低爆炸冲击波的峰值压力，减少炮孔周围岩石过度粉碎。

（2）岩石受到爆炸冲击波的作用后，还受到爆炸气体形成的压力波和来自炮孔孔底的反射波的作用。当这种二次应力波的压力超过岩石的极限破裂强度时，岩石的微裂隙将得到进一步扩展。

（3）延长应力的作用时间。冲击波作用于堵塞物或孔底后又返回到空气间隔中，由于冲击波的多次作用，使应力场得到增强的同时，也延长应力波在岩石中的作用时间。若空气间隔置于药柱中间，炸药在空气间隔两端所产生的应力波峰值相互作用可产生一个加强的应力场。

正是由于空气间隔的上述三种作用，使岩石破碎块度更加均匀。

4. 混合装药

孔底装高威力炸药，上部装普通炸药称为混合装药。

（六）起爆顺序

尽管深孔排列方式只有三角形、矩形和方形，但是起爆顺序却变化无穷，归纳起来有如下几种。

1. 排间顺序起爆

排间顺序起爆亦称逐排起爆。如图 3 – 30（a）所示，各排炮孔依次从自由面开始向后排起爆。这种起爆顺序设计和施工比较简便，起爆网路易于检查，但各排岩石之间碰撞作用比较差，而且容易造成爆堆宽度过大。

另一种起爆顺序如图 3 – 30（b）所示，先从中间一排深孔起爆，形成一个楔形槽沟，创造新自由面，然后槽沟两侧深孔按排依次爆破。这种起爆顺序有利于岩块的互相碰撞，增加再破碎作用，且爆破后爆堆比较集中。

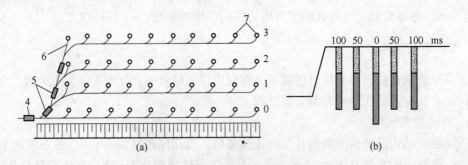

图 3 – 30　排间顺序起爆网路

0 ~ 3—起爆顺序；4—雷管；5—继爆管；6—导爆索；7—炮孔

2. V 形起爆

V 形起爆如图 3 – 31 所示，即前后排孔同段相连，其起爆顺序似 V 字形。起爆时，先

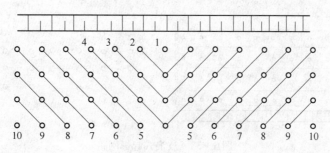

图 3 – 31　V 形起爆

1～10—起爆顺序

从爆区中部爆出一个 V 字形的空间，为后段炮孔的爆破创造自由面，然后两侧同段起爆。该起爆顺序的优点是岩石向中间崩落，加强了碰撞和挤压，有利于改善破碎质量。由于碎块向自由面抛掷作用小，多作于挤压爆破和掘沟爆破。

3. 对角线顺序起爆

对角线顺序起爆如图 3 – 32 所示，亦称斜线起爆，从爆区侧翼开始，同时起爆的各排炮孔均与台阶坡顶线相斜交，毫秒爆破为后爆炮孔相继创造了新的自由面。其主要优点是在同一排炮孔间实现了孔间延期，最后一排炮孔也是逐排起爆，因而减少了后冲，有利于下一爆区的穿爆工作；爆堆宽度小、实际最小抵抗线小，同时爆破的深孔之间实际距离增大，m 值随之增大，有利于改善破碎块度；爆破网路联结比较简便。多用于开沟、横向挤压爆破、端部爆破，多与 V 形起爆配用。

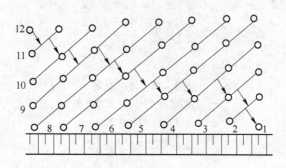

图 3 – 32　对角线顺序起爆

1～12—起爆顺序

4. 波浪起爆

波浪式起爆网路与起爆顺序如图 3 – 33 所示，是 V 形起爆的变形。图 3 – 34（a）所示为相邻两排孔的奇偶数孔相连，同段起爆，其爆破顺序犹如波浪，称为小波浪。图 3 – 34（b）所示为多排孔对角相连，称为大波浪。它的特点是深孔爆破时可增加孔间或排间深孔爆破的相互作用，达到加强岩块碰撞和挤压、改善破碎块度的效果，同时还可减小爆堆宽度，但施工操作比较复杂。

5. 梯形起爆网路

梯形起爆网路如图 3 – 35 所示，爆区第一排中间 1～2 个深孔先起爆，形成一楔形空间，然后两侧深孔按顺序向楔形空间爆破。这样可以达到岩块相互碰撞、改善破碎块度、

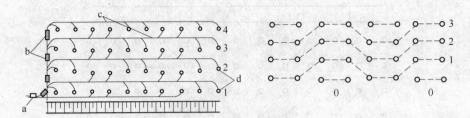

图 3 - 33　波浪式起爆网路

（a）起爆网路；（b）起爆顺序

a—雷管；b—继爆管；c—导爆索；d—炮孔；0~4—起爆顺序

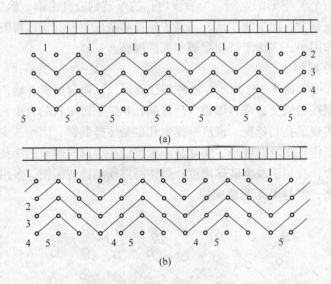

图 3 - 34　波形起爆

（a）小波浪式；（b）大波浪式

1~5—起爆顺序

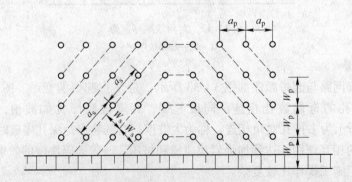

图 3 - 35　梯形起爆网路

W_p—设计的最小抵抗线；W_s—实际的最小抵抗线；a_p—设计的孔间距；a_s—实际的孔间距

缩小爆堆宽度的效果。

同时，除第 1 排深孔外，其余各排深孔爆破的方向将改变，从而使实际的最小抵抗线比设计的最小抵抗线小。而实际的孔间距比设计的孔间距增大，实际上增大了炮孔密集系数 m 值，第一排炮孔爆破效果会较差，容易出现"根底"。

6. 逐孔起爆网路

如图 3 – 36（a）、（b）所示，所有炮孔均按一定的等间隔延期顺序接力起爆。其特点是爆破效果好、震动小、综合效益显著。其关键技术是孔间和排间延时的精确性。

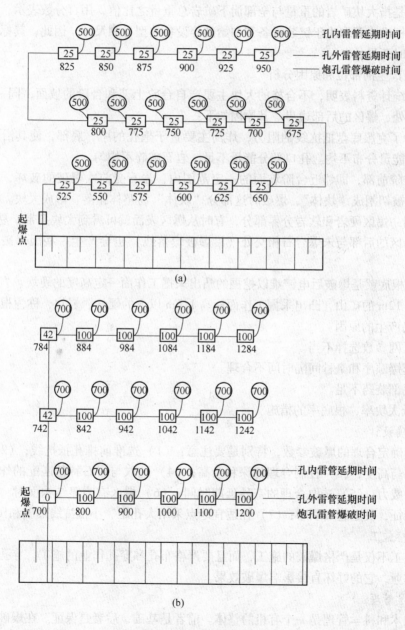

(a)

(b)

图 3 – 36　逐孔起爆网路

(七) 提高露天深孔爆破质量的措施

露天矿爆破质量良好的要求是大块率低，爆堆集中度合适，无后冲（W 值不可过大），不留根底（超深不能太少）。

露天台阶爆破普遍存在着大块产出率和根底率偏高的问题，它不仅影响铲装效率，加速设备的磨损，而且增加了二次爆破的工作量，提高了爆破成本。

大块指矿岩尺寸超过了放矿、运输、铲装等设备所要求的块度，地下爆破指最大边长大于 300~400mm，露天爆破一般指最大边长大于 800~1000mm 的岩石。

大块率是指大块矿岩的重量与全部崩下矿岩总重量之比值，用百分数表示。

大块的标准主要取决于铲装设备和初始破碎设备的型号和尺寸，因此，其标准的制定是因地、因时而异的。

1. 大块产生的部位和原因分析

大量的统计资料表明，不合格的大块主要产自台阶上部和台阶的坡面，同一爆区软、硬岩的分界处，爆区的后部边界。其原因如下：

（1）为了克服底盘抵抗线的阻力，炸药主要置于炮孔的中、底部，使其沿炮孔轴线方向的炸药能量分布不均。孔口部分能量不足，岩石破碎不均匀。

（2）台阶前部，即邻近台阶坡面的一定范围内，岩石受前次爆破的破坏，原生弱面张裂，甚至被切割成"块体"，爆破时这部分"块体"易整体振落，形成大块。

（3）同一爆区硬岩和软岩分界部分，有时从爆区表面就可看到大块条带，易于振落。

（4）爆区的后部与未爆岩石相交处（沿爆破塌落线）也会产生一些因爆破而振落的大块。

所谓的根底就是爆破后电铲难以挖掘的凸出采掘工作面一定高度的硬坎、岩坎。对于台阶高度为 12m 的矿山，凸出采掘工作面标高 1.5m 以上的硬坎、岩坎，称为根底。

2. 根底产生的原因

（1）孔网参数选择不当。

（2）起爆顺序和毫秒间隔时间不合理。

（3）底部装药不足。

3. 降低大块率，根底率的措施

A　正确设计

就是要确定合理的爆破参数，特别是要注意：（1）选准前排孔抵抗线；（2）控制最后排孔的装药高度；（3）控制合理超深和余高；（4）选取与岩石特性匹配的炸药，增强底部炸药的威力；（5）选取合理的毫秒延期时间；（6）爆区有明显结构面时，要根据岩体结构面特征，决定起爆顺序；（7）在适宜地点采用大孔距、小抵抗线爆破和压渣爆破。

B　严格施工

严格施工不仅是严格爆破的施工，而且要严格布孔和穿孔作业的施工。穿孔作业是爆破的先头作业，它的好坏直接影响爆破效果。

C　科学管理

爆破技术和科学管理是一个有机的整体。前者是基础，后者是保证。在爆破管理上要实行分层管理，逐层考核，责任到人。严格执行质量管理体系和质量监控网络。

（八）二次破碎

露天深孔爆破大块会降低铲运、铲装、放矿等环节的效率；还有可能造成卡死溜井，及造成安全威胁。

处理大块的方法有：人工大锤打碎、爆破法破碎和机械破碎等。药包爆破破碎的方法是目前处理大块较简单和方便的方法。二次破碎大块的爆破方法可分为炮眼爆破法和覆土爆破法。

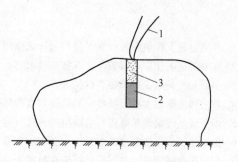

图 3-37 炮孔法二次爆破
1—雷管脚线；2—药包；3—炮泥

1. 炮孔法

炮孔法如图 3-37 所示，为在大块上钻凿炮孔，眼深为大块的一半，效果好，用药少，但费工，常用于较大的大块。孤石爆破装药量常按表 3-15 选取。

表 3-15 孤石爆破装药量

孤石体积/m³	孤石厚度/m	炮孔深度/m	炮孔数目/个	装药量（每个炮孔）/kg
0.5	0.8	0.44	1	0.05
1.0	1.0	0.55	1	0.10
2.0	1.0	0.55	2	0.10
3.0	1.5	0.87	2	0.15

2. 覆土法

覆土法如图 3-38 所示，是将药置于大块凹陷部位，用 2 倍于药包厚度的黏性泥土覆盖，起爆即可。其简便易行，费时少；但药耗大，空气冲击波、飞石严重。通常用于较小的大块。因为裸露爆破时炸药能量损失大，炸药单耗较大，大约为 $2 \sim 2.5 \text{kg/m}^3$，块体体积过大时，经济上是不合理的。

3. 聚能药包爆破

聚能药包爆破如图 3-39 所示，用带有聚能穴的高猛度炸药的专用药包——聚能破碎弹进行大块矿岩的覆土爆破，用药少，效果较好，正在推广使用。

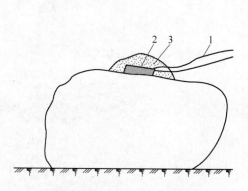

图 3-38 覆土法二次爆破
1—雷管脚线；2—药包；3—黏性泥土

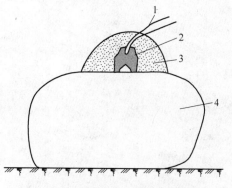

图 3-39 聚能药包爆破大块孤石
1—雷管脚线；2—聚能穴成型药包；
3—黏性泥土；4—大块孤石

思考与练习题

1. 井巷掘进工作面布置的炮眼分别起什么作用？

2. 井巷掘进工作中对爆破作业有什么要求？

3. 斜眼掏槽与直眼掏槽各有何优缺点？

4. 井巷掘进爆破参数有哪些？如何确定这些爆破参数？

5. 地下采场浅眼崩矿爆破时炮眼排列方式有哪几种？试说明他们的适用条件？

6. 影响地下采场浅眼爆破效果的主要参数有哪些？这些参数如何确定？

7. 与浅眼爆破相比，地下深孔爆破在技术上有何特点？

8. 地下采场深孔崩矿爆破时炮眼排列方式有哪几种？试说明他们的适用条件。

9. 影响地下采场深孔爆破效果的主要参数有哪些？这些参数如何确定？

10. 简述扇形深孔与平行深孔各自的优缺点。

11. 简述深孔施工后进行验收的意义。

12. 与地下深孔爆破相比，露天台阶深孔爆破在技术上有何特点？

13. 露天台阶深孔爆破时炮眼排列方式有哪几种？试说明他们的适用条件。

14. 影响露天台阶深孔爆破效果的主要参数有哪些？这些参数如何确定？

15. 露天台阶爆破中垂直钻孔与倾斜钻孔相比较，各自有何优缺点？

16. 露天台阶深孔爆破中有哪些装药结构？各有什么优缺点？

17. 露天台阶爆破常见的不良爆破效果有哪些？如何预防？

18. 露天台阶爆破中常见的起爆顺序有哪些？

项目二　硐室爆破

硐室爆破是将大量炸药集中装填于按设计开挖成的药室中，达到一次起爆完成大量土石方开挖、抛填任务的爆破技术。根据爆破总装药量把硐室爆破分为 A、B、C、D 四级。装药量大于 1000t，属于 A 级；装药量在 500~1000t，属于 B 级；装药量在 50~500t，属于 C 级；装药量小于 50t，属于 D 级。

硐室爆破源于军事上的地雷爆破，随着采矿业、建筑业、铁道交通和水利水电事业的发展，钻孔爆破法已远远不能满足采矿业、土木建筑业飞速发展的需要，从而寻求新的大量快速开挖爆破方法——硐室爆破法。工程实践表明，该方法具有以下特点：

（1）爆破方量大、施工速度快，尤其是在土石方数量集中的工点，如铁路、公路的高填深挖路基、露天采矿的基建剥离和大规模的采石工程等，从导硐、药室开挖到装药爆破，硐室爆破能在短期内完成任务，对加快工程建设速度有重大作用。

（2）施工简单、适用性强。在交通不便、地形复杂的山区，特别是在地势陡峻地段、工程量在几千立方米或几万立方米的土石方工程，由于硐室爆破使用设备少，施工准备工作量小，因此具有较强的适用性。

（3）经济效益显著。对于地形较陡、爆破开挖较深、岩石节理裂隙发育、整体性差的岩石，采用硐室爆破方法施工，人工开挖导硐和药室的费用大大低于深孔爆破的钻孔费用，因此，可以获得显著的经济效益。

（4）人工开挖导硐和药室，工作条件差，劳动强度高。

（5）爆破块度不够均匀，容易产生大块，二次爆破工作量大。

（6）爆破作用和震动强度大，对边坡的稳定及周围建（构）筑物可能造成不良影响。

由于此爆破方法有如此特点，得到了工业界和工程界普遍的认同，从而获得了迅速发展。尤其是近 50 年来，在我国广泛地应用于冶金矿山、水利水电、铁道交通、建筑建材和露天煤矿等部门。世界各国均在条件适宜的工程中相继应用。硐室爆破规模也与日俱增，一次爆破量从十吨级、百吨级到千吨级乃至万吨级的水平。

露天硐室爆破根据其作用的特点可分为以下几类：

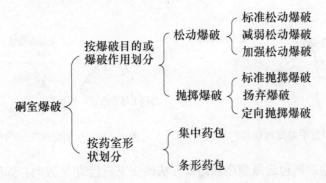

露天硐室爆破作用效果主要取决于炸药单耗、岩体的节理特征与坚固性以及地形条件等。

任务一　露天爆破设计的基本原理

【任务描述】

硐室爆破的抛掷方向与药包位置、地形、地质条件、起爆顺序和爆破参数等有关。硐室爆破与其他爆破的区别就在于"定向"。所谓定向，包含两个方面的内容：一是指爆破下的一定量的岩土能较严格地沿着某预定的方向抛掷出去；二是指抛出去的这部分岩土能较集中地落在某预定的范围之内，并堆积成一定的形状，即"定向、定量、定距"，三定爆破。

【能力目标】

（1）能根据工程实际合理控制硐室爆破的抛掷方向；

（2）能根据工程实际合理控制硐室爆破的抛掷距离。

【知识目标】

（1）掌握硐室爆破抛掷原理；

（2）掌握硐室爆破漏斗参数的确定。

【相关资讯】

一、抛掷方向及其控制的基本原理

（一）最小抵抗线原理

由于 W 方向是岩石最薄弱、最先破坏的方向，岩土在 W 方向获得最大加速度，爆破气体在此方向首先逸出，因此最小抵抗线是药包预定的主爆方向。

（1）要利用有利地形，合理布置硐室，以达到定向集中抛掷的目的。如图 3-40 所示。

（2）一般地形不利于集中抛掷时，可布置辅助药包，人为开创有利地形。如图 3-41 所示。

图 3-40　适用集中抛掷堆积的凹形地形　　　图 3-41　控制抛掷方向的辅助药包

（3）用改变辅助药包起爆顺序和药量方法改变主药包的 W 方向。如图 3-42 所示。

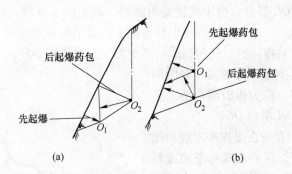

图 3 - 42　药包位置与起爆顺序对抛掷的影响

(二) 多向爆破作用的控制原理

如图 3 - 43 所示，当药包存在 2 个以上爆破作用方向时，如最简单的 A、B 两向时，控制 A、B 两向抛掷或松动爆破的作用程度，是通过控制 W_A 和 W_B 比值达到的。原则是药包对两侧破坏作用相同，即

$$eq(0.4 + 0.6n_A^3)W_A^3 = eq(0.4 + 0.6n_B^3)W_B^3$$

可以简化为：

$$f(n_A)W_A^3 = f(n_B)W_B^3 \qquad (3 - 31)$$

(1) 双侧等量爆破时：$n_A = n_B$，$W_A = W_B$。

(2) A 向抛掷，B 向加强松动时：

$$W_A = \sqrt[3]{\frac{f(n_B)}{f(n_A)}} W_B \qquad (3 - 32)$$

(a)

(3) A 向抛掷、B 向松动时，由式 (1 - 14) 药量体积计算公式可知，松动爆破药量为标准抛掷爆破的 1/3，则式 (3 - 32) 为：

$$W_A = \sqrt[3]{\frac{1}{3f(n_A)}} W_B \qquad (3 - 33)$$

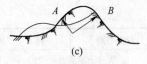

(b)

(4) A 向抛掷，B 向不破坏时，破裂半径 R_A 为：

$$R_A^2 = W_A^2 + r_A^2$$

因为 $\dfrac{r_A}{W_A} = n_A$，所以：

$$R_A^2 = W_A^2(1 + n_A^2) \qquad R_A = W_A \sqrt{1 + n_A^2}$$

由经验，B 向不破坏时，要求 $W_B \geqslant 1.3R_A$。所以

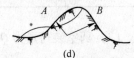

(c)

(d)

图 3 - 43　多向爆破作用
的控制对具体情况

$$W_B \geqslant 1.3W_A \sqrt{1 + n_A^2} \qquad (3 - 34)$$

二、爆破漏斗参数

(一) 抛体、坍塌体及爆落体的基本概念

在斜坡地形条件下，如图 3 - 44 所示，爆破的瞬间形成了爆破漏斗 AOB，但是已经被

爆破作用所破坏的 BOC 部分，由于坡度变得陡峭，甚至成了反坡，在重力的作用下，必然往下坍塌，最后形成一个倒立的圆锥形爆破漏斗，这个漏斗的底圆大致呈椭圆形，其倾斜角度和方向与斜坡坡度一致。药包爆炸将产生如下三个作用半径：

（1）从药包中心到这个爆破漏斗底圆周长上最上端点的距离，称为爆破漏斗的上破裂半径 R'，如图 3 - 44 中的 OC。

（2）药包周围的介质在爆炸冲击波和爆炸产物的膨胀作用下，压缩成球形空腔或粉碎成小块。此球形空腔的半径称为破碎圈（或压缩圈）半径 R_1。

（3）从药包中心到这个爆破漏斗底圆周长上最下端点的距离，称为爆破漏斗的下破裂半径 R，如图 3 - 44 中的 OA。

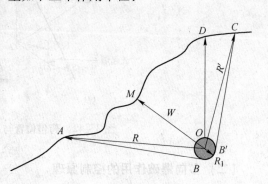

图 3 - 44　爆破漏斗

在图 3 - 44 中，当 $n >$ 时，AOD 范围内的岩土爆后被抛出爆破漏斗之外，该范围内的岩土称为抛体。DOC 范围内的岩土在爆破及重力作用下将产生破碎、坍塌，称为坍塌体。$ABB'C$ 范围内的岩体通称为爆落体。

（二）斜坡地形爆破漏斗破裂半径的确定

（1）压缩半径：药室装药量为 Q，爆炸后，压缩半径 R_1 为：

$$R_1 = 0.062 \sqrt[3]{\frac{Q}{\Delta}\mu} \tag{3-35}$$

式中　　Q——药包重，kg；

　　　　Δ——装药密度，g/cm^3；

　　　　μ——岩土的压缩系数。见表 3 - 16。

表 3 - 16　岩土压缩系数

岩土类别	黏土	坚硬土	松软岩石	中等坚硬岩石	坚硬岩石
μ 值	250	150	50	20	10

（2）药室装药量为 Q，爆炸后，下破裂半径 R 为：

$$R = W\sqrt{1 + n^2} \tag{3-36}$$

（3）药室装药量为 Q，爆炸后，上破裂半径 R' 为：

$$R' = W\sqrt{1 + \beta n^2} \tag{3-37}$$

式中　β——岩土的破坏系数，与岩土稳固性有关，与地形坡角 α 有关。

对于土壤、松软岩石及中硬岩石：

$$\beta = 1 + 0.04\left(\frac{\alpha}{10}\right)^3 \tag{3-38}$$

对坚硬致密岩石：

$$\beta = 1 + 0.016\left(\frac{\alpha}{10}\right)^3 \tag{3-39}$$

（三） 山头地形和台阶地形爆破漏斗破裂半径的确定

山头地形和台阶地形都是斜坡地形中的一种特殊形式。坡面较陡，至山顶后急转为下坡的地形称为山头地形；若坡面至山顶后转为平缓地面，称为台阶地形。山头和台阶地形都是有利的爆破地形。

（1）压缩半径：药室装药量为 Q，爆炸后，压缩半径 R_1 为：

$$R_1 = 0.062 \sqrt[3]{\frac{Q}{\Delta}\mu} \tag{3-40}$$

（2）药室装药量为 Q，爆炸后，下破裂半径 R 为：

$$R = W\sqrt{1+n^2} \tag{3-41}$$

（3）药室装药量为 Q，爆炸后，上破裂半径 R' 的计算如下。

1）如图 3-45 所示，当药包中心至山顶的高度 H（即梯段高度）大于爆破作用半径 R 时（$H>R$），当药包中心至山顶的高度 H（即梯段高度）大于爆破作用半径 R 时（$H>R$），爆破漏斗的上破裂半径比式（3-37）的计算值小，比下破裂半径大，一般取两者的平均值，按式（3-42）计算：

$$R' = \frac{W}{2}\left(\sqrt{1+n^2} + \sqrt{1+\beta n^2}\right) \tag{3-42}$$

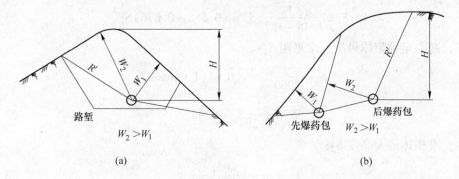

图 3-45   山头和台阶地形药包埋置较深（$H>R$）时的爆破作用范围
(a) 山头地形；(b) 台阶地形

2）如图 3-46 所示，当药包布置的位置为 $H<R$，或者选择的爆破作用指数较大时，上破裂半径与下破裂半径相当，用式（3-43）计算：

$$R' = W\sqrt{1+n^2} \tag{3-43}$$

三、抛体堆积的基本原理

（一） 体积平衡法

抛体在漏斗外的堆积多用体积平衡法，由估算堆积三角形有关尺寸进行。抛体被抛出爆破漏斗，经松散、堆积，即成堆积体。因由于堆积体来自抛体，所以，二者的体积应平衡。据此可以计算堆积体的体积、堆积体尺寸及抛掷率。体积平衡法确定爆堆范围如图 3-47 所示。

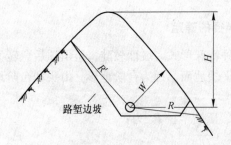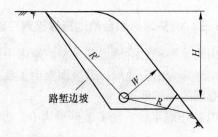

图 3 - 46　山头和台阶地形药包埋置较深（$H < R$）时的爆破作用范围

（a）山头地形；（b）台阶地形

（1）药心至堆积边缘水平距 S_m：

$$S_m = \frac{\gamma}{900} W \sqrt[3]{q_0 f(n)} (1 + \sin\varphi)$$

（3 - 44）

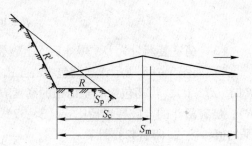

式中　γ——岩土容重，kg/m^3；

　　　φ——抛射角，（°）；

　　　q_0——标准抛掷爆破时的炸药单耗，kg/m^3。

图 3 - 47　体积平衡法确定爆堆范围

（2）药心至堆积体质心水平距 S_c：

$$S_c = \frac{1}{1.48 \sim 1.77} S_m = (0.588 \sim 0.676) S_m \tag{3 - 45}$$

（3）药心至堆积体最高点水平距 S_p：

$$S_p = \frac{\gamma}{2060} W \sqrt[3]{q_0 f(n)} (1 + \sin 2\varphi) \tag{3 - 46}$$

$$S_p = \frac{1}{2.29} S_m = 0.437 S_m \tag{3 - 47}$$

（4）堆积体最大高度 h_p：

$$h_p = \frac{\eta A_p}{0.5(S_m - S_0)} \tag{3 - 48}$$

式中　η——岩土的松散系数；

　　　A_P——抛掷部分的实体面积：$A_p = A_B - \dfrac{A_E}{K}$；

　　　K——岩土爆破时岩土的松散系数，见表 3 - 17；

　　　A_B——爆破漏斗断面积；

　　　A_E——爆破漏斗内的松散面积；

　　　S_0——药包中心至堆积体起始点的水平距。可由上述各关系中作图求得。

表 3 - 17　硐室爆破时岩土松散系数

岩土名称	K 值	岩土名称	K 值
砂质土壤	1.1 ~ 1.2	软岩	1.25 ~ 1.3
腐殖土	1.2 ~ 1.3	中硬岩	1.3 ~ 1.35
细质黏土	1.23 ~ 1.28	硬岩	1.35 ~ 1.4

（二）迭加原理

1. 单个抛体

单个抛体堆积为与原地形叠加，根据堆积体来自抛体、应满足体积平衡原则，如图 3-48所示"空中"三角体下落。

2. 多层或多排时

多层或多排时在上述基础，堆体逐个相叠加。如图 3-49 所示，所有"空中"三角形下落。

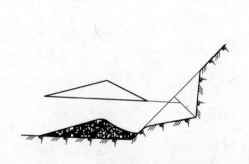

图 3-48　高坡地形单层单排药包
的抛掷堆积体

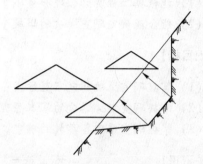

图 3-49　多层多排药包或其他
群药包的抛掷堆积三角形

实际运用中还要考虑侧向的塌散，求塌散总宽度情况更为复杂。

任务二　布 药 设 计

【任务描述】

药包布设是一项细致、烦琐和复杂的技术工作。要根据实际地形条件和工程要求，多选用几种布置方案，并从中选出合适的方案。几十年来，铁路部门是国内采用药室爆破最多的部门之一，积累了丰富的理论和实践经验。

一、药包布设原则

药包布置要保证底板平整，爆后不留岩坎；在软硬岩层相间的爆区，药包应布置在坚硬岩层中，尤其应当避开在断层、破碎带和软弱夹层带布设药室；边坡附近的药包要预留保护层，单层药包爆破抵抗线 W 与埋深 H 之比以 $0.6 \sim 0.8$ 为宜，超过该范围应考虑布设二层以上的药包或多排药包。

二、药包布设方法

药包布设时一般采用垂直地形剖面法确定各个药包的空间位置及其相互关系。在爆区地形图上按已确定的爆破标高，首先布置主药包，然后布置辅助药包。第一个药包的位置往往要从关键处着手，如从挖深最大的剖面上和靠近边坡的部位开始布置药包。为了使爆破后爆区底板平整，应尽量使同层各药包的压缩圈与同一标高相切，并使同层的每个药室底板布置在相同的标高上。

　　布药时，首先作出垂直于地形等高线的剖面图或垂直于线路的横剖面图（双侧或多向作用的药包应作几个剖面），在图上选择合适位置，通过该点（药包中心）确定最小抵抗线，计算各有关参数，并在图上看其是否合适。经几次调整后得出较合理的药包位置，然后依次布置相邻的其他药包。

【能力目标】

　　（1）能根据工程实际合理布置硐室爆破的药包位置；
　　（2）能合理确定硐室爆破的爆破参数。

【知识目标】

　　（1）掌握硐室爆破药包布置方式；
　　（2）掌握硐室抛掷爆破的基本原理；
　　（3）掌握硐室爆破各参数的确定。

【相关资讯】

一、所需原始资料

　　（1）任务要求：爆破范围、抛掷要求、工程量、标高、工期、周围保护情况；
　　（2）地质、地形、土岩性质、地质构造，地形图一般施工要求为 1∶200；
　　（3）所能提供的炸药种类、爆破器材等情况。

二、药包布置

（一）平坦地面扬弃药包布置方式

　　平坦地面的扬弃爆破，通常是指横向坡度小于 30°的加强抛掷爆破，可用于溢洪道与沟渠的土石方开挖。根据开挖断面的深度和宽度之间的关系，可布置单排药包、单层多排药包或者两层多排药包等形式，如图 3 – 50（a）、（b）、（c）所示。

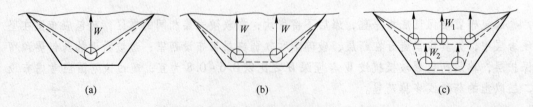

图 3 – 50　平坦地面扬弃爆破药包布置
(a) 单层单排药包；(b) 单层双排药包；(c) 双层双排药包

　　根据铁路公路爆破的经验，对于开挖断面底宽在 8m 以内的单线路堑，或者岩石边坡为 1∶0.5 ~ 1∶0.75，挖深在 16m 以内的路堑，以及边坡为 1∶1 挖深在 20m 以内的路堑，均可布置单层药包。

当挖深超过上述数据，或者底宽小于 8m 挖深却大于 10m 时，可布置两层药包。

（二）斜坡地形的药包布置

当地形平缓、爆破高度较小，最小抵抗线与药包埋置深度之比为 0.6~0.8 时，可布置单层单排或多排的单侧作用药包。如图 3-51（a）、（b）所示。当地形陡，最小抵抗线与药包埋置深度之比小于 0.6 时，可布置单排多层药包，如图 3-51（c）所示。

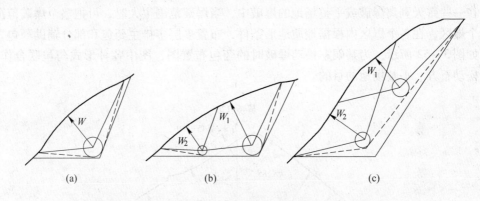

(a)　　　　　　　　　(b)　　　　　　　　　(c)

图 3-51　斜坡地形药包布置

（a）单层单排单侧作用药包；（b）单层双排单侧作用药包；（c）双层单排单侧作用药包

（三）山脊地形的药包布置

当山脊两侧地形坡度较陡时，可布置单排双侧作用药包，药包两侧的最小抵抗线应相等，如图 3-52（a）所示。

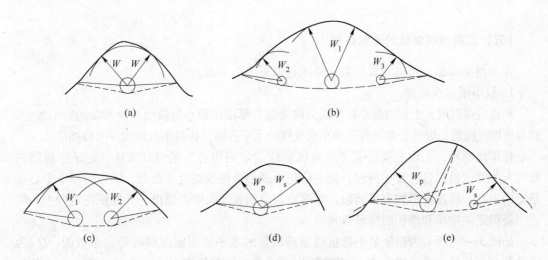

(a)　　　　　　　　　　　　(b)

(c)　　　　　　(d)　　　　　　(e)

图 3-52　山脊地形药包布置

（a）单层单排双侧作用药包；（b）单层多排药包主药包双侧作用辅助药包单侧作用；

（c）单层双排单侧作用药包；（d）单层单排双侧不对称作用药包；

（e）单层双排单侧作用的不等量药包

　　当地形下部坡度较缓时，可在主药包两侧布置辅助药包，如图 3 - 52（b）所示；或者布置双排并列单侧作用药包，如图 3 - 52（c）所示。

　　当工程要求一侧松动，一侧抛掷（或一侧加强松动，一侧松动）时，可布置单排双侧不对称作用药包，如图 3 - 52（d）所示，或布置双排单侧作用的不等量药包，如图 3 - 52（e）所示。

（四）联合作用药包的布置

　　在一些露天剥离爆破或平整场地的爆破中，当爆破范围很大时，可把整个爆破范围分为几个爆区，在各个爆区内根据地质地形条件，布置多层多排主药包和部分辅助药包。

　　如图 3 - 53 所示，为某硐室松动爆破时的药包布置图，图中各种形式药包联合作用，达到松动石方、平整场地的目的。

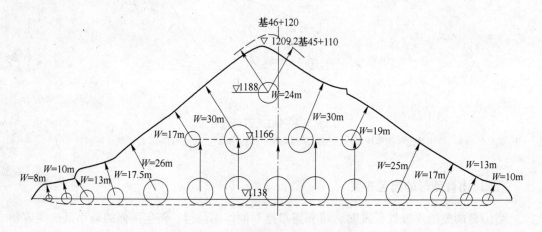

图 3 - 53　某硐室爆破工程的药包布置

（五）定向抛掷爆破的药包布置

　　定向抛掷爆破，药包布置的基本原理有以下几个方面。

1. 最小抵抗线原理

　　单药包爆破时，土岩向最小抵抗线方向隆起，形成以最小抵抗线为对称轴的钟形鼓包，然后向四方抛散，爆堆分布对称于最小抵抗线的水平投影，在最小抵抗线方向抛掷最远。

　　根据此原理，工程上提出了"定向坑"或"定向中心"的设计方法，它是在自然的或者人为的凹面附近布置主药包，使主药包的最小抵抗线垂直于凹面，凹面的曲率中心就是定向中心，按这种形式布置药包，爆落土岩会朝着定向中心抛掷，并堆积在定向中心附近，获得定向抛掷和堆积的爆破效果。

　　如图 3 - 54 所示为根据最小抵抗线原理设计的水平地面定向爆破药包布置图。Q_1 为辅助药包，其最小抵抗线为 W_1，爆破漏斗 AOB 为主药包的定向坑。Q_2 为主药包，主药包以 OB 为临空面，其最小抵抗线为 W_2，主药包的埋置深度为 H。

　　为了保证爆破土岩沿方向抛出，并获得最大的抛掷距离，一般主药包的埋置深度和最小抵抗线之间应满足 $H \geqslant (1.3 \sim 1.8)W_2$，且最小抵抗线与水平面的夹角以 45°为宜。辅助

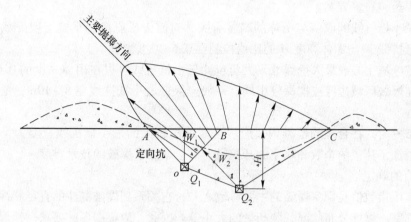

图 3 - 54   水平地面定向抛掷爆破药包布置

药包一般提前于主药包 1~2s 爆破，以便形成定向坑，从而准确引导主药包的抛掷方向，实现定向抛掷爆破。

2. 群药包作用原理

两个或多个对称布置的等量药包爆破时，其中间的土岩一般不发生侧向抛散，而是沿着最小抵抗线的方向抛出。根据这一规律，布置等量对称的群药包，可将大部分土岩抛掷到预定地点，这种布置药包的设计方法，称为群药包作用原理。

3. 重力作用原理

在陡峭、狭窄的山间，定向爆破可以不使用抛掷爆破方法，而是布置松动爆破药包，将山谷上部岩石炸开，靠重力作用使爆松的土岩滚落下来，形成堆石坝体。

实践表明，用这种方法筑成的坝体不会抛散，经济效果较好。这种利用重力作用的爆破方法，也称为崩塌爆破。如图 3 - 55 和图 3 - 56 所示，在山谷两侧布置松动爆破药包，实现定向爆破筑坝工程。

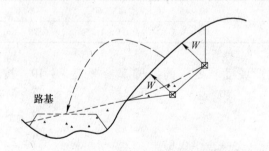

图 3 - 55   移挖作填定向爆破药包布置

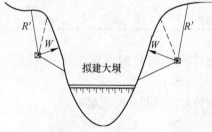

图 3 - 56   定向爆破筑坝药包布置

三、硐室爆破参数的选择与计算

（一）药包参数选择

1. 最小抵抗线 W

最小抵抗线 W 是药包布置的核心，它直接决定了硐室爆破是采用单层药包还是采用两层或多层药包布置方案。

药包最小抵抗线的取值与山体的高度有关，对露天矿剥离和平整工业广场的硐室爆破，最小抵抗线 W 与山体高度 H 的比值控制在 $0.6 \sim 0.8$ 之间。

在爆破区域中心或最大挖深处，大药包的最小抵抗线可以在山体高度的 $0.6 \sim 0.8$ 范围内，而在爆破区域边缘或挖深较小处，一般应保证最小抵抗线在 $8 \sim 10m$，最小不宜小于 $5m$。

药包布置时，在合理的范围内，应尽可能选用较大的最小抵抗线。因为，选用较小的，不仅增加了药包的个数和硐室的开挖量，而且增加了爆破的技术难度。

2. n 值的确定

爆破作用指数值是硐室爆破的主要参数之一，它关系到爆破漏斗的直径和深度、抛掷方量和抛掷率、爆堆分布状况、装药量的大小等。因此，应根据爆破要求、地形与施工条件而定。

A　单层药包布置 n 值的确定

（1）抛掷爆破的爆破作用指数。在平坦地面开挖沟槽、路堑、河道时，地形条件不利于实现大量抛掷，为了达到大量抛掷土石方的目的，通常选择较大的爆破作用指数 n 值。如果已经明确抛掷要求，可以根据抛掷率 E 值与爆破作用指数 n 值的关系式计算，即

$$n = \frac{E}{55} + 0.5$$

一般情况下，全抛掷爆破 $n = 1.75 \sim 2.0$；半抛掷爆破 $n = 1.25 \sim 1.75$。

（2）斜坡地面抛掷爆破的爆破作用指数。当抛掷率一定时，抛掷爆破的爆破作用指数与地面的自然坡度有关。当抛掷率为 60% 时，爆破作用指数与自然坡面角的对应关系参考表 3 - 18。

表 3 - 18　爆破作用指数与地面坡度的关系

地面坡度 $\alpha /(\degree)$	< 20	20 ~ 30	30 ~ 45	45 ~ 60	> 60
爆破作用指数	1.75 ~ 2	1.5 ~ 1.75	1.25 ~ 1.5	1.0 ~ 1.25	0.75 ~ 1.0

爆破作用指数的确定也可以根据地形坡度和要求的抛掷率参考表 3 - 19，按式（3 - 49）计算。

斜坡地面单排药包爆破时，

$$n = \frac{E}{0.312\alpha + 3.12W_2/W_1} - 0.87 \qquad (3-49)$$

表 3 - 19　爆破抛掷率 E 值

工程编号	地形坡度/(°)	爆破类型	药包布置	$E/\%$	n
1	35 ~ 40	抛掷爆破	单排单侧	73.5	1.2
2	30 ~ 35	抛掷爆破	单排多层单侧	75.5	1.2
3	35 ~ 45	抛掷爆破	单层双排	76.8	1.1 ~ 1.5
4	25 ~ 40	抛掷爆破	单层双排单侧	47.3	1.05

工程编号	地形坡度/(°)	爆破类型	药包布置	$E/\%$	n
5	30~45	抛掷爆破	双层单排单侧	51.2	0.95
6	45~60	加强松动	单排双侧	49.6~61.7	1.0
7	30~45	标准抛掷	单排双侧	58	1.0
8	30~45	抛掷爆破	单排双侧	73~87.1	1.3~1.6

（3）多面临空或陡崖地形崩塌爆破的爆破作用指数。在多面临空或陡崖地形进行崩塌爆破时，由于地形条件十分有利，因而可选择较小的爆破作用指数，其范围一般为 $n = 0.75~1.25$。

B　对多排多层药包的 n 值

（1）多层药包不同时起爆时，主药包比辅药包 n 大 0.25，后排比前排大 0.25。

（2）多层药包同时起爆时，同排的 n 值相同，否则 W 方向改变，对上下层药包而言，上层应比下层大 0.1。

3. 炸药单耗 q

在硐室爆破的装药量计算公式中，单位用药量系数是标准抛掷爆破的单位用药量系数。

硐室爆破的单位耗药量主要取决于岩体的种类及其裂隙发育程度。炸药单耗的确定有如下方法。

（1）根据岩性和岩土等级划分，参照工程经验类比选取，见表 3 - 20。

表 3 - 20　各种岩土炸药单耗 q 值

岩石名称	坚实土、夹砾土、破碎页岩	板岩、泥灰岩	砂岩、砾岩	石灰岩、白云岩	花岗岩、流纹岩、片麻岩	石英岩、玄武岩、辉绿岩
f	1~4	4~6	7~10	11~15	16~20	20~25
q	1.0~1.2	1.2~1.3	1.3~1.6	1.5~1.7	1.6~1.8	1.7~2.0

（2）根据岩石的容重 γ（kg/m³），按式（3 - 50）计算：

$$q = 0.4 + \left(\frac{\gamma}{2400}\right)^2 \tag{3-50}$$

当岩层为多种岩层构成时，按式（3 - 51）计算：

$$q = \frac{q_1 W_1 + q_2 W_2 + \cdots + q_n W_n}{W_1 + W_2 + \cdots + W_n} \tag{3-51}$$

（二）药包间距 a 的确定

药包间距通常根据最小抵抗线和爆破作用指数来确定。合理的药包间距，不但能保证药包之间不留岩坎，又能充分利用炸药能量，发挥药包的共同作用。

不同爆破类型和地质条件下的药包间距的计算公式见表 3 - 21 所示。

表 3 – 21　药包间距 a 的计算公式

爆 破 类 型	地 形	岩 质	药 包 间 距
松动爆破	平坦地形斜坡、台阶	土、岩石	$a = (0.8 \sim 1.0)W$ $a = (1.0 \sim 1.2)W$
加强松动爆破 抛掷爆破	平坦地形	岩石、软岩、土	$a = 0.5W(1+n)$ $a = \sqrt[3]{f(n)}$
	斜坡地形	坚固岩石、软岩、黄土层	$a = \sqrt[3]{f(n)}$ $a = nW$ $a = \dfrac{4}{3}nW$
	多面临空、陡壁	土、岩石	$a = (0.8 \sim 0.9)W\sqrt{1+n^2}$
斜坡地形抛掷爆破同排同时起爆,相邻药包间距			$0.5W(1+n) \leqslant a \leqslant nW$
上下层药包同时起爆,相邻药包间距			$nW \leqslant a \leqslant 0.9W\sqrt{1+n^2}$
分集药包间距			$a = 0.5W$

四、药量计算

(一) 对集中药包 (非条形药包)

1. 抛掷和加强松动爆破 (即 $n \geqslant 0.75$) Q (kg) 为:

$$Q = eqW^3(0.4 + 0.6n^3) \tag{3-52}$$

式中　e——以标准 2 号岩石炸药为标准的炸药换算系数。

此公式适用于 $0.75 \leqslant n \leqslant 2.5$, $5\text{m} \leqslant W \leqslant 25\text{m}$ 时; 当 $W > 25\text{m}$ 时, 要加以系数修正。

$$Q = eqW^3(0.4 + 0.6n^3)\sqrt{\dfrac{W}{25}} \tag{3-53}$$

2. 松动爆破时

(1) 对斜坡、台地:

$$Q = 0.36eqW^3 \tag{3-54}$$

(2) 对平坦地形或掘沟时:

$$Q = 0.44eqW^3 \tag{3-55}$$

(二) 条形药包抛掷爆破装药量计算

计算公式来源是假定药包长抗比 ($l : W$) 足够大, 端部效应可以忽略不计, 按正常并列集中药包间距 $a = 0.5(1+n)W$ 关系。其装药量 Q (kg) 的计算公式如下:

$$Q = eqW^3(0.4 + 0.6n^3)\dfrac{l}{m} \tag{3-56}$$

式中　l——条形药包长度, m;

　　　m——药包间距系数。

任务三　硐室爆破施工与管理

【任务描述】

硐室爆破的施工与管理包括施工设计与施工技术。

施工设计：包括导硐、药室开挖断面，支撑及排水、防水措施；装药设计，包括确定炸药的加工方法，运输，药室炸药的防水、防潮以及装药结构；堵塞设计，包括确定堵塞长度及其工程量，说明堵塞方法与要求，以及堵塞材料的来源；施工组织设计；起爆网路设计，包括确定起爆方法和网路形式，计算爆破网路参数；爆破安全设计，包括危险范围，爆破对建筑物的影响程度及建筑物采取的安全措施。

施工技术：硐室与导硐开挖技术，装药与堵塞技术，爆破组织与实施。

【能力目标】

(1) 会合理设计硐室爆破施工；

(2) 会组织硐室爆破施工。

【知识目标】

(1) 掌握导硐布置的原则；

(2) 掌握药室形状与体积的确定；

(3) 掌握硐室爆破的几种堵塞方式；

(4) 掌握硐室爆破起爆网路的注意事项；

(5) 掌握硐室爆破的硐室与导硐施工、装药堵塞、起爆的施工技术。

【相关资讯】

一、硐室爆破施工设计

(一) 导硐布置

在大爆破中，联通地表与药室的井、巷统称为导硐。设计中一般采用平硐作导硐，只在地形平坦且高差不大时，才采取小井。

1. 导硐布置的原则

(1) 平硐与药室之间一股采用横硐（巷）相连，二者保持垂直。

(2) 平硐与横硐不宜过长，以免使作用恶化，影响掘进效率；也方便装药堵塞工作。

(3) 为便于施工时出渣和排水，由洞口向里应打成3%～5%的上坡。

(4) 洞口位置应尽量避免正对建筑物，并应选择在地形较缓、运输方便的地方。

(5) 在海拔高、气压低、装药量大的情况下，平硐断面可适当加大，长度应尽量缩短（如长度超过40m时，掘进和装药均应考虑通风问题）。

2. 导硐断面的确定

导硐的断面尺寸应根据药室的装药量、导硐的长度及施工条件因素确定，以掘进和堵塞工程量小、施工安全方便及工程进度快为原则。

药室装药量大，机械凿岩、机械装岩：平硐高 1.8 ~ 2.4m，宽 1.4 ~ 2.0m；横巷高 1.6 ~ 2.4m，宽 1.2 ~ 1.8m。药室装药量小，人工开挖，推车运输：平硐高 1.6 ~ 1.8m，宽 1.4 ~ 1.6m；横巷高 1.5 ~ 1.6m，宽 1.0 ~ 1.2m。药室装药量小，人工挖运：硐高 1.5 ~ 1.7m，宽 0.8 ~ 1.0m；横巷高 1.4 ~ 1.5m，宽 0.8 ~ 1.2m。小井：长 1.0 ~ 1.4m，宽 0.8 ~ 1.2m；或者直径为 1.0 ~ 1.2m。

（二）药室形状与体积的确定

药室是导硐的尽端为装填炸药而扩大的部分。对药室的要求：能容纳该药室的全部设计药量，药室的所在位置和标高与设计相符，药室本身安全稳定，对于药室内的地下涌水和渗水有可靠的防治措施。

1. 药室形状

药室形状分集中和条形两种。对集中药室，当装药量较小时，通常开挖成正方形或长方形的形状。当装药量较大时，考虑到药室跨度太大不安全，常开凿成"T"形、"+"字形等形状。如图 3 - 57 所示。

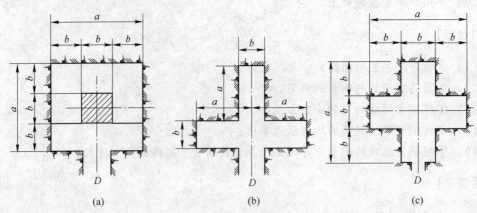

图 3 - 57　硐室爆破药室形状

2. 药室体积

药室体积可按式（3 - 57）计算：

$$V_Q = \frac{Q}{\Delta} K_V \tag{3-57}$$

式中　V_Q——药室容积，m^3；

　　　Q——药室的装药量，t；

　　　Δ——装药密度，g/cm^3；

　　　K_V——药室扩大系数。药室不支护和袋装药时，$K_V = 1.2 ~ 1.3$；药室支护和袋装药时，$K_V = 1.4$。

（三）装药、堵塞与起爆网路

1. 装药和药包结构

装药结构是指炸药在药室中堆放的方式、起爆体的构造和安放位置、药包与药室的相对空间关系。药室爆破的装药一般采用耦合的；仅当药室的淋水较大或采用条形药包时才采用不耦合装药。

装药时，炸药应堆放紧密以保证规定的装药密度。优质炸药应堆放在起爆体周围，一般炸药在外围。起爆体原则上应放在药包中心，但为装药方便，小于20t的药包，起爆体常放在药室的前部。

大药包常在主起爆体之外还设有若干个副起爆体。主副起爆体之间用导爆索连接。

起爆药包约占药包总量的 1% ~ 2%；起爆体的个数一般不超过 10 个。起爆体的结构如图 3 - 58 所示。通常将起爆炸药装在木箱内，在有水的药室中可用铁皮箱。起爆体由导爆索束或雷管束来引爆。导爆索、非电导爆管及电雷管的引线从起爆药箱引出后，要在箱外的横木上加以固定，以使索线在导硐中拽引时不致脱离起爆体。

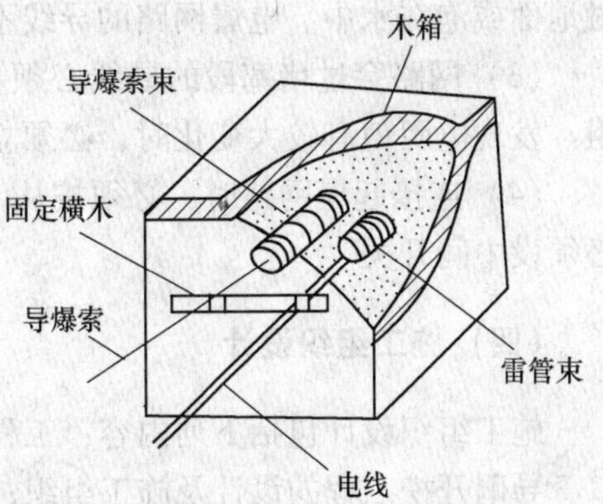

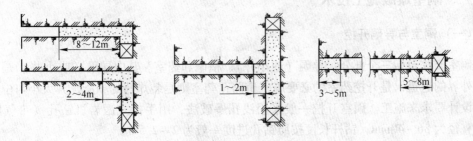

图 3 - 58　起爆体的结构

2. 填塞设计

填塞设计包括填塞长度和填塞方法的确定。填塞工作是药室爆破中的一项极其繁重的工作，因此在设计填塞长度时，既要保证爆破的安全与质量，又要减少填塞工作量。

堵塞长度与药室位置、药量大小、起爆次序及导硐状况等因素有关。如图 3 - 59 所示的横巷应完全堵塞；靠近洞口的药室，平巷的堵塞长度应大于最小抵抗线；平硐内部的药室堵塞长度应不小于所堵塞巷道的最大尺寸（宽度或高度）的 4 倍。

图 3 - 59　导硐的几种填塞方式

3. 起爆网路

硐室爆破常用的起爆系统有电力起爆系统和非电起爆系统两大类。电力起爆系统的优点是整个网路均可用仪器检查是否正常，起爆前能做到心中有数；缺点是易受杂散电流和外来电流的影响而引起误爆。非电起爆系统的优点是不受外来电源的影响与危害；缺点是对网路是否正常不能进行全面检查。通常硐室爆破的起爆网路必须采用复式网路，增加安全可靠性。硐室爆破禁止采用导火索起爆。

硐室爆破应采用复式起爆网路，如双重电爆网路（常用并 - 串 - 并）、电爆与导爆索网路、双重导爆索网路、导爆管复式并联网路、导爆管与导爆索网路以及导爆管与电爆网路等。但禁止使用导火索起爆网路。

硐室爆破电力起爆网路的注意事项如下：

（1）对电雷管、导线逐一进行电阻测量，做好记录。同一网路上使用的雷管必须为同厂、同型号、同批产品。雷管的电阻差值康铜桥丝不得大于 0.3Ω，镍铬桥丝不大于 0.8Ω。

（2）网路中所有导线的接头应按电工接线法连接，并用胶布做好绝缘，避免接头接触地面或泡在水中。电爆网路的导线不得使用裸露导线。

（3）网路穿过堵塞段的导线必须妥善保护，绝对不允许伤损。每堵塞一段测一次电阻。发现电阻值有较大变化时，必须立即清查。排除故障后再进行下一工序。

（4）连接起爆网路时，必须按从工作面到起爆站的顺序连接。电爆网路与电源之间必须设中间开关。

（四）施工组织设计

施工组织设计包括下列内容：工程概况及施工方法、设备、机具概述；施工准备；硐室、导硐开挖工程的设计及施工组织；装药及填塞组织；起爆网路敷设及起爆站；安全警戒与撤离区域及信号标志；主要设施与设备的安全防护；预防事故的措施；爆破指挥部的组织；爆破器材购买、运输、储存、加工、使用的安全制度；工程进度表。

（五）爆破安全设计

爆破安全设计包括：爆破地震效应及对环境的安全影响；爆破个别飞石距离分析；爆破空气冲击波效应分析；爆破对地下结构及隧洞的安全评价；爆破对基岩破坏范围分析。

二、硐室爆破施工技术

（一）硐室与导硐开挖

硐室开挖包括三个部分：导硐（或小井）、横硐和药室。其中导硐（或小井）是药室联系外界的通道，是开挖药室的必要施工道路；药室则是装炸药的场所，其大小与位置要按照设计要求来施工。硐室开挖一般采用浅孔爆破法，用手持式凿岩机钻孔（带气腿），钻头直径为 36～40mm，钻杆长度按照钻孔进度一般为 2～2.5m。

（1）在导硐（小井）开挖以前，为防止落石及塌方要做好以下准备工作：

1）小井开挖前，应将井口周围 1m 以内的碎石、杂物清理干净；在土质或比较破碎的地表掘进小井，支护圈应高于地表 0.2m。

2）平硐开挖前应将硐口周围的碎石、杂物清理干净，并清理硐口上部山坡的石块和浮石；在破碎岩层处开硐口，硐口支护的顶板至少应伸出硐口 0.5m。

（2）在导硐（小井）掘进施工中，应遵守如下规定：

1）掘进时若采用电灯照明，其电压不应超过 36V。

2）掘进工程通过岩石破碎带时，应加强支护；每次爆破后均应检查支护是否完好，清除井口或井壁的浮石，对平硐则应检查清除平硐顶板、边壁及工作面的浮石。

3）掘进工程中地下水过大时，应设临时排水设施。

4）小井深度大于 5m 时，工作人员不准许使用绳梯上下。

（二）装药与堵塞

1. 起爆体制作与安放

（1）硐室爆破起爆体的结构外壳由壁厚耐压不易变形的木板制成箱体，木箱上面做成活动盖，并在一端打孔。木箱中必须装满敏感度高的优质炸药，一般可用 TNT 或 2 号岩石炸药，约 15～20kg，封闭严实。起爆雷管和导爆索结应放在起爆体中央，将雷管和导爆索固定，并从孔中引出。

（2）一个药室放起爆体的数目由装药量的 1%～2% 确定，装药量少只设一个起爆体的，应放在药室中央；装药量大设多个起爆体的，可均匀等距放在药室中。

（3）加工好的起爆体，要在表面上标明药包的编号，及雷管段别（对电雷管还应标明电阻数值）。

2. 装药时的照明

（1）硐室爆破装药时，应使用 36V 以下的低压电源照明，照明线路应绝缘良好，照明灯应设防护网，灯泡与炸药堆之间的水平距离不应小于 2m。装药人员离开硐室时，应将照明电源切断。

（2）装有电雷管的起爆药包或起爆体运入前，应切断一切电源，拆除一切金属导体，并应采用蓄电池灯、安全灯或绝缘的手电筒照明。装药和填塞过程中不应使用明火照明。

（3）夜间装药，硐室外可采用普通电源照明。照明灯应设防护网，线路应采用绝缘胶线，灯具和线路与炸药堆和硐口之间的水平距离应大于 20m。

3. 硐室爆破对填塞施工作业的要求

（1）填塞工作开始以前，应在导硐（小井）口附近备足填塞材料，可利用开挖导硐（小井）和药室时的弃渣，或另外挖碎块砂石土；不应使用腐殖土、草根等比重轻的材料。

（2）导硐填塞时，应在壁上标明设计规定的填塞位置和长度。

（3）填塞时，药室口和填塞段各端面应采用装有砂、碎石的编织袋堆砌，其顶部用袋料码砌填实，不应留有空隙。小井填塞，应先将横硐部分按平硐填塞要求进行填塞。

（三）起爆的组织与实施

1. 实施爆破前安全警戒

为确保爆破安全，在实施爆破前，必须制定安全警戒方案，做好安全警戒工作。在进行警戒之前，施工单位和当地公安机关、地方基层组织（如居民委员会、镇政府等）要联合发布告示，将起爆时间、警戒范围、警戒信号通知到受爆破影响的各户、各单位，让当地单位和居民有心理准备。

2. 爆破进入装药阶段的安全警戒

装药时应在警戒区边界设置明显标志并安排岗哨。

3. 起爆前后的安全警戒

起爆前后的警戒按爆破指挥部安全保卫与警戒组确定的警戒范围、警戒方案实施。执行警戒任务的人员，应按指令到达指定地点并坚守工作岗位。各警戒点应与指挥部保持通信或信号联系，并按照指挥部的指令，按时进行清场撤离、封锁交通要道等工作。

思考与练习题

1. 露天硐室爆破适用于哪些场合？它的特点是什么？
2. 简述定向抛掷爆破药包布置的基本原理。
3. 硐室爆破参数有哪些？如何确定？
4. 硐室爆破导硐布置的原则是什么？
5. 简述硐室爆破电力起爆网路的注意事项。
6. 简述硐室爆破对堵塞施工作业的要求。

项目三 控制爆破技术

任务一 概　　述

【任务描述】

控制爆破目前在工程施工中得到广泛应用。如定向爆破、预裂爆破、光面爆破、岩塞爆破、微差控制爆破、拆除爆破、静态爆破、抛填爆破、弱松动爆破、燃烧剂爆破等。不同于一般的工程爆破，控制爆破对由爆破作用引起的危害有更加严格的要求，多用于城市或人口稠密、附近建筑物群集的地区各种建（构）筑物的拆除，以及为减小爆破对被保护对象有害效应的爆破，因此，控制爆破不是单纯指拆除爆破或者其中哪一种爆破。

通俗地讲，所谓控制爆破是指对工程爆破过程中由于炸药因被爆破对象的爆炸而产生的飞散物、地震、空气冲击波、烟尘、噪声等公害，通过一定的技术手段加以控制的一种的爆破技术。

【能力目标】

熟悉控制爆破需达到的要求。

【知识目标】

（1）掌握控制爆破需达到的要求；
（2）了解控制爆破的分类。

【相关资讯】

一、控制爆破的特点

根据工程要求和爆破环境、规模、对象等具体条件，通过精心设计，采用各种施工与防护等技术措施，严格地控制爆炸能的释放过程和介质的破碎过程，既要达到预期的爆破效果，又要将爆破范围、方向以及爆破地震波、空气冲击波、噪声和破碎物飞散等的危害控制在规定的限度之内，这种对爆破效果和爆破危害进行双重控制的爆破，称为控制爆破。

控制爆破除满足一般常规爆破的《爆破安全规程》的各项规定外，还应全部或部分地满足下列几点要求。

（一）控制被爆体的破碎程度

对于大多数的被爆体，通常要求爆后碎而不抛或碎而不散，甚至要求"宁裂勿飞"，即形成龟裂型松动爆破。尤其在开采建筑石材和饰面石材时，要求切割成缝，成形后与原岩脱离。

（二）控制爆破的破坏范围

控制爆破的破坏范围必须严格地与设计尺寸相符，其误差不得超过设计规定值，做到准确定位。换言之，控制爆破应有高水平的爆破设计和施工工艺，做到准确整齐有效地爆破应爆部位，同时保证保留部位完整无损。

（三）控制被爆体的坍倒方向

对于高大建筑物或构筑物（高层框架结构、烟囱、水塔等），爆破后要求被爆体原地坍塌或倒向指定的方向，避免在坍倒过程中危及附近建筑群或管、线网设施。在铁路或公路旁边坡进行爆破时，还必须控制爆堆的堆积形状和范围，以免影响车辆正常运行。

（四）控制爆破的危害作用

通过合理选用爆破参数、起爆工艺与加强防护等技术措施，将爆破地震波、空气冲击波、噪声和飞石等的危害作用严格控制在允许范围之内，确保爆区周围人和物的安全。

二、控制爆破的分类

对于控制爆破的分类，过去多狭义地理解为城市拆除爆破、光面爆破、预裂爆破等几种方法；其实，就一般的民用爆破工程而言，都必须进行爆破效果和爆破危害的双重控制。例如，井巷掘进须控制断面形状、围岩稳定性和超欠挖；采场落矿须控制最大块度和爆堆松散程度，露天台阶爆破须控制爆堆块度、形状和爆破飞石、地震波危害；硐室爆破须控制抛掷方向、堆体形状、松裂程度；水下岩塞爆破须控制破坏范围、爆破块度和围岩稳定性等。所以，常规民用爆破均属于控制爆破范畴。按爆破环境条件可将控制爆破划分为地下爆破、露天爆破、水下爆破、拆除爆破和特殊爆破等五大类。各大类又可按爆破目的和装药类型等细分为多种爆破类别和方法。如露天爆破可分为台阶爆破、硐室爆破、药壶爆破、浅孔爆破、深孔爆破等。

若根据工程爆破的主要控制目标和要求，基本上可将冶金、交通、水利电力、建材、城市建设、地质勘探和国防工程等部门中常用的控制爆破归纳为以下七种类型。

（一）三定控制爆破

三定控制爆破是指定向、定距和定量的控制爆破。如果以控制爆堆抛散方向为主要目的，则可简称为定向爆破。

三定控制爆破常用于水利电力工程中的定向爆破筑坝。此时，不仅对爆破方向应严加控制，而且对爆堆质心的抛掷距离和抛至坝体范围内的爆方量（即上坝土石方量）亦需要控制。聚能切割爆破、穿甲爆破，以及建筑物、构筑物定向、定位拆除爆破等，均属于三定控制爆破。

（二）四减控制爆破

四减控制爆破是指爆破过程中减少爆破地震波、空气冲击波、飞石和噪声的控制爆破。当主控目的为降低爆破地震波的破坏作用时，可简称为减震爆破；同时，当主控目的分别为减少空气冲击波、飞石和噪声的危害作用时，可分别称为减冲爆破、减飞爆破和减音爆破。在城市构筑物、建筑物等拆除爆破工程、路基开挖工程、露天矿永久边坡的爆破工程中，常用四减控制爆破或减震控制爆破。

四减控制爆破的最终目标是四无爆破（即无震动、无冲击波、无飞石和无噪声）。在使用工业炸药和高能燃烧剂爆破的条件下，四无爆破难以实现。因而在爆破器材和爆破方法方面，应独辟蹊径。武汉理工大学（原武汉建材学院）、北京建材科学研究院等单位研制成功的静态破碎剂（亦称胀裂剂）可以实现四无爆破。同时，静态破碎剂可以和工业炸药联合使用，取长补短，充分发挥动、静态的破碎作用。

（三）光稳控制爆破

光面和稳定控制爆破是指爆破后沿岩体的切割面（或称爆裂面）具有一定的平整度，以及能保持原岩体本身稳定性的控制爆破。此种爆破类型在露天矿永久边坡爆破，铁路和公路的路堑及边坡爆破，井下巷道、硐室、隧道爆破及城市建筑基坑开挖爆破等工程中有着很大的推广价值。国内外所采用的光面爆破、预裂爆破、缓冲爆破等，均属于这一类型的控制爆破。

（四）碎裂控制爆破

碎裂控制爆破是指对岩体的破碎程度、碎块块度进行控制的爆破。这种类型的爆破在地下矿场开采、台阶爆破、水下岩塞爆破等工程中应用较多，特别是在爆破筑坝工程和堆石坝的坝料开采工程中，对爆破块度的控制更为严格，各块度级的岩块含量必须满足坝料设计要求。

（五）成形控制爆破

成形控制爆破是指爆破后被爆介质的分离体或金属等形成一定的几何形状和尺寸的控制爆破。建筑石材和饰面石材的开采、某些金属板材的加工、航天工程特殊形状壳体的加工以及光学萤石、冰洲石、水晶、宝石等保护晶体开采时，均可采用成形控制爆破。

（六）联合控制爆破

上述几种爆破类型中，成形控爆、光稳控爆和碎裂控爆以及定向、定距、定量控爆均属于提高和改善爆破质量方面的控制爆破，而减震、减冲、减飞与减音控爆，则属于减小爆破危害方面的控制爆破。在实际爆破工程中，经常会遇到既要求控制爆破质量，同时在安全上又有严格要求，即要求减小乃至基本上消除爆破危害的情况。因此，不仅有单一型的控制爆破，而且联合控制爆破更为多见。例如，在露天矿二次破碎工程中的定距减飞控制爆破；石材开采工程中的成形减震控制爆破；城市建筑物、构筑物等拆除工程中的定向四减控制爆破；爆破筑坝工程中的三定碎裂控制爆破等。

（七）特殊控制爆破

在日益复杂的爆破工程实践中，根据爆破环境、对象、规模、目的等具体条件的不同，有时必须满足某一项或几项特殊要求，此类控制爆破称为特殊控制爆破。现举例如下。

1. 微量控制爆破

微量控制爆破是指用微量炸药独立地对被作用对象实施爆炸作用以破碎介质的爆破。迄今，国内外研究微量控制爆破的主要目的是配合医疗部门进行人体尿路和胆道系统结石的破碎。

2. 高温控制爆破

在被爆体温度高于常温下，采取一定的控制措施进行的爆破称为高温控制爆破。

高温控制爆破可用于高硫矿床的开采、石油井的爆破、高温凝结物的爆破，以及高炉、平炉和炼焦炉的修炉及处理炉瘤等。

高温控制爆破在安全上要求很严格，每次控制爆破必须做到安全、隔热、准爆。

3. 急救控制爆破

应用于紧急情况下的急救、救生和救灾等方面的控制爆破，称为急救控制爆破。

近几年来，急救控制爆破技术的发展非常迅速。例如，在地震救灾时，采用定向穿孔（洞）药包或穿孔弹爆开已坍塌的墙壁或梁柱等，安全而迅速地救出受困人员。又例如，在海上遇难时，可将平时叠放保存的控爆救生圈（衣、筏）迅速投入水中，并启动起爆拉索，使该救生圈（衣、筏）内某些易产生大量气体的化合物（如碳酸盐类可产生大量 CO_2，金属氢化合物产生大量的 H_2 等）瞬时释放出大量气体充满救生圈（衣、筏），急救落水人员。

在救火紧急情况下，可采用控爆方法瞬时爆开墙、梁、柱、板以及必要时瞬时打开保险柜锁及门锁等，或用爆炸法在森林火灾救护中开辟出隔火带。控爆气体发生装置灭火器和控爆干粉灭火器使用灵便，应急性强，在交通不便及水源不足处更为有用。

4. 疏松控制爆破

应用于疏通管道、溜井或漏斗口堵塞、疏松粉体结块物以及疏浚河道等方面的控制爆破，称为疏松控制爆破。

在采矿工程中，经常会出现放矿溜井或放矿漏斗堵塞事故，运用控爆技术可以安全而有效地处理堵塞溜井的事故。在航道工程中，可用控爆法疏浚河道、炸除暗礁及冰排等。当化工原料散体氯化钠堆结成块时，疏松控爆能使它迅速地疏松开来。

此外，还有用于人工爆炸合成金刚石等方面的合成控制爆破，以及用于军事和国防工程中的军工控制爆破和特工控制爆破，等等。

控制爆破的类型并不限于以上几种，有许多控制爆破技术尚在不断完善之中；此外，即使是现有的控制爆破方法，也可以有多种划分形式。

三、控制爆破作业的组织与管理

由于控制爆破施工作业的特殊性，为确保整个施工过程的安全，必须严格遵守国家颁布的各种法规和安全规程。同时，还必须分工明确，责任到人；加强施工作业的组织管理。

我国现已颁发了多项有关爆破安全的法规，其中主要有《中华人民共和国民用爆炸物品管理条例》、《爆破安全规程》、《大爆破安全规程》、《乡镇露天矿场爆破安全翻程》、

《拆除爆破安全规程》。从事爆破作业的所有人员都必须按全国统一执行的《爆破作业人员安全技术考核标准》在公安机关或有关部门组织下进行考核，取得公安部门签发的安全作业证后才能上岗作业。

　　在实施大规模或高难度控制爆破工程以及正常的生产爆破之前，应成立爆破作业的组织管理机构，明确各种爆破作业人员在爆破工作中的作用和职责范围。在《爆破安全规程》中把爆破作业人员分为：爆破工作领导人；爆破工程技术人员；爆破班（段）长；爆破员；爆破器材库主任；爆破器材保管员、安全员、押运员和试验员。进行爆破作业的企业必须设有爆破工作领导人、爆破工程技术人员、爆破班（段）长、爆破器材库主任。各类爆破作业人员之间的相互关系如图 3 -60 所示。

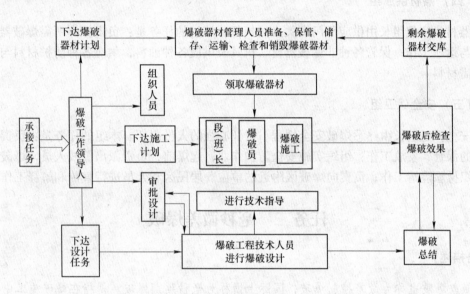

图 3 -60　组织机构

　　在进行临时性的大爆破工程时，为了保证安全施工和按期完成任务，应建立组织指挥机构，其组成与任务如下。

（一）爆破指挥部

　　爆破指挥部由总指挥、副总指挥和各组组长组成。指挥部的主要任务如下：
　　（1）全面领导和指挥控制爆破期间的各项工作。
　　（2）根据设计要求，确定控爆施工方案，检查施工质量，及时解决施工中出现的问题。
　　（3）对全体施工人员进行安全教育，组织学习安全规程及进行定期安全检查。
　　（4）在严格检查爆前各项条件已确实达到设计规定后，指挥起爆站发出爆破信号和下达起爆命令。
　　（5）检查控爆效果，进行施工总结。

（二）控爆技术组

　　技术组长由参加爆破设计单位的领导或技术人员担任。本组的任务是：进行爆破设计；向施工人员进行技术交底及讲解施工要点；标定孔位；检查爆破器材；指导施工及解决施工中的技术问题。

（三）控爆施工组

施工组长由施工单位指派的领导担任。该组的任务是：按设计要求进行钻孔；导通电雷管、导线及检测电阻；制作起爆药包、装药、填塞，进行防护覆盖；检查电源，在总指挥命令下合闸起爆；进行爆后的检查和危石处理；如遇到拒爆的情况，应按安全规程进行处理。

（四）器材供应组

器材供应组组长由供应部门有关人员担任。该组的任务是：负责控爆所需爆破器材的购买与运输工作；保管各种非爆破器材、机具及供应各种油料，供应各种防护材料与施工中所需材料。

（五）安全保卫组

安全保卫组长由熟悉爆破安全规程、责任心强的人员担任。本组的任务是：负责爆破器材的保管、发放工作；组织实施安全防护作业；起爆前，负责派出警戒人员，爆破后负责组织拆除险情工作；负责向爆破区附近的单位、居民区和人员进行宣传和解释工作。

任务二　毫秒微差爆破

【任务描述】

微差爆破也称为微差控制爆破，国际上惯称为毫秒延期爆破。是指在爆破施工中采用一种特制的毫秒延期雷管，以毫秒级时差顺序起爆各个（组）药包的爆破技术。微差爆破能有效地控制爆破冲击波、震动、噪声和飞石；操作简单、安全、迅速；破碎程度好，可提高爆破效率和技术经济效益。但该网路设计较为复杂；需特殊的毫秒延期雷管及导爆材料。微差控制爆破适用于开挖岩石地基、挖掘沟渠、拆除建筑物和基础，以及用于工程量与爆破面积较大，对截面形状、规格、减震、飞石、边坡后面有严格要求的控制爆破工程。

【能力目标】

会根据工程实际确定微差间隔的时间。

【知识目标】

（1）掌握微差爆破的作用原理；
（2）掌握微差爆破微差间隔时间的确定。

【相关资讯】

毫秒微差爆破是指相邻炮孔（或相邻装药段或相邻排）之间以毫秒间隔时间相继起

爆的一种爆破技术（见图 3 – 61）。

一、作用原理

（一）应力波叠加

与秒差比，毫秒微差爆破产生了应力场叠加、增加了微裂隙交叉作用，第一组应力场还未完全消失，第二组又叠加上。

（二）增加新的自由面

与齐发爆破比，毫秒微差爆破增加了新的自由面，第二组起爆，岩石移动时，第一组炮孔新的自由面已形成，从而增加了反射拉伸波的破碎岩石作用，减少了挟制性和后冲作用，如图 3 – 62 所示。

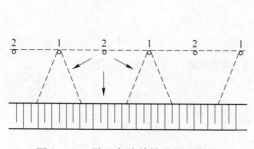

图 3 – 61　露天台阶单排孔微差爆破
1，2—起爆顺序

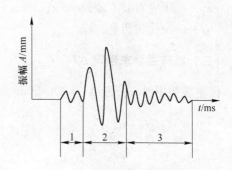

图 3 – 62　爆破地震波形
1—初震相；2—主震相；3—余震相

（三）增加碰撞作用

毫秒微差爆破当第一组炮孔爆破的岩石还未完全落回时，第二组炮孔又起爆，岩石向上运动，与回落的第一组炮孔岩石在空中发生碰撞，产生二次破碎。

（四）降震

（1）毫秒微差爆破可降低每段药量。总药量被分为数段，使地震波在时间上分开了，地震效应是以最大一响的药量计算的，而非总药量。

（2）毫秒微差爆破干扰降震：如图 3 – 62 所示。地震波最主要部分是主震相，要使孔间（或排间）起爆时间间隔 ΔT 控制好，错开主震相位，能干扰一部分，即使在不理想的情况下，叠加后幅值也不会超过原来的。而齐发爆破则不同，幅值 A 很大。

二、微差时间间隔 ΔT 的确定

确定合理的毫秒间隔时间是实现毫秒微差爆破的关键。但是，如何确定，采用什么样的公式计算，目前尚缺乏统一的认识。以下计算公式也仅供参考。

（一）以形成新的自由面所需要的时间确定微差间隔时间

根据大量的统计资料，从起爆到岩石被破坏和发生位移的时间，大约是应力波传到自由面所需时间的 5~10 倍。即岩石的破坏和移动时间与最小抵抗线成正比。

如果岩石声速为 $c_p = 5000 \text{m/s}$，则 $T_1 = W/5000(\text{s}) = W/5(\text{ms})$；岩石发生转移时间 $T_2 = (5 \sim 10) T_1$，$T_1 = (1 \sim 2) W(\text{ms})$，则微差间隔时间 $\Delta T = (2 \sim 5) W(\text{ms})$。

在露天台阶爆破条件下：当 f 值大时，ΔT 取（2~3）W；f 值小时，ΔT 取 $5W$，一般情况 $c_p < 5000 \text{m/s}$ 时，ΔT 取较大值。

（二）以应力波增强观点为主确定 ΔT

$$\Delta T = \frac{a}{c_p} + 5 \times 10^{-4} \sqrt{Q} \qquad\qquad (3-58)$$

式中　a——孔间距，m；

　　　c_p——压应力波波速，cm/s；

　　　Q——深孔装药量，kg。

（三）按降震要求确定 ΔT

使主震相相错，一般 $\Delta T = 20 \sim 50 \text{ms}$，可实测确定，如图 3-63 所示。

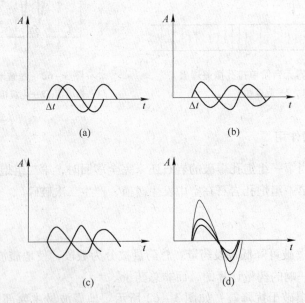

图 3-63　主震相相错的几种情况

（a）不理想；（b）较好；（c）最理想；（d）齐发爆破

（四）使岩石满足最大碰撞条件确定 ΔT

这时 ΔT 与 W 有关，英国科学家从实验室中提出：

（1）$W = 1.5 \sim 2 \text{m}$，$\Delta T = 12 \text{ms}$；

（2）$W = 3 \sim 4.5\text{m}$，$\Delta T = 17\text{ms}$；

（3）$W = 4.6 \sim 6\text{m}$，$\Delta T = 25\text{ms}$。

（五）由经验数据确定 ΔT

南芬铁矿：（1）在岩石中：$\phi 250\text{mm}$　$\Delta T = 33 \sim 35\text{ms}$，$\phi 310\text{mm}$　$\Delta T = 50 \sim 52\text{ms}$；（2）在铁矿石中：$\phi 310\text{mm}$　$\Delta T = 23 \sim 33\text{ms}$。

三、控制 ΔT 的方法

（一）毫秒雷管

由实际起爆方法决定，使用导爆管－毫秒雷管系统或使用毫秒电雷管，一般有 20 段 2000ms 的普通毫秒雷管。目前已有 30 段 600ms 的高精度毫秒电雷管。

（二）微差起爆器

使用微差起爆器，ΔT 控制准确，可至 0.1ms，且可调，但电网路复杂，每一段一个回路。可靠性差，飞石、岩移、切割电线，操作麻烦，只适用于段数少或试验时（室内外）使用。

任务三　挤压爆破

【任务描述】

挤压爆破就是在爆区自由面前方人为预留矿石（岩渣），以提高炸药能量利用率和改善破碎质量的控制爆破方法。

挤压爆破的原理在于爆区自由面前方松散矿石的波阻抗大于空气波阻抗，因而反射波能量减小，透射波能量增大。增大的透射波可形成对这些松散矿石的补充破碎；虽然反射波能量小了，但由于自由面前面松散介质的阻挡作用延长了高压爆炸气体产物膨胀作功的时间，有利于裂隙的发展和充分利用爆炸能量。挤压爆破利用运动岩块的碰撞作用，使动能转化为破碎功，进行辅助破碎，从而达到减少无用抛掷和空气冲击波的作用，用以改善爆堆和破碎质量。

【能力目标】

能根据工程实际设计挤压爆破参数。

【知识目标】

（1）掌握挤压爆破作用原理；

（2）掌握挤压爆破各参数的确定。

【相关资讯】

一、挤压爆破原理

入射能量 E_i 与反射能量 E_r 和透射能量 E_t 关系为：

$$E_i = E_r + E_t \qquad (3-59)$$

$$E_r = \frac{\sigma_r^2}{\rho_1 c_1}$$

因为

$$\sigma_r = \frac{\rho_2 c_2 - \rho_1 c_1}{\rho_2 c_2 + \rho_1 c_1} \sigma_i$$

所以

$$E_r = \left(\frac{\rho_2 c_2 - \rho_1 c_1}{\rho_2 c_2 + \rho_1 c_1} \right)^2 \frac{\sigma_i^2}{\rho_1 c_1} = \left(\frac{\rho_2 c_2 - \rho_1 c_1}{\rho_2 c_2 + \rho_1 c_1} \right)^2 E_i$$

同理:

$$E_r = \frac{\sigma_t^2}{\rho_2 c_2}$$

因为

$$\sigma_t = \frac{2 \rho_2 c_2}{\rho_2 c_2 + \rho_1 c_1} \sigma_i$$

所以

$$E_t = \left(\frac{2 \rho_2 c_2}{\rho_2 c_2 + \rho_1 c_1} \right)^2 \frac{\sigma_i^2}{\rho_2 c_2} \frac{\rho_1 c_1}{\rho_1 c_1} = \frac{4 \rho_1 c_1 \rho_2 c_2}{(\rho_2 c_2 + \rho_1 c_1)^2} E_i \qquad (3-60)$$

二、地下深孔挤压爆破

(一) 挤压过程的规律

1. 挤压层错位移

如图 3-64 (a) 所示，位移随着与工作面距离 L 的增加而明显下降，如图 3-65 所示，当 $L > 25$m 时，位移不明显，无挤压作用，故挤压层厚不超过 25m。

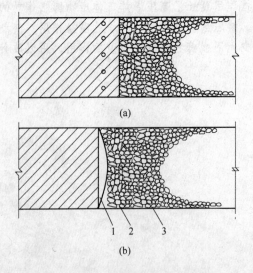

(a)

(b)

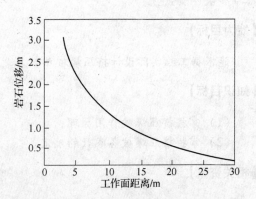

图 3-64　挤压爆破空槽的形成
（a）爆破前；（b）爆破后
1—空槽；2—位移区；3—挤压区

图 3-65　矿石位移与工作面距离的关系

2. 空槽宽度 B_1

如图 3 – 66 所示，最大空槽宽度可达 1m，但 B_1 陡坡爆破层厚度增大（即爆破排数增大），而使 B_1 大幅度下降。所以，当爆破层厚度 B 大于 20 ~ 25m 时。B_1 趋于 0。

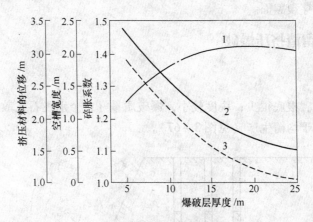

图 3 – 66　爆破层厚度的影响
1—挤压材料的位移；2—矿石的碎胀系数；3—空槽宽度

图 3 – 66 中曲线 3 的 B_1 趋于 0，对挤压作用不利。所以爆破层厚一般不大于 20 ~ 25m。

3. 挤压层对爆破层厚的影响

（1）单排爆破：一方面，由于前方为松散矿石，减少了反射波能量（比空气时少 20% ~ 30%），不利于爆破层内反射、拉伸波的产生；但增加了透射波分量。

另一方面，由于松散材料阻挡，可增加气体作用时间，对裂隙的扩展有利。

（2）多排爆破：因从第二排开始有空槽 B_1，有自由面存在使得 E_t 增加，充分形成反射拉伸波，且岩石飞离自由面后又与挤压层碰撞，效果比单排更好，故多用多排挤压爆破。

（二）多排孔挤压爆破的参数与工艺

（1）爆破第一排孔 W 值：第一排炮孔的抵抗线应适当减小，并相应增大超深值，以装入较多的药量。实践证明，由于留渣的存在，第一排炮孔爆破的好坏很关键。

（2）每次爆破层厚 $B < 25m$。

（3）排间微差时间 ΔT：ΔT 应比一般微差时间长 30% ~ 60%。因为前方是松散矿石，不是空间，岩块移动与自由面形成较慢。

（4）补偿系数：

$K_B = 10\% ~ 30\%$，补偿空间较小时才能造成挤压，一般松散系数为 1.4 ~ 1.5。

如果 $K_B = 40\% ~ 50\%$，称为无挤压爆破。

（5）一次爆破的排数：一次爆破的排数一般以不少于 3 ~ 4 排，不大于 7 排为宜。排数过多，势必增大炸药单耗，爆破效果变差。

（6）各排孔药量递增系数。由于前面留渣的存在，爆炸应力波入射后将有一部分能被渣堆吸收而损耗，因此必须用增加药量加以弥补。根据经验，第一排炮孔比普通微差爆破可增加药量10% ~20%，起到将留渣向前推移，为后排炮孔创造新自由面的作用。中间各排可不必依次增加药量，最后一排增加药量10% ~20%。因为最后一排炮孔爆破必须为下次爆破创造一个自由面，即最后一排炮孔的被爆矿岩必须与岩体脱离，至少应有5 ~10cm 的一个贯穿裂隙面。

三、露天矿留渣挤压爆破

（一）优点

爆堆集中整齐，根底很少；块度较小，爆破质量好；个别飞石飞散距离小；能储存大量已爆矿岩，有利于均衡生产（见图3 -67）。

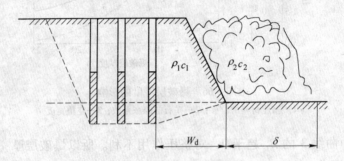

图3 -67　露天台阶压渣爆破

（二）单耗 q

因透射能量 E_t 增加，反射能量 E_r 降低，所以要适当增加 q 值，以使 E_i 增加。和微差爆破相比较，炸药单耗增加倍数 $K = 1.1 ~1.3$。

（三）留渣厚度 D

$$D = \frac{W_d K_p}{2}\left(1 + \frac{\rho_1 c_1}{\rho_2 c_2}\right) \quad (m) \tag{3-61}$$

式中　ρ_1——矿体的密度，t/m^3；

　　　　ρ_2——渣堆的密度，t/m^3；

　　　　c_1——矿体内弹性波波速，m/s；

　　　　c_2——渣堆内弹性波波速，m/s；

　　　　K_p——留渣松散系数，$K_p = \rho_1/\rho_2$；

　　　　W_d——底盘抵抗线，m。

一般 $D = 10 ~15m$，个别情况可为 $20 ~25m$。

（四）一次爆破排数 N

同上理，爆破一般不用单排，一般 N 不小于 3 ~4，多用 $N = 4 ~7$ 排，但 N 过大，单耗过大，且爆破效果难以保证。起爆方式可参照图3 -68 斜线起爆；图3 -69V 形起爆。

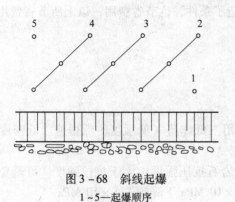

图 3 – 68　斜线起爆
1~5—起爆顺序

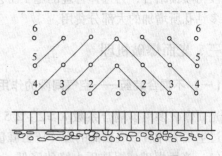

图 3 – 69　Ｖ形排列
1~6—起爆顺序

（五）排间微差时间间隔 ΔT

同上理，ΔT 比一般时长 30% ~ 50%，多用 50ms 以上间隔。

任务四　光 面 爆 破

【任务描述】

光面爆破技术约在 1950 年发源于瑞典，1952 年在加拿大首次应用。光面爆破是一种控制岩体开挖轮廓的爆破技术，是通过一系列措施对开挖工程周边部位实行正确的钻孔和爆破，并使周边眼最后起爆的爆破技术。

【能力目标】

能根据工程实际设计光面爆破参数。

【知识目标】

（1）掌握光面爆破作用原理；

（2）掌握光面爆破参数确定。

【相关资讯】

一、光面爆破的定义

沿开挖边界布置密集炮孔，采取不耦合装药或装填低威力炸药，在主爆区之后起爆，以形成平整轮廓面的爆破作业，称为光面爆破。

二、光面爆破的特点

与普通爆破相比，光面爆破具有以下特点：

（1）周边轮廓线合乎设计要求。欠挖或超挖少，从普通爆破欠挖、超挖量的 15% 下降至 5%，所以节省工程费用。

（2）较少产生爆破裂隙，可保持围岩的整体性和稳定性，减少支护工作量，在不稳定地段与喷锚结合，为选择合理的施工工艺创造了条件，也节省费用，以上所节省费用可抵消多钻孔所增加的大部分费用。

三、光面爆破机理

（一）不耦合装药——空气间隙的作用

光面爆破多用不耦合系数 $K \geqslant 2 \sim 2.5$，采用三低炸药（低猛度、低爆速、低密度），再通过空气缓冲后形成较低的爆炸压力峰值。

（1）光面爆破使爆炸压力峰值降低，小于岩石抗压强度，大于抗拉强度。可避免粉碎圈的产生，当 $K = 2.5$ 时，可使压力值从 2.5×10^3 MPa 下降到 1.5×10^3 MPa。

（2）光面爆破可使作用时间增加，从 22ms 增加到 38ms。有利于应力波叠加和气体对裂隙的作用。

（二）两孔应力波相遇叠加

当两孔同时起爆时，在两孔连心线上应力加叠加。

（三）准静压作用

当炸药爆炸后在孔内形成的高温高压气体，相当于"楔"的劈裂作用。在孔周边产生切向拉应力，但唯独在两孔连心线方向上的切向拉应力有联合作用，所以，当孔距 a 合适时，在两孔连心线上就易形成贯穿的裂隙。

（四）空孔的导向作用

由于孔间起爆有一定的时间误差（一般大于 0.3ms），先爆孔总是以后爆孔作为最近的自由面（因为这时 $a < W$）。即使后爆孔也装了炸药，但因是"不耦合"，因此在靠空孔方向，即两孔连心线方向首先形成反射拉伸波，产生应力集中，在邻孔表面产生片落或裂隙；当后爆邻孔起爆时在该方向易于形成裂隙，一旦形成贯穿，爆生气体楔入，又抑制了其他方向裂隙的发展。

四、光面爆破参数

（一）不耦合系数

实践证明：$K = 1.5 \sim 4$ 时，光面爆破效果最好。多用 $K = 1.5 \sim 2.0$。

（二）最小抵抗线 W

一般为正常孔深爆破最小抵抗线的 $0.6 \sim 0.8$，可取

$$W = (10 \sim 20)d \tag{3-62}$$

式中　d——孔径，m。

（三）孔距 a

光面爆破的孔间距可比预裂爆破大 $10\% \sim 20\%$，通常取主爆孔孔距的 $1/2 \sim 1/3$，具

体可按式（3-63）确定：

$$a = (0.6 \sim 0.8)W \tag{3-63}$$

（四）装药量

1. 单孔装药量

可按照体积公式计算：

$$Q = qaWL \tag{3-64}$$

式中　W——最小抵抗线，m；

　　　a——孔距，m；

　　　L——孔深，m；

　　　q——炸药单耗，kg/m^3；$q = 0.15 \sim 0.25$kg/m^3，硬岩取大值，软岩取小值。

2. 线装药密度

按照经验，在不耦合系数为 $2 \sim 5$ 时，线装药密度 $q_{线} = 0.8 \sim 2.0$kg/m。

（五）起爆间隔时间 ΔT

如图 3-70 所示，当 $\Delta T = 0$ 时，齐发爆破比秒差、比微秒均好。

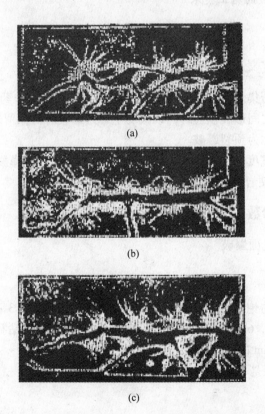

(a)

(b)

(c)

图 3-70　起爆时间对光面爆破效果的影响

（a）不同秒差延时起爆；（b）齐发起爆；（c）微差起爆

任务五　预裂爆破

【任务描述】

进行石方开挖时，在主爆区爆破之前沿设计轮廓线先爆出一条具有一定宽度的贯穿裂缝，以缓冲、反射开挖爆破的振动波控制其对保留岩体的破坏影响，使之获得较平整的开挖轮廓，此种爆破技术为预裂爆破。预裂爆破不仅在垂直、倾斜开挖壁面上得到广泛应用；在规则的曲面、扭曲面以及水平建基面等也采用预裂爆破。预裂爆破适用于稳定性差而又要求控制开挖轮廓的软弱岩层。它是在光面爆破基础上发展起来的。

【能力目标】

能根据工程实际设计预裂爆破参数。

【知识目标】

(1) 掌握预裂爆破作用原理；
(2) 掌握预裂爆破参数确定；
(3) 掌握预裂爆破的施工技术。

【相关资讯】

一、预裂爆破定义

沿开挖边界布置密集炮孔，采取不耦合装药或装填低威力炸药，在主爆区之前起爆，从而在爆区与保留区之间形成预裂缝，以减弱主爆区爆破时对保留岩体的破坏并形成平整轮廓面的爆破技术，称为预裂爆破。

质量标准：预裂宽度不小于 1cm；不平度不大于 150mm；降震率为 40% ~ 60%；孔痕率为 50% ~ 80%，硬岩要求较高。

二、预裂爆破参数

预裂爆破机理同光面爆破。

（一）孔径 d

光面或预裂爆破的炮孔直径（a）与台阶高度有关，一般 3 ~ 5m 高的台阶可选择 40 ~ 50mm 的钻孔直径，6 ~ 15m 高的台阶可选择 70 ~ 100mm 的钻孔直径，16 ~ 30m 高的台阶可选择 100 ~ 150mm 的钻孔直径。

但过大的钻孔直径是不经济的。

（二）孔距 a

预裂爆破的孔间距（a）不仅影响装药量的大小，而且直接关系到预裂岩壁的质量。

一般根据炮孔的孔径（d）和边坡的性质来确定。对于边坡质量要求高的工程，应选取小的孔间距，$a = (7 \sim 10)d$；对于一般性工程，可以选择较大的孔间距，$a = (10 \sim 15)d$。

（三）装药量计算

预裂爆破的装药量目前主要有经验公式计算法和经验数据法两种。

1. 经验计算法

一般预裂爆破都采用不耦合的装药结构，在浅孔爆破（隧道或巷道）中取不耦合系数为 1.5 ~ 4，在深孔爆破中取不耦合系数为 2 ~ 4 的条件下，药量计算可采用以下经验公式：

隧道或巷道爆破 $\qquad Q_{线} = 0.034(a\sigma_{压})^{0.6}$ $\qquad\qquad$ (3 - 65)

深孔爆破 $\qquad Q_{线} = 0.042a^{0.5}\sigma_{压}^{0.6}$ $\qquad\qquad$ (3 - 66)

式中 $\quad Q_{线}$——炮孔单位长度的装药量，kg/m；

$\qquad a$——孔间距，m；

$\qquad \sigma_{压}$——岩石抗压强度，MPa。

2. 经验数据法

预裂爆破线装药密度经验数据查表 3 - 22。

表 3 - 22 预裂爆破线装药密度经验数据

岩石性质	炮孔直径/mm	孔间距/m	单位长度装药量/g·m⁻¹
软弱岩石	80	0.6 ~ 0.8	100 ~ 180
	100	0.8 ~ 1.0	150 ~ 250
中硬岩石	80	0.6 ~ 0.8	180 ~ 300
	100	0.8 ~ 1.0	250 ~ 300
次坚石	90	0.8 ~ 0.9	250 ~ 400
	100	0.8 ~ 1.0	300 ~ 450
坚 石	90 ~ 100	0.8 ~ 1.0	300 ~ 700

（四）起爆时间的确定

保证预裂孔先于主药包起爆的时间差：

预裂爆破应先于主药包起爆，其时间差要保证人造断层的形成，一般应不小于 75ms，在保证主药包网路安全准爆的前提下，其间隔时间越大，人造断层层面形成效果越好，其边坡的成型效果也就越好。

（五）预裂孔与主炮孔的间距 $W_{预}$

预裂爆破炮孔与前排孔之间的水平距离 $W_{预}$ 是一个关键的参数。$W_{预}$ 过大，造成预裂孔前方岩石破碎效果差，影响后期施工；$W_{预}$ 太小，预裂面易遭受主药包爆破时的损坏，影响边坡质量。

对于主炮孔药包为条形药包，一些工程提出的经验公式为：

$$W_{预} = (0.32 \sim 0.40)W \tag{3-67}$$

式中，W 为主炮孔药包的最小抵抗线，大抵抗线取小值。

对于主药包为深孔爆破，其经验数据见表 3-23。

表 3-23 预裂孔与主炮孔间距值

主炮孔药包直径/mm	主炮孔单段起爆药量/kg	预裂孔与主炮孔间距/m
<32	<20	0.8
<55	<50	0.8 ~ 0.12
<70	<100	1.2 ~ 1.5
<100	<300	1.5 ~ 3.5
<130	<1000	3.5 ~ 3.6

三、光面爆破与预裂爆破施工

(一) 钻孔施工

钻孔施工是光面、预裂爆破最重要的一环，尤其是钻孔精度，它直接影响光面、预裂爆破的成败。为了确保钻孔精度，应严格做好边坡的测量放线，修建好钻机平台，按照"对位准、方向正、角度精"三要点安装架设钻机；挑选技术水平较高、熟悉钻机性能的钻机司机，以保证钻孔的准确性。

(二) 装药与填塞

光面、预裂爆破采用不耦合装药结构。由于目前小直径炸药规格品种少，现在多数采用间隔装药，即按照设计的装药量和各段的药量分配，将药卷捆绑在导爆索上，形成一个断续的炸药串，为方便装药和将药串大致固定在钻孔中央，一般将药串绑在竹片上。装药时竹片一侧应置于靠保留区一侧。装药后孔口的不装药段应使用沙等松散材料填塞。填塞应密实，在填塞前先用纸团等松软的物质盖在药柱上端。

制作方法：一般是按照炮孔深度，先准备一根稍长于孔深的竹片，然后把细药卷按照每米的装药量、间隔一定距离与起爆的导爆索一起用黑胶布或绑线缠紧在竹片上。为了克服炮孔底部的阻力，在底部 1~2m 的区段，线装药密度应比设计值大 1~4 倍；而在接近孔口的区段，线装药密度应比设计值小 1/3 ~ 1/2。另一种制作方法是按照设计的线装药密度，选取一定内径的塑料管，将起爆的导爆索先插入塑料管中固定，然后采用连续装药或间隔装药结构方式，其孔底与孔口的装药密度按上述方法控制。

(三) 起爆网路的联结

光面、预裂爆破的药串是由导爆索起爆的，在孔外联结导爆索时，必须注意导爆索的传爆方向，按照导爆索网路的联结要求进行联结。

思考与练习题

1. 控制爆破的爆破效果应该达到的要求是什么?
2. 什么是控制爆破? 控制爆破有哪些类型?
3. 简述微差爆破的作用原理。
4. 微差爆破可以获得哪些技术效果?
5. 简述光面爆破的爆破机理。
6. 光面爆破与预裂爆破有何异同点?
7. 搞好光面爆破的技术关键问题是什么?
8. 光面爆破有哪些爆破参数? 如何确定?
9. 预裂爆破有哪些爆破参数? 如何确定?

爆破安全管理与安全技术

项目一　爆破安全管理

任务一　爆破作业的基本规定

【任务描述】

随着国民经济的快速发展，爆破行业也迎来了自己的春天。一项项与国家重大建设工程相关的爆破工程取得成功，一个个工程爆破科研和技术成果得到鉴定，记录了我国爆破行业多年来取得的丰硕成果。在大好形势下，安全生产事故总量虽有下降，但重大安全事故仍时有发生，安全生产形势严峻。为了加强对爆破作用的安全管理，国家制定了一系列相关规定，进一步规范爆破作业行为，完善爆破作业管理。

【能力目标】

熟悉相关规定。

【知识目标】

熟悉相关规定。

【相关资讯】

一、爆破工程分级管理

（1）硐室爆破工程、大型深孔爆破工程、拆除爆破工程以及复杂环境岩土爆破工程，应实行分级管理。

（2）各类爆破工程的分级列于表4-1，A、B、C、D级的爆破工程，应按相应规定进行设计、施工、审批。

表 4 - 1　爆破工程分级　　　　　　　　　　　　　　（t）

爆破工程类别	爆破工程按药量 Q 与环境分级			
	A	B	C	D
硐室爆破	$1000 \leqslant Q \leqslant 3000$	$300 \leqslant Q < 1000$	$50 \leqslant Q < 300$	$0.2 \leqslant Q < 50$
露天深孔爆破	—	$Q \geqslant 200$	$100 \leqslant Q < 200$	$50 \leqslant Q < 100$
地下深孔爆破	—	$Q \geqslant 100$	$50 \leqslant Q < 100$	$20 \leqslant Q < 50$
水下深孔爆破	$Q \geqslant 50$	$20 \leqslant Q < 50$	$5 \leqslant Q < 20$	$0.5 \leqslant Q < 5$
复杂环境深孔爆破	$Q \geqslant 50$	$15 \leqslant Q < 50$	$5 \leqslant Q < 15$	$1 \leqslant Q < 5$
拆除爆破	$Q \geqslant 0.5$	$0.2 \leqslant Q < 0.5$	$Q < 0.2$	—
城镇浅孔爆破	—	环境十分复杂	环境复杂	环境不复杂

注：1. 爆破作业环境包括三种情况：环境十分复杂指爆破可能危及国家一、二级文物，极重要设施，极精密贵重仪器及重要建（构）筑物等保护对象的安全；环境复杂指爆破可能危及国家三级文物、省级文物、居民楼、办公楼、厂房等保护对象的安全、环境不复杂指爆破只可能危及个别房屋、设施等保护对象的安全。

　　2. 一次用药量大于 3000t 的硐室爆破应由业务主管部门组织专家论证其必要性，其等级按 A 级管理。装药量小于 200kg 的小硐室爆破归入蛇穴爆破，应遵守 5.1.7 的有关规定。

（3）拆除爆破工程及复杂环境深孔爆破工程，除按表 4 - 1 规定的药量进行分级外，还应按下列环境条件和拆除对象进行级别调整。

1）有下列条件之一者，属 A 级：

① 环境十分复杂；

② 拆除的楼房超过 10 层，厂房高度超过 30m，烟囱高度超过 80m，塔高度超过50m；

③ 一级、二级水利水电枢纽的主体建筑、围堰、堤坝和挡水岩坎。

2）有下列条件之一者，属 B 级：

① 环境复杂；

② 拆除的楼房为 5 ~ 10 层，厂房高度为 15 ~ 30m，烟囱高度为 50 ~ 80m，塔高度为 30 ~ 50m；

③ 三级水利水电枢纽的主体建筑、围堰、堤坝和挡水岩坎。

3）有下列条件之一者，属 C 级：

① 环境不复杂；

② 拆除楼房低于 5 层，厂房高度低于 15m，烟囱高度低于 50m，塔的高度低于30m；

③ 四级、五级水利水电枢纽工程的主体建筑、围堰、堤坝和挡水岩坎。

4）爆区周围 500m 以内无建筑物和其他保护对象，并且一次爆破用药量不超过 200kg 的拆除爆破，以及不属于 A 级、B 级、C 级、D 级的爆破工程，不实行分级管理。

（4）根据爆破工程的复杂程度和爆破作业环境的特殊要求，应由设计、安全评估和审批单位商定，适当提高相应爆破工程的管理级别。

二、爆破企业与爆破作业人员

（一）一般规定

（1）从事爆破设计、施工的企业应经国家授权的机构对其人员和资质进行审查合格后，方可办理企业法人营业执照。

（2）爆破企业应按允许的作业范围、等级从事经营活动，同时从事设计和施工的企业，应取得双重资质。

（3）爆破作业人员应参加培训经考核并取得有关部门颁发的相应类别和作业范围、级别的安全作业证，持证上岗。

（4）未经批准，任何个人不得承接爆破工程的设计、安全评估、施工和监理工作。

（5）爆破企业、作业人员及其承担的重要爆破工程均应投购保险。

（二）爆破设计单位

（1）承担爆破设计的单位应符合下述条件：

1）持有有关部门核发的"爆破设计证书"；

2）经工商部门注册的企业（事业）法人单位，其经营范围包括爆破设计；

3）有符合规定数量、级别、作业范围的持有安全作业证的技术人员；

4）有固定的设计场所。

（2）"爆破设计证书"应标明允许的设计范围及在各范围内承担设计项目的等级（一般岩土爆破，硐室爆破×级，深孔爆破×级，拆除爆破×级，特种爆破等）；只限在本单位使用，不允许转借、转让、挂靠、伪造，不允许超越证书许可范围承担业务。

（3）承担 A 级、B 级、C 级、D 级爆破设计的单位，应符合表 4-2 中相应条件；承担不属于分级管理的爆破工程设计的单位，应符合表 4-2 中 D 级所列条件；承担特种爆破设计的单位，应有两项以上同类设计的成功业绩。

表 4-2 承担 A、B、C、D 级爆破工程设计单位的条件

工程等级	设计单位条件	
	人　员	业　绩
A	高级爆破技术人员不少于二人，持相应 A 级证者不少于一人	相应一项 A 级或两项 B 级成功设计
B	高级爆破技术人员不少于一人，持相应 B 级证者不少于一人	相应一项 B 级或两项 C 级成功设计
C	中级爆破技术人员不少于二人，持相应 C 级证者不少于一人	相应一项 C 级或两项 D 级成功设计
D	中级爆破技术人员不少于一人，持相应 D 级证者不少于一人	相应一项 D 级或两项一般爆破成功设计

（三）爆破施工企业

（1）爆破施工企业应取得"爆破施工企业资质证书"，或在其施工资质证书中标有爆破施工内容。该证书应标明允许承接爆破工程的范围和等级，资质未标明者只能从事一般岩土爆破。

（2）从事爆破施工的企业，应设有爆破工作领导人、爆破工程技术人员、爆破段（班）长、安全员、爆破员；应持有由县级以上（含县级，下同）公安机关颁发的"爆炸物品使用许可证"；设立爆破器材库的，还应设有爆破器材库主任、保管员、押运员，并持有县级以上公安机关签发的"爆炸物品安全储存许可证"。

（3）承担 A 级、B 级、C 级、D 级爆破工程的施工企业，应符合表 4-3 中相应条件；承担特种爆破施工的企业，应有两项以上同类爆破作业的经验。见表 4-3。

表 4-3　承担 A 级、B 级、C 级、D 级爆破工程施工企业的条件

工程等级	施工企业条件	
	人　员	业　绩
A	高级爆破技术人员不少于一人，有相应 A 级证者不少于一人	有 B 级以上（含 B 级）相应类别工程施工经验
B	高级爆破技术人员不少于一人，有相应 B 级证者不少于一人	有 C 级以上（含 C 级）相应类别工程施工经验
C	中级爆破技术人员不少于一人，有相应 C 级证者不少于一人	有 D 级以上（含 D 级）相应类别工程施工经验
D	中级爆破技术人员不少于一人，有相应 D 级证者不少于一人	有一般爆破施工经验

（4）A 级、B 级、C 级、D 级爆破工程，应有持同类证书的爆破工程技术人员负责现场工作；一般岩土爆破工程及特种爆破工程亦应有爆破工程技术人员在现场指导施工。

（5）施工企业的安全职责：

1）管理本企业的爆破作业人员，发现不适合继续从事爆破作业者和因工作调动不再从事爆破作业者，均应收回其安全作业证，交回原发证部门。异地施工应办理有关证件的登记及签证手续。

2）负责本单位爆破器材购买、运输、储存、使用，并承担安全责任。

3）编制施工组织设计，制定预防事故的安全措施并组织实施。

4）处理本企业爆破事故。

（6）爆破施工单位与爆破设计单位联合承担爆破工程时，双方应签订合同，明确责任并得到业主的认可；其资质条件可以按两个单位的人员、业绩呈报。

（四）爆破作业人员的任职条件与职资

（1）爆破工作领导人，应由从事过 3 年以上爆破工作，无重大责任事故，熟悉爆破事故预防、分析和处理并持有安全作业证的爆破工程技术人员担任。其职责是：

1）主持制订爆破工程的全面工作计划，并负责实施；

2）组织爆破业务、爆破安全的培训工作和审查爆破作业人员的资质；

3）监督爆破作业人员执行安全规章制度，组织领导安全检查，确保工程质量和安全；

4）组织领导爆破工作的设计、施工和总结工作；

5）主持制定重大或特殊爆破工程的安全操作细则及相应的管理规章制度；

6）参加爆破事故的调查和处理。

（2）爆破工程技术人员应持有安全作业证。其职责是：

1）负责爆破工程的设计和总结，指导施工，检查质量；

2）制定爆破安全技术措施，检查实施情况；

3）负责制定盲炮处理的技术措施，并指导实施；

4）参加爆破事故的调查和处理。

（3）爆破段（班）长应由爆破工程技术人员或有三年以上爆破工作经验的爆破员担任。其职责是：

1）领导爆破员进行爆破工作；

2）监督爆破员切实遵守《爆破安全规程》和爆破器材的保管、使用、搬运制度；

3）制止无安全作业证的人员进行爆破作业；

4）爆破器材的现场使用情况和剩余爆破器材的及时退库情况。

（4）爆破员、安全员、保管员和押运员应符合以下条件：

1）年满 18 周岁，身体健康，无妨碍从事爆破作业的生理缺陷和疾病；

2）工作认真负责，无不良嗜好和劣迹；

3）具有初中以上文化程度；

4）持有相应的安全作业证。

（5）爆破员的职责：

1）保管所领取的爆破器材，不应遗失或转交他人，不应擅自销毁和挪作他用；

2）照爆破指令单和爆破设计规定进行爆破作业；

3）遵守爆破安全规程和安全操作细则；

4）爆破后检查工作面，发现盲炮和其他不安全因素应及时上报或处理；

5）爆破结束后，将剩余的爆破器材如数及时交回爆破器材库。

（6）取得爆破员安全作业证的新爆破员，应在有经验的爆破员指导下实习 3 个月，方准独立进行爆破工作。

在高温、瓦斯或粉尘爆炸危险场所的爆破工作，应由经验丰富的爆破员担任。

爆破员跨越和变更爆破类别应经过专门培训。

（7）安全员应由经验丰富的爆破员或爆破工程技术人员担任，其职责是：

1）负责本单位爆破器材购买、运输、储存和使用过程中的安全管理；

2）督促爆破员、保管员、押运员及其他作业人员按照爆破安全规程和安全操作细则的要求进行作业，制止违章指挥和违章作业，纠正错误的操作方法；

3）经常检查爆破工作面，发现隐患应及时上报或处理，工作面瓦斯超限时有权制止爆破作业；

4）经常检查本单位爆破器材仓库安全设施的完好情况及爆破器材安全使用、搬运制度的实施情况；

5）有权制止无爆破员安全作业证的人员进行爆破工作；

6）检查爆破器材的现场使用情况和剩余爆破器材的及时退库情况。

（8）爆破器材保管员的职责：

1）负责验收、保管、发放和统计爆破器材，并保持完备的记录；

2）对无爆破员安全作业证和领取手续不完备的人员，不得发放爆破器材；

3）及时统计、报告质量有问题及过期变质失效的爆破器材；

4）参加过期、失效、变质爆破器材的销毁工作。

（9）爆破器材押运员的职责：

1）负责核对所押运的爆破器材的品种和数量；

2）监督运输工具按规定的时间、路线、速度行驶；

3）确认运输工具及其所装运爆破器材符合标准和环境要求，包括：几何尺寸、质量、温度、防震等；

4）负责看管爆破器材，防止爆破器材途中丢失、被盗或发生其他事故。

（10）爆破器材库主任应由爆破工程技术人员或经验丰富的爆破员担任，并应持有相应的安全作业证。其职责是：

1）负责制定仓库管理条例并报上级批准；

2）检查督促保管员履行工作职责；

3）及时按期清库核账并及时上报过期及质量可疑的爆破器材；

4）参加爆破器材的销毁工作；

5）督促检查库区安全状况、消防设施和防雷装置，发现问题，及时处理。

三、爆破设计

（一）一般规定

（1）A级、B级、C级、D级爆破工程均应编制爆破设计书；其他一般爆破应编制爆破说明书。

（2）爆破设计书和爆破说明书，应由具备相应资质的设计单位和设计人员编制。

（3）爆破设计前，应对爆破区域进行地形地质勘测，对爆破对象和爆破区域周围环境、建（构）筑物及设施进行调查。

（4）爆破工程施工过程中，发现地形测量结果和地质条件、拆除物结构尺寸、材质等与原设计依据不相符时，应及时修改设计或采取补救措施。

（5）各种爆破作业均应按审批的爆破设计书或爆破说明书实施，爆破设计书、说明书、修改和补充设计文件均应编号存档，并与爆破后的效果进行比较分析和总结。

（二）设计程序

（1）爆破设计分为可行性研究、技术设计和施工图设计三个阶段，其各阶段设计工作深度应分别符合下列要求：

1）可行性研究阶段应论证爆破方案在技术上的可行性，在经济上的合理性和在安全上的可靠性。通过与其他施工方案比较论证爆破方案的优越性，通过2个以上不同爆破方案的比较分析，推荐出最优的爆破方案。

2）技术设计是提交审核与安全评估的重要文件，在技术设计阶段应将推荐方案充分展开，做到可以按设计文件开始施工的深度。

3）施工图设计应为施工的正常进行提供翔实图纸和安全技术要求；对硐室爆破还应在装药前根据硐室开挖过程中揭示的地质情况和开挖工程验收资料，提出每条导硐装药、填塞、网路敷设的施工分解图。

（2）A级爆破工程和B级硐室爆破工程，应按3个设计阶段编制设计文件；其他B级爆破工程和C级硐室爆破工程，允许将可行性研究与技术设计合并，分两个阶段编制设计文件；其他属于分级管理的爆破工程允许一次完成施工设计。

矿山深孔爆破和其他重复性爆破的设计，允许采用标准设计。

四、爆破安全评估

（1）A级、B级、C级和对安全影响较大的D级爆破工程，都应进行安全评估。未经安全评估的爆破设计，任何单位不准审批或实施。

（2）经安全评估审批通过的爆破设计，施工时不得任意更改。经安全评估否定的爆破设计，应重新设计，重新评估。施工中如发现实际情况与评估时提交的资料不符，并对安全有较大影响时，应补充必要的爆破对象和环境的勘察及测绘工作，及时修改原设计，重大修改部分应重新上报评估。

（3）安全评估的内容应包括：

1）设计和施工单位的资质是否符合规定；

2）设计所依据资料的完整性和可靠性；

3）设计方法和设计参数的合理性；

4）起爆网路的准爆性；

5）设计选择方案的可行性；

6）存在的有害效应及可能影响的范围；

7）保证工程环境安全措施的可靠性；

8）对可能发生事故的预防对策和抢救措施是否适当。

（4）安全评估人员资质及评估组，应符合下述规定：

1）A级、B级硐室爆破工程和其他A级爆破工程的安全评估，至少应有两名具有相应"作业范围和作业级别"安全作业证的爆破工程技术人员参加。

2）其他B级、C级和对公共安全影响较大的D级爆破工程的安全评估，至少应有一名有相应"作业范围和作业级别"安全作业证的爆破工程技术人员参加，安全评估由设计审批部门组织。

3）评估组组长应由爆破工程技术人员担任，评估连带责任由评估组织部门和组长承担。

五、爆破工程安全监理

（1）各类A级爆破、B级硐室爆破以及有关部门认定的重要或重点爆破工程应由工程监理单位实施爆破安全监理，承担爆破安全监理的人员应持有相应安全作业证。

（2）爆破工程安全监理应编制爆破工程安全监理方案，并按爆破工程进度和实施要求编制爆破工程安全监理细则，按照细则进行爆破工程安全监理；在爆破工程的各主要阶段竣工完成后，签署爆破工程安全监理意见。

（3）爆破安全监理的内容：

1）检查施工单位申报爆破作业的程序，对不符合批准程序的爆破工程，有权停止其爆破作业，并向业主和有关部门报告。

2）监督施工企业按设计施工；审验从事爆破作业人员的资格，制止无证人员从事爆破作业；发现不适合继续从事爆破作业的，督促施工单位收回其安全作业证。

3）监督施工单位不得使用过期、变质或未经批准在工程中应用的爆破器材；监督检查爆破器材的使用、领取和清退制度。

4）监督、检查施工单位执行爆破安全规程的情况，发现违章指挥和违章作业，有权停止其爆破作业，并向业主和有关部门报告。

六、设计审批

（1）A级、B级、C级、D级爆破工程设计，应经有关部门审批，未经审批不准开工。

矿山常规爆破审批不按等级管理，一般岩土爆破和矿山常规爆破设计书或爆破说明书由单位领导人批准。

（2）合格的爆破设计方案应符合下列条件：

1）设计单位的资质符合规定；

2）承担设计和安全评估的主要爆破工程技术人员的资质及数量符合规定；

3）设计方案通过安全评估或设计审查，认为爆破设计在技术上可行、安全上可靠。

（3）设计审批部门应在 15 天内完成审批，并将审批意见以书面形式通知报批单位。

任务二　爆破器材的安全管理

【任务描述】

加强爆破器材管理工作，对保障爆破器材购买、运输、储存、使用、销毁等方面的安全，防止发生各类爆炸事故，有效维持社会稳定，确保经济建设顺利进行和人民生活安居乐业，防止犯罪分子利用爆破器材进行破坏活动，具有重要的意义。

【能力目标】

熟悉相关规定。

【知识目标】

熟悉相关规定。

【相关资讯】

一、一般规定

（1）爆破器材的安全管理，由拥有爆破器材单位的主要领导人负责，应组织制定爆破器材的发放、使用制度，安全管理制度和安全技术操作规程，建立岗位安全责任制，教育从业人员严格遵守。

（2）各级公安机关对管辖地区内的爆破器材的安全管理实施监督检查。

二、爆破器材的购买

（1）爆破器材应持购买许可证购买。

（2）经有关部门审查核发直供用户许可证的企业，持证直接向民爆器材生产企业购买所需的爆破器材。

（3）没有取得直供用户许可证的企业，其所需爆破器材应由当地民爆器材经营机构供应与服务。

三、爆破器材的运输

（一）一般规定

（1）本规定只涉及爆破器材生产企业外部运输爆破器材的运输。

（2）购买爆破器材的单位，应凭有效的爆破器材供销合同和申请表，向公安机关申领"爆炸物品运输证"。跨省、自治区、直辖市运输的向运达地区的市级人民政府公安机关申请；在本省、自治区、直辖市内运输的向运达地县级人民政府公安机关申请。凭证在有效期间内，按指定线路运输。

（3）爆破器材运达目的地后，收货单位应指派专人领取，认真检查爆破器材的包装、数量和质量；如果包装破损，数量与质量不符，应立即报告有关部门和当地县（市）公安局，并在有关代表参加下编制报告书，分送有关部门。

（4）不应用翻斗车、自卸汽车、拖车、自行车、摩托车和畜力车运输爆破器材。

（5）爆破器材运输车（船）应符合以下技术要求：

1）符合国家有关运输安全的技术要求；

2）结构可靠，机械电器性能良好；

3）具有防盗、防火、防热、防雨、防潮和防静电等安全性能。

（6）装卸爆破器材，应遵守下列规定：

1）认真检查运输工具的完好状况，清除运输工具内一切杂物；

2）有专人在场监督；

3）设置警卫，无关人员不允许在场；

4）爆破器材和其他货物不应混装；

5）雷管等起爆器材，不应与炸药在同时同地进行装卸；

6）遇暴风雨或雷雨时，不应装卸爆破器材；

7）装卸爆破器材的地点，应远离人口稠密区，并设明显的标志，白天应悬挂红旗和警标，夜晚应有足够的照明并悬挂红灯；

8）装卸搬运应轻拿轻放，装好、码平、卡牢、捆紧，不得摩擦、撞击、抛掷、翻滚、侧置及倒置爆破器材；

9）装载爆破器材应做到不超高、不超宽、不超载；

10）用起重机装卸爆破器材时，一次起吊质量不应超过设备能力的50%；

11）分层装载爆破器材时，不应站在下层箱（袋）上装载另一层，雷管或硝化甘油类炸药分层装载时不应超过二层。

（7）爆破器材从生产厂运出或从总库向分库运送时，包装箱（袋）及铅封应保持完整无损。

（8）在特殊情况下，经爆破工作领导人批准，起爆器材与炸药可以同车（船）装运，但其数量不应超过：炸药1000kg，雷管1000发，导爆索2000m，导火索2000m。雷管应装在专用的保险箱里，箱子内壁应衬有软垫，箱子应紧固于运输工具的前部，炸药箱（袋）不应放在装雷管的保险箱上。

（9）待运雷管箱未装满雷管时，其空隙部分应用不产生静电的柔软材料塞满。

（10）装卸和运输爆破器材时，不应携带烟火和发火物品。

（11）装运爆破器材的车（船），在行驶途中应遵守下列规定：

1）押运人员应熟悉所运爆破器材性能；

2）非押运人员不应乘坐；

3）按指定路线行驶；

4）车（船）用帆布覆盖，并设明显的标志；

5）不准在人员聚集的地点、交叉路口、桥梁上（下）及火源附近停留；中途停留时，应有专人看管，不准吸烟、用火，开车（船）前应检查码放和捆绑有无异常；

6）气温低于10℃时运输易冻的硝化甘油炸药或气温低于 −15℃时运输难冻的硝化甘油炸药，应采取防冻措施；

7）运输硝化甘油类炸药或雷管等感度高的爆破器材时，车厢和船舱底部应铺软垫；

8）车（船）完成运输后应打扫干净，清出的药粉、药渣应运至指定地点，定期进行销毁。

（12）个人不应随身携带爆破器材搭乘公共交通工具，不允许在托运行李及邮寄包裹中夹带爆破器材。

（二）　铁路运输

铁路运输爆破器材，除执行铁道部门有关规定外，还应遵守下列规定：

（1）装有爆破器材的车厢不应溜放。

（2）装有爆破器材的车辆，应专线停放，与其他线路隔开；通往该线路的转辙器应锁住，车辆应锚牢，其前后50m处应设危险标志；机车停放位置与最近的爆破器材库房的距离，不应小于50m。

（3）装有爆破器材的车厢与机车之间，炸药车厢与起爆器材车厢之间，应用一节以上未装有爆破器材的车厢隔开。

（4）车辆运行的速度，在矿区内不应超过30km/h、厂区内不超过15km/h、库区内不超过10km/h。

（三）　水路运输

（1）水路运输爆破器材，应遵守下列规定：

1）不应用筏类工具运输爆破器材；

2）船上有足够的消防器材；

3）船头和船尾设危险标志，夜间及雾天设红色安全灯；

4）遇浓雾及大风浪应停航；

5）停泊地点距岸上建筑物不小于250m。

（2）运输爆破器材的机动船，应符合下列条件：

1）装爆破器材的船舱不应有电源；

2）底板和舱壁应无缝隙，舱口应关严；

3）与机舱相邻的船舱隔墙，应采取隔热措施；

4）对邻近的蒸汽管路进行可靠的隔热。

（四）　道路运输

（1）用汽车运输爆破器材，应遵守下列规定：

1）车厢的黑色金属部分应用木板或胶皮衬垫（用木箱或纸箱包装者除外），汽车排气管宜设在车前下侧，并应配带隔热和熄灭火星的装置；

2）出车前，车库主任（或队长）应认真检查车辆状况，并在出车单上注明"该车检查合格，准许运输爆破器材"；

3）由熟悉爆破器材性能，具有安全驾驶经验的司机驾驶；

4）汽车行驶速度：能见度良好时应符合所行驶道路规定的车速下限，在扬尘、起雾、大雨、暴风雪天气时速度酌减；

5）在平坦道路上行驶时，前后两辆汽车距离不应小于 50m，上山或下山不小于 300m；

6）遇有雷雨时，车辆应停在远离建筑物的空旷地方；

7）在雨天或冰雪路面上行驶时，应采取防滑安全措施；

8）车上应配备灭火器材，并按规定配挂明显的危险标志；

9）在高速公路上运输爆破器材，应按国家有关规定执行。

（2）公路运输爆破器材途中避免停留住宿，禁止在居民点、行人稠密的闹市区、名胜古迹、风景游览区、重要建筑设施等附近停留。确需停留住宿必须报告投宿地公安机关。

（五）往爆破作业地点运输爆破器材

（1）在竖井、斜井运输爆破器材，应遵守下列规定：

1）事先通知卷扬司机和信号工；

2）在上下班或人员集中的时间内，不应运输爆破器材；

3）除爆破人员和信号工外，其他人员不应与爆破器材同罐乘坐；

4）用罐笼运输硝铵类炸药，装载高度不应超过车厢厢高；运输硝化甘油类炸药或雷管，不应超过两层，层间应铺软垫；

5）用罐笼运输硝化甘油类炸药或雷管时，升降速度不应超过 2m/s；用吊桶或斜坡卷扬运输爆破器材时，速度不应超过 1m/s；运输电雷管时应采取绝缘措施；

6）爆破器材不应在井口房或井底车场停留。

（2）用矿用机车运输爆破器材时，应遵守下列规定：

1）列车前后设"危险"标志；

2）采用封闭型的专用车厢，车内应铺软垫，运行速度不超过 2m/s；

3）在装爆破器材的车厢与机车之间，以及装炸药的车厢与装起爆器材的车厢之间，应用空车厢隔开；

4）运输电雷管时，应采取可靠的绝缘措施；

5）用架线式电力机车运输，在装卸爆破器材时，机车应断电。

（3）在斜坡道上用汽车运输爆破器材时，应遵守下列规定：

1）行驶速度不超过 10km/h；

2）不应在上下班或人员集中时运输；

3）车头、车尾应分别安装特制的蓄电池红灯作为危险标志；

4）应在道路中间行驶，会车让车时应靠边停车。

（4）用人工搬运爆破器材时，应遵守下列规定：

1）在夜间或井下，应随身携带完好的矿用蓄电池灯、安全灯或绝缘手电筒。

2）不应一人同时携带雷管和炸药；雷管和炸药应分别放在专用背包（木箱）内，不应放在衣袋里。

3）领到爆破器材后，应直接送到爆破地点，不应乱丢乱放。

4）不应提前班次领取爆破器材，不应携带爆破器材在人群聚集的地方停留。

5）一人一次运送的爆破器材数量不超过：雷管，5000发；拆箱（袋）运搬炸药，20kg；背运原包装炸药一箱（袋）；挑运原包装炸药两箱（袋）。

6）用手推车运输爆破器材时，载重量不应超过300kg，运输过程中应采取防滑、防摩擦和防止产生火花等安全措施。

四、爆破器材的储存

（一）一般规定

（1）爆破器材应储存在专用的爆破器材库里，特殊情况下，应经主管部门审核并报当地县（市）公安机关批准，方准在库外存放。

（2）储存爆破器材的单位设置爆破器材库，应报主管部门批准，并报当地县（市）公安机关审查同意，方可建库；库房建成并经验收合格发给"爆破器材储存许可证"后，方准储存爆破器材。任何单位和个人不应非法储存爆破器材。

（3）爆破器材库应符合以下条件：

1）符合国家有关安全规范；

2）配备符合要求的专职守卫人员和保管员；

3）有较完善的防盗报警设施；

4）具有健全的安全管理制度。

（4）爆破器材库的储存量，应遵守下列规定：

1）地面库单一库房的最大允许存药量，不应超过表4－4的规定。

表4－4　地面库单一库房的最大允许存药量

序号	爆 破 器 材 名 称	单一库房最大允许存药量/t
1	硝化甘油炸药	20
2	黑索金	50
3	泰安	50
4	TNT	150
5	黑梯药柱、起爆药柱	50
6	硝铵类炸药	200
7	射孔弹	3
8	炸筒	15
9	导爆索	30
10	黑火药、无烟火药	10
11	导火索、点火索、点火筒	40
12	雷管、继爆管、高压油井雷管、导爆管起爆系统	10
13	硝酸铵、硝酸钠	500

注：雷管、导爆索、导火索、点火筒、继爆管及专用爆破器具按其装药量计算存药量。

2）地面总库的总容量：炸药不应超过本单位半年生产用量，起爆器材不应超过 1 年生产用量。地面分库的总容量：炸药不应超过 3 个月生产用量，起爆器材不应超过半年生产用量。

3）硐室式库的最大容量不应超过 100t。

4）井下只准建分库，库容量不应超过：炸药 3 昼夜的生产用量；起爆器材 10 昼夜的生产用量。

5）乡、镇所属以及个体经营的矿场、采石场及岩土工程等使用单位，其集中管理的小型爆破器材库的最大储存量应不超过 1 个月的用量，并应不大于表 4 – 5 的规定。

表 4 – 5　小型爆破器材库的最大储存量

库　房　名　称	单　　位	最大储存量
硝铵类炸药	kg	3000
硝化甘油炸药	kg	500
雷管	发	20000
导火索	m	30000
导爆索	m	30000
塑料导爆管	m	60000

（5）爆破器材宜单一品种专库存放。若受条件限制，同库存放不同品种的爆破器材则应符合表 4 – 6 的规定。

表 4 – 6　爆破器材同库存放的规定

爆破器材名称	雷管类	黑火药	导火索	硝铵类炸药	属 A$_1$ 级单质炸药类	属 A$_2$ 级单质炸药类	射孔弹类	导爆索类
雷管类	○	×	×	×	×	×	×	×
黑火药	×	○	×	×	×	×	×	×
导火索	×	×	○	○	○	○	○	○
硝铵类炸药	×	×	○	○	○	○	○	○
属 A$_1$ 级单质炸药类	×	×	○	○	○	○	○	○
属 A$_2$ 级单质炸药类	×	×	○	○	○	○	○	○
射孔弹类	×	×	○	○	○	○	○	○
导爆索类	×	×	○	○	○	○	○	○

注：1. ○ 表示可同库存放，× 表示不应同库存放。

2. 雷管类包括火雷管、电雷管、导爆管雷管。

3. 属 A$_1$ 级单质炸药类为黑索金、泰安、奥克托金和以上述单质炸药为主要成分的混合炸药或炸药柱（块）。

4. 属 A 级单质炸药类为 TNT 和苦味酸及以 TNT 为主要成分的混合炸药或炸药柱（块）。

5. 导爆索类包括各种导爆索和以导爆索为主要成分的产品，包括继爆管和爆裂管。

6. 硝铵类炸药，包括以硝酸铵为主要组分的各种民用炸药。

（6）当不同品种的爆破器材同库存放时，单库允许的最大存药量仍应符合规定；当危险级别相同的爆破器材同库存放时，同库存放的总药量不应超过其中一个品种的单库最大允许存药量；当危险级别不同的爆破器材同库存放时，同库存放的总药量不应超过危险级别最高的品种的单库最大允许存药量。

（7）库房建立后，任何单位不应在爆破器材库的危险区域内修建任何建（构）筑物。

（二）爆破器材库的位置、结构和设施

（1）库区的布局与道路应遵守下列规定：

1）库区不应布置在有山洪、滑坡和地下水活动危害的地方，宜设在偏僻地带。

2）相邻库房不应长边相对布置。雷管库应布置在库区的一端。

3）在库区周围应设密实围墙，围墙到最近库房的距离不应小于25m（小型库不应小于5m），围墙高度不应低于2m。

4）库区办公、警卫及生活服务等建筑物，应布置在安全的地方。

5）库区道路的纵坡坡度不宜大于：主要运输道路6%，手推车道路2%。

（2）爆破器材库的结构，应遵守《民用爆破器材工程设计安全规范》（GB 50089—2007）及《地下及覆土火药炸药仓库设计安全规范》（GB 50154—2009）的有关规定。井下爆破器材库要求见有关规定。

（3）爆破器材库区的消防设施，应遵守下列规定：

1）应根据库容量，在库区修建高位消防水池：库容量小于100t者，储水池容量为50m^3（小型库为15m^3）；库容量100～500t者，储水池容量为100m^3；库容量超过500t者，设消防水管。

2）消防水池距库房不大于100m；消防管路距库房不大于50m。

3）草原和森林地区的库区周围，应修筑防火沟渠，沟渠边缘距库区围墙不小于10m，沟宽1～3m，深1m。

（4）爆破器材库房设置防护土堤时，应遵守下列规定：

1）土堤堤基至库房墙壁的距离为1～3m，有套间的一侧可达5m，或按运输要求确定。

2）土堤与库房之间应设有砖石砌成的排水沟。

3）允许用块石或混凝土砌筑不高于1.0m的堤基；堤基上部应用泥土、砂质黏土等可塑性和不燃材料修建，不应用石块、碎石和可燃材料修建。

4）土堤高出库房屋檐1m，顶部宽度1m，底部宽度根据土堤所用材料的稳定坡面角确定。

（三）爆破器材库的照明、通信和防雷设施

（1）地面爆破器材库硐库的电气照明，应遵守下列规定：

1）储存爆破器材库房的用电负荷按二级负荷供电设计，辅助建筑物按一般供电场所设计。

2）从库区变电站到各库房的低压线路，宜采用铜芯铠装电缆埋地敷设。当全长采用电缆有困难时，可采用钢筋混凝土杆和铁横担的架空线，并应使用一段金属铠装电缆或护套电缆穿钢管直接埋地引入，埋地长度（m）应不小于2倍的电缆埋入处的土壤电阻率（Ω·m）的平方根，但不应小于15m。室外架空线路不应跨越危险库房。在电缆入户端

应将其金属外皮、钢管接到防雷电感应的接地装置上。在电缆与架空线连接处，应装设避雷器。避雷器、电缆金属外皮、钢管等应连在一起接地，其冲击接地电阻不应大于10Ω。

3）库房内不应安装灯具，宜自然采光或在库外安设探照灯进行投射照明，灯具距库房的距离不应小于3m。

4）电源开关或熔断器应在库房外面，并装在铁制配电箱中。

5）采用移动式照明时，应使用防爆手电筒或手提式防爆应急灯，不应使用电网供电的移动手提灯。

（2）井下爆破器材库的电气照明，应遵守下列规定：

1）应采用防爆型或矿用密闭型电气设备，电线应采用铜芯铠装电缆；

2）井下库区的电压宜为36V；

3）储存爆破器材的硐室或壁槽，不应安装灯具；

4）电源开关或熔断器应设在铁制的配电箱内，该箱应设在辅助硐室里；

5）有可燃性气体和粉尘爆炸危险的井下库区，应使用防爆型移动灯具和防爆手电筒；其他井下库区应使用蓄电池、灯、防爆手电筒或汽油安全灯作为移动式照明。

（3）爆破器材库区各类建筑物的防雷级别的确定与防雷装置的设置应参照《民用爆破器材工程设计安全规范》（GB 50089—2007）的有关规定。

（四）爆破器材的储存、收发与库房管理

（1）每间库房储存爆破器材的数量，不应超过库房设计的允许储存药量。

（2）爆破器材的储存，应遵守下列规定：

1）爆破器材应码放整齐、稳当，不得倾斜。

2）爆破器材包装箱下，应垫有大于0.1m高度的垫木。

3）爆破器材的码放，宜有0.6m以上宽度的安全通道；爆破器材包装箱与墙距离宜大于0.4m。

4）爆破器材的码放高度，不宜超过1.6m。

5）存放硝化甘油类炸药、各种雷管箱和继爆管的箱（袋），应放置在木质货架上，货架高度不宜超过1.6m，架上的硝化甘油类炸药和各种雷管箱不应叠放。

（3）库房应整洁、防潮和通风良好，杜绝鼠害。

（4）进入库区不应带烟火及其他引火物。

（5）进入库区不应穿带钉鞋和易产生静电衣服，不应使用能产生火花的工具开启炸药雷管箱。

（6）库区的消防设备、通信设备、警报装置和防雷装置，应定期检查。

（7）库区应昼夜设警卫，加强巡逻，无关人员不应进入库区。

（8）爆破器材库房的管理，应建立健全严格的责任制、治安保卫制度、防火制度、保密制度等，宜分区分库分品种储存，分类管理。

（9）库区不应存放与管理无关的工具和杂物。

（10）爆破器材的收发应遵守下列规定：

1）对新购进的爆破器材，应逐个检查包装情况，并按规定作性能检测；

2）应建立爆破器材收发账、领取和清退制度，定期核对账目，做到账物相符；

3）变质的、过期的和性能不详的爆破器材，不应发放使用；

4）爆破器材应按出厂时间和有效期的先后顺序发放使用；

5）总库区内不准许拆箱（袋）发放爆破器材，只准许整箱（袋）发放；

6）爆破器材的发放应在单独的发放间（发放硐室）里进行，不应在库房硐室或壁槽内发放。

（11）在特殊情况下，经单位安全保卫部门和当地县（市）公安机关批准，爆破器材可临时存放在露天场地，但必须遵守下列规定：

1）存放场应选择在安全地方，悬挂醒目标志（白天插红旗，晚上挂红灯）；

2）爆破器材应严加看管，昼夜有人巡逻警卫；

3）存放爆破器材的场地不应堆放任何杂物；

4）炸药堆与雷管不应混放，其间距离应不小于25m；

5）爆破器材应堆放在垫木上，不应直接堆放在地上；

6）在爆破器材堆上，应覆盖帆布或搭简易的帐篷；

7）距存放场周边50m范围内严禁烟火。

（12）发现爆破器材丢失、被盗，应及时向主管部门及公安机关报告。

五、爆破器材的检验和销毁

（一）爆破器材的检验

（1）各类爆破器材的检验项目，应参见产品的技术条件和性能标准；检验方法应严格执行相应的国家标准或部颁标准。

（2）爆破器材的外观检验应由保管员负责定期抽样检查。

（3）爆破器材的爆炸性能检验，应在安全的地方进行，由爆破工程技术人员负责。

（4）对新入库的爆破器材，应抽样进行性能检验。对超过储存期、出厂日期不明和质量可疑的爆破器材，应进行严格的检验，并由炸药库主任或爆破工作领导人根据检验结果，确认其能否继续保管、使用或销毁。

（二）爆破器材销毁的一般规定

（1）经过检验，确认失效及不符合技术条件要求或国家标准的爆破器材，都应销毁或再加工。乡镇管辖的小型矿场、采石场或小型爆破企业，对不合格的爆破器材，不应自行销毁或自行加工利用，应退回原发放单位按规定进行销毁或再加工。

（2）销毁爆破器材时，应登记造册并编写书面报告。报告中应说明被销毁爆破器材的名称、数量、销毁原因、销毁方法、销毁地点及时间，报上级主管部门批准。

（3）销毁工作应根据单位总工程师或爆破工作领导人的书面批示进行。销毁工作不应单人进行，操作人员应是专职人员并经专门培训。

销毁后应有二名以上销毁人员签名，并建立台账及档案。

（4）销毁爆破器材，不应在夜间、雨天、雾天和三级风以上的天气里进行。

（5）不能继续使用的剩余包装材料（箱、袋、盒和纸张），经检查确认没有雷管和残药后，可用焚烧法销毁。

包装过硝化甘油类炸药有渗油痕迹的药箱（袋、盒），应予销毁。

（6）销毁爆破器材后，应对现场进行检查，如果发现有残存爆破器材，应收集起来，进行销毁。

（7）不应在阳光下曝晒爆破器材。

（8）销毁场地应选在安全偏僻地带，距周围建筑物不应小于200m，距铁路、公路不应小于90m。

（三）爆破器材的销毁方法

（1）销毁爆破器材，可采用爆炸法、焚烧法、溶解法、化学分解法。

（2）用爆炸法或焚烧法销毁爆破器材时，应清除销毁场地周围半径50m范围内的易燃物、杂草和碎石。

（3）用爆炸法或焚烧法销毁爆破器材时，应有坚固的掩蔽体，掩蔽体到爆破器材销毁场地的距离由设计确定。

在没有人工或自然掩体的情况下，起爆前或点燃后，参加销毁的人员应远离危险区，此距离由设计确定。

（4）用爆炸法或焚烧法销毁爆破器材时，引爆前或点火前应发出声响警告信号。在野外销毁时还应在销毁场地四周安排警戒人员，控制所有可能进入的通道，不准非操作人员和车辆进入。

（5）只有确认雷管、导爆索、继爆管、起爆药柱、射孔弹、爆炸筒和炸药能完全爆炸时，才允许用爆炸法销毁。用爆炸法销毁爆破器材时应分段爆破，单响销毁量不应超过20kg，并应避免彼此间发生殉爆。

（6）用爆炸法销毁爆破器材应按销毁设计书进行，设计书由单位主要负责人批准并报当地公安机关备案。

（7）如果把全部要销毁的爆破器材一次运到销毁场地，而又分批进行销毁，则应将待销毁的爆破器材放置在销毁场地上风向的掩体后面，其距离由设计确定。

（8）用爆炸法销毁爆破器材，应采用电雷管、导爆索或导爆管系统起爆。在特殊情况下，可以用火雷管起爆。导火索应有足够的长度，以确保全部从事销毁工作的人员能撤到安全地点。导火索应从下风向敷设到销毁地点，并将其拉直，覆盖砂土，以避免卷曲。雷管和继爆管应包装好再埋入土中销毁。

（9）用爆炸法销毁爆炸筒、射孔弹、起爆药柱和有爆炸危险的废弹壳，应在深2m以上的坑（或废巷道）内进行，并应在其上面覆盖一层松土。

（10）销毁爆破器材的起爆药包应用合格的爆破器材制作。

（11）销毁传爆性能不好的炸药，可用增加起爆能的方法起爆。

（12）燃烧不会引起爆炸的爆破器材，可用焚烧法销毁。焚烧前，应仔细检查，严防其中混有雷管和其他起爆材料。

不应用焚烧法销毁雷管、继爆管、起爆药柱、射孔弹和爆炸筒。不同品种的爆破器材不应一起焚烧。

（13）应将待焚烧的爆破器材放在燃料堆上，每个燃料堆允许烧毁的爆破器材不应多于10 kg，药卷在燃料堆上应排列成行，互不接触。不应成箱成堆进行焚烧。

　　待焚烧的有烟或无烟火药，应散放成长条状。其厚度不应大于 10cm，条间距离不应小于 5m，各条宽度不应大于 0.3m。同时点燃的条数不应多于 3 条。

　　焚烧火药，应防静电、电击引起火药意外燃烧。

　　（14）不应将爆破器材装在容器内焚烧。

　　（15）点火前，应从下风向敷设导火索和引燃物，只有在一切准备工作做完和全体工作人员进入安全区后，才准点火。

　　（16）燃料堆应具有足够的燃料，在焚烧过程中不准添加燃料。

　　（17）只有确认燃料堆已完全熄灭，才准走进焚烧场地检查；发现未完全燃烧的爆破器材，应从中取出，另行焚烧。焚烧场地完全冷却后，才准开始焚烧下一批爆破器材。

　　焚烧场地可用水冷却或用土掩埋，在确认无再燃烧的可能性时，才允许撤离场地。

　　（18）不抗水的硝铵类炸药和黑火药可用溶解法销毁。

　　在容器中溶解销毁爆破器材时，对不溶解的残渣应收集在一起，再用焚烧法或爆炸法销毁。

　　不应直接将爆破器材丢入河塘江湖及下水道中溶解销毁，以防造成污染。

　　（19）凡采用化学分解法销毁爆破器材时，应使爆破器材达到完全分解，其溶液应经处理符合有关规定，方可排放到下水道。

思考与练习题

1. 简述常用的爆破器材的销毁方法。
2. 简述爆破器材购买的一般规定。
3. 简述爆破器材运输的一般规定。

项目二　爆破安全技术

任务一　爆炸空气冲击波

【任务描述】

炸药爆炸时，无论介质是空气还是岩石，都会有空气冲击波从爆炸中心传播出来。炸药若是在空气中爆炸，具有高温、高压的爆炸产物就在岩石破裂的瞬间冲入大气，强烈地压缩邻近的空气，使其压力、密度、温度突然升高，形成空气冲击波。这种冲击波在空气中传播时，将会形成似双层球形的两个区域，外层为压缩区，内层为稀疏区。压缩区内因空气受到压缩，其压力大大超过正常大气压，所以称为超压。稀疏区内由于跟随在冲击波后面的爆炸产物的脉动，其压力低于正常大气压，即出现负压。

由于空气受到压缩而向外流动，这种向外流动的空气所产生的冲击波压力，称为动压。由于冲击波具有较高的压力和较大的流速，故不但可以引起爆破点附近一定范围内建筑物的破坏，而且还会造成人畜的伤亡。大量的实验研究表明，其破坏作用远远超过爆破地震波和飞石的作用。因此，研究爆破空气冲击波的传播规律、破坏作用及其控制措施，具有非常重要而又现实的意义。

【能力目标】

能在实际工程爆破中对爆破空气冲击波加以控制。

【知识目标】

(1) 熟悉爆破空气冲击波的形成和传播过程；
(2) 熟悉爆破空气冲击波的参数计算；
(3) 掌握爆破空气冲击波的控制措施。

【相关资讯】

一、空气冲击波的形成与传播过程

炸药爆炸时所产生的空气冲击波，与圆管中以高速运动的活塞压缩相邻气体所产生的冲击波极为相似。设有一个药包爆炸，由于爆炸反应速度极快，药包周围介质来不及发生扰动，在此瞬间爆炸产物高速向空中膨胀，对周围空气进行压缩，形成压力很高的冲击波。爆炸产物最初以极高的速度运动，随后由于能量不断消耗，其速度迅速衰减，直到零为止。因此，波阵面后压力急剧下降。当爆炸产物膨胀到某一特定体积（或极限体积）时，它的压力降至周围介质未扰动时的初始压力 p_0，但爆炸产物并没有停止运动，由于惯性作用而过度膨胀，一直到某一最大容积。此时，出现"负压区"，典型的冲击波脉动压力波形曲线简称 p – z 曲线，如图 4 – 1 所示。

　　冲击波在空气中传播的情况如图 4 – 2 所示，图中 $t_1 \sim t_4$ 分别表示爆炸后的不同时间。从图中可以看出，空气冲击波在传播过程中，波阵面上的压力、波速等参量下降较快，其正压区不断拉长。这是因为：首先，假设空气冲击波是以球面波的形式向外传播的，随着半径的增大，波阵面的表面积不断增大，因此，即使没有其他能量损耗，通过波阵面单位面积的能量也会不断减小。其次，由于单位面积能量减小，冲击波速度下降，其正压区随时间增加而不断拉长，压缩区内的空气量逐渐增加，使得单位质量空气的平均能量下降；此外，冲击波的传播不是等熵的，当高强度冲击波对空气进行冲击绝热压缩时，将使气体温度升高，产生不可逆的能量消耗。如果空气冲击波是沿巷道传播，那么由于要推动巷道里的空气一起运动，因此必须克服巷道表面摩擦力，这也要消耗部分能量。

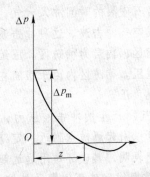

图 4 – 1　空气冲击波 $\Delta p(t)$ 曲线

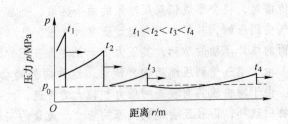

图 4 – 2　空气冲击波的传播过程

　　基于以上原因，空气冲击波在传播过程中，波阵面压力必然迅速衰减，并且在初始阶段衰减很快，后期衰减得慢，到最后 $\Delta p \rightarrow 0$ 时，冲击波就衰减成声波了。

二、空气冲击波的参数计算

　　空气冲击波的基本参数包括：波阵面压力、波阵面传播速度、质点运动速度、温度、作用时间和冲量。为了满足工程爆破设计和爆破试验前估算的需要，下面分别给出其主要参数的经验计算公式。

（一）波阵面压力或超压

1. 炸药在无限介质中爆炸，空气冲击波峰值超压 Δp 的计算

（1）TNT 球形药包：

$$\Delta p_\mathrm{m} = \frac{2.006}{\bar{r}} + \frac{0.194}{\bar{r}^2} - \frac{0.04}{\bar{r}^3} \qquad (0.05 \leqslant \bar{r} \leqslant 0.5) \qquad (4 - 1)$$

$$\Delta p_\mathrm{m} = \frac{0.067}{\bar{r}} + \frac{0.301}{\bar{r}^2} + \frac{0.431}{\bar{r}^3} \qquad (0.5 \leqslant \bar{r} \leqslant 70.9) \qquad (4 - 2)$$

式中　Δp_m——冲击波峰值超压，MPa；

　　　$\bar{r}$——比例距离，$\bar{r} = r / \sqrt[3]{Q}$，m/kg$^{1/3}$；

r——测点至药包中心距离，m；

Q——药包重量，kg。

（2）其他条件下球形药包爆炸时，其峰值超压的计算如下：

当炸药或装药密度不同时，装药的爆热值不同，可以根据相似原理，将装药换算成等效的 TNT 当量，再按式（4-1）和式（4-2）计算。等效 TNT 当量计算公式为

$$Q_T = Q_i \frac{Q_{ci}}{Q_{CT}} \qquad (4-3)$$

式中　Q_T——折算的 TNT 当量，kg；

Q_i——所用炸药的重量，kg；

Q_{CT}——TNT 的爆热，J/kg；

Q_{ci}——所用炸药的爆热，J/kg。

（3）柱形装药在无限介质中爆炸时，其峰值超压的计算如下：

当装药形状及尺寸相差不大时，距爆心相当于各向尺寸的平均值处所产生的空气冲击波超压值相当于球形（或条形）装药，可按式（4-3）计算。对于很长的圆柱形（或条形）装药，可按相似原理进行计算。设 r 为测点至装药长轴 L 的距离，且 $r < L$，则空气冲击波波阵面为柱形波，折算的球形装药当量为

$$Q_T = Q \frac{4\pi r^2}{2\pi rL} = \frac{2r}{L} Q \qquad (4-4)$$

式中　Q——长柱形装药质量，kg。

当 r 为 L 数倍时，由于空气冲击波在传播过程中均匀化效应，其超压与同重量的球形装药相似，可按式（4-1）、式（4-2）计算。

2. 药包在地面爆炸时冲击波峰值超压的计算

药包在地面爆炸时，若忽略地面介质做功消耗的能量，则由于反射冲击波的叠加作用，空气冲击波的强度可近似与 2 倍装药在无限空间爆炸相当。可以用 $Q_T = 2Q$ 代入式（4-1）、式（4-2）进行计算。

3. 露天爆破时，空气冲击波的超压值计算

$$\Delta p_m = k \left(\frac{\sqrt[3]{Q}}{r} \right)^a \qquad (4-5)$$

式中　k，a——常数，其值如下：深孔爆破，毫秒起爆：$k = 1.48$，$a = 1.55$；浅孔爆破大块，即发起爆：$k = 0.67$，$a = 1.31$；外敷破碎大块，毫秒起爆：$k = 10.7$，$a = 1.81$；即发起爆：$k = 1.35$，$a = 1.18$。

（二）空气冲击波正压作用时间 τ 的计算

（1）TNT 球形装药在空气中爆破时：

$$\tau = 1.5 \sqrt{r \sqrt[6]{Q}} \qquad (4-6)$$

（2）TNT 球形装药在地面爆破时：

$$\tau = 1.7 \sqrt{r \sqrt[6]{Q}} \qquad (4-7)$$

（3）巷道中爆破时：

$$\tau = 1.5 \sqrt[6]{\frac{2\pi Q r^5}{S}} \qquad (4-8)$$

式中　S—巷道断面积，m^2。

（4）露天爆破时：

$$\tau = 1.1 \left(\frac{r}{\sqrt[3]{Q}}\right)^{0.82} \qquad (4-9)$$

（三）空气冲击波比冲量的计算

空气冲击波的比冲量取决于药包重量、炸药性质、爆破条件等。在井下爆破时，还与巷道断面、巷道的光滑度、巷道转弯或交叉有关。精确的计算非常困难，这里给出经验计算公式。

设装药量为 Q（kg），装药半径为 r_0（m），则

当 $r > 12r_0$ 时：

$$I = A \frac{Q^{2/3}}{r} = A \frac{Q^{1/3}}{\bar{r}} \qquad (4-10)$$

当 $r \leqslant 12r_0$ 时：

$$I = B \frac{Q^{2/3}}{r} = B \frac{Q^{1/3}}{\bar{r}} \qquad (4-11)$$

式中　A，B——常数，对于 TNT 装药在空中爆破时，$A = 40$，$B = 25$。

对于其他炸药而言：

$$I = A \frac{Q^{2/3}}{r} \sqrt{\frac{Q_{ci}}{Q_{cT}}} \qquad (r > 12r_0) \qquad (4-12)$$

当球形 TNT 装药在地面爆破时：

$$I = A \frac{Q^{2/3}}{r} = 63 \frac{Q^{2/3}}{r} \qquad (r > 12r_0) \qquad (4-13)$$

三、爆破冲击波的安全距离

（1）硐室爆破：

$$\begin{cases} R = \dfrac{2(1+n^2)}{\sqrt{\Delta p}} \sqrt{Q} & (n \geqslant 1) \\[2mm] R = \dfrac{4n^2}{\sqrt{\Delta p}} \sqrt{Q} & (n < 1) \end{cases} \qquad (4-14)$$

式中　R——最小安全距离，m；
　　　　其他符号意义同前。

（2）钻孔、裸露爆破：

$$R = k \sqrt{Q} \qquad (4-15)$$

式中　k——系数，按表 4-7 选取。

表 4 – 7 k 值

建筑物破坏程度	n		
	3	2	1
安全无破坏	5 ~ 10	2 ~ 5	1 ~ 2
玻璃偶然破坏	2 ~ 5	1 ~ 2	—
玻璃破碎，门窗部分破坏，抹灰脱落	1 ~ 2	0.5 ~ 1	—

（3）地面爆破：

$$R = k \sqrt[3]{Q} \tag{4 – 16}$$

式中 k——系数。

对爆破作业人员，取 $k = 25$；对周围居民和其他人员，取 $k = 60$；对建筑物，取 $k = 55$。

根据以上公式计算的安全距离，其超压值都在使人致伤或建筑物最薄弱环节损坏的超压值以下。在实际工程中，可据现场条件进行适当的调整。

四、爆破空气冲击波的控制

为确保人员和建筑物等的安全，在爆破作业时，必须对空气冲击波加以控制，使之低于允许的超压值。如果作业条件不能满足爆破药量和安全距离的要求，可在爆源或保护对象附近构筑障碍物，以削弱空气冲击波的强度。

控制空气冲击波的途径有四种：防止产生强烈的冲击波；冲击波产生后立即削弱；在冲击波传播过程中进行削弱；在条件允许的情况下，扩大空气冲击波的通道。

从炸药能量的角度看，空气冲击波是炸药爆炸产生的一部分能量通过空气散失而成，所以空气冲击波的强度与爆破能量利用率有密切关系。从爆破技术上讲，精心设计、精心施工，采用最优的爆破参数和爆破器材，减少一次爆破的起爆药量，微差爆破，良好的堵塞，反向起爆，分散装药等，都是既能改善爆破效果，又能降低冲击波强度的有效措施。

在爆破区或保护物附近构筑阻波墙，可以在空气冲击波产生后或传播过程中对其加以削弱。在空气冲击波形成的瞬间，利用少数反向布置的辅助药包或彼此反向布置的药包，也可削弱空气冲击波形成时的强度。

任务二 爆破地震效应

【任务描述】

炸药在岩石中爆炸时释放出巨大的能量，随着传播距离的增加，逐渐衰减为地震波。地震波虽然不能使岩石破坏，但它会引起岩石质点的强烈振动，从而使爆区周围的民房损坏甚至倒塌，工业构筑物出现裂缝，露天边坡滑动以及地下巷道中岩石裂开、冒落或倒塌，形成严重的爆破公害。随着岩石爆破技术的发展，解决爆破地震的问题已日益引起人们的注意。

据估算，用于破碎岩石的能量约占炸药爆炸释放总能量的 10% ~ 15%，松动爆破时有用功的能量最大，但也不超过 25%，大部分能量消耗在岩石的过分粉碎与抛掷、岩石质点振动引起的地震波和空气振动引起的空气冲击波等方面。地震波的能量占炸药爆炸时释放总能量的很小一部分，其百分率随岩石性质不同而异。在干土中约为 2%~3%，在湿土中约为 5%~6%，在岩石中约为 2%~6%，在水中约为 20%。

【能力目标】

（1）会确定爆破震动的安全距离；
（2）能对实际爆破工程中产生的爆破震动加以控制。

【知识目标】

（1）熟悉爆破地震波的传播规律和基本特征；
（2）掌握爆破震动的安全距离确定；
（3）掌握控制爆破震动的措施。

【相关资讯】

一、爆破地震波的传播规律和基本特征

炸药在原岩中爆炸时，在弹性变形区内引起岩石质点的振动。这种引起岩石质点发生振动的弹性波就是地震波。

地震波有体波和面波。体波又分为纵波（P 波）和横波（S 波）。纵波是由爆源向外传播的一种压缩波，波的传播方向与质点的振动方向一致，其特点是周期短、振幅小。横波是由爆源向外传播的一种剪切波，波的传播方向与质点的振动方向垂直，通常这种波的周期长、振幅大。体波在传播过程中，遇到地面、岩层层理和节理时，均会发生反射和折射。面波是只局限于沿介质表面或分界面传播的波，它又分为洛夫波（L 波）和瑞利波（R 波），是造成地震破坏的主要因素。

（1）影响爆破地震烈度的主要因素是炸药量、距离、岩性和爆破方法，这正是决定振动速度的主要因素。因此，振动速度值被当作衡量地震烈度的一个重要参数。

（2）地震烈度除与上述因素有关外，还受炸药性质、岩石性质、成层状态等因素的影响。低爆速炸药爆轰压力上升得慢，爆破震动就小。坚固性大的岩石，振动烈度和振动频率就大，持续时间也短。岩石内部质点振动波形比较简单，初至波由直接入射的纵波构成。而在地表测量的振动就比较复杂，尤其是基岩以上的表土层直接影响震幅和频率。当药量和距离相等时，表土层与基岩相比，前者振幅较大而频率较低。

地质地形条件也影响震动烈度的大小。地震波在传播过程中遇到断层、裂隙、河谷、采空区和巷道时，其烈度明显降低。

（3）坚固的建筑物基础可以提高抗震能力。对于高耸建筑物（如井塔、高楼等），随着高度的增加，震动烈度增大。但是，对于基础坚固的建筑物，震动烈度增加得较少，有利于抗震。

（4）爆破方法对震动强度的影响表现在采用微差爆破可以减少地震效应；与导爆索起爆相比，雷管起爆的地震效应较小，这可能是各药包起爆不一致的缘故。

（5）自然地震和爆破地震虽然同属于能量释放引起地表震动的现象，但二者有明显的差别。一是频率不同，自然地震频率都很低，爆破地震频率则较高，从数十到数百赫兹；二是持续时间不同，自然地震常持续达数分钟之久，而爆破地震持续时间最长也不超过数百毫秒。

二、爆破震动的破坏判据及安全距离

（一）爆破震动的破坏判据

为了确定爆破震动的破坏判据，国内外学者进行了大量的试验研究工作。由于爆破震动的破坏判据受到如地形地质条件、建筑物的类型与质量、建筑物与爆源的相互关系等因素的影响，到目前为止，仍然没有公认的解答。虽然多是根据具体的试验研究提出一些破坏判据，但是各学者提出的破坏判据也有较大出入。在试验研究中，可以把位移、速度、加速度、频率等物理量作为爆破震动的破坏判据，但是，由于面波是造成地震破坏的主要因素，面波中质点垂直振动速度是一个最重要的物理量，因此，多数学者把质点的垂直振动速度作为爆破震动的破坏判据。

目前，我国《煤矿安全规程》规定：一般建筑物的爆破地震应满足安全振动速度的要求，主要类型的建（构）筑物地面质点的安全振动速度规定见表4－8。

表4－8　质点最大允许速度　　　　　　（cm/s）

序　号	建（构）筑物类型		质点最大允许速度
1	土窑洞，土坯房，毛石房屋		1.0
2	一般砖房，非抗震大型砌块建筑物		2~3
3	钢筋混凝土框架房屋		5
4	水工隧道		10
5	交通隧道		15
6	矿山巷道	围岩不稳定，有良好支护	10
		围岩中等稳定，有良好支护	20
		围岩稳定，无支护	30

此外，时间证明，下列安全判据在爆破设计时也有较大的参考价值：

（1）年久失修的窑洞、房屋等，0.5cm/s；

（2）需特殊保护的建筑物、重点文物，1~2cm/s；

（3）修建良好的木房，5cm/s。

（二）爆破震动的安全距离

爆破震动的安全距离指爆破后不致引起被保护对象破坏的爆心至被保护对象的最小距离。由于地震波的传播过程非常复杂，影响因素也很多，很难从理论上进行精确的计算，一般都是由试验或经验公式计算。

1. 一般建（构）筑物的安全距离

$$R = \left(\frac{k}{v}\right)^{1/\alpha} Q^{1/3} \tag{4-17}$$

式中　R——安全距离，m；

v——质点最大允许速度，由表 4-8 中选取，cm/s；

Q——一次爆破允许的安全装药量，kg；

α——与地形地质条件有关的系数和指数，参考表 4-9 选取，或由试验确定。

表 4-9　爆区不同岩性的 k、α 值

岩　性	k	α
坚硬岩石	50 ~ 150	1.3 ~ 1.5
中硬岩石	150 ~ 250	1.5 ~ 1.8
软岩石	250 ~ 350	1.8 ~ 2.0

2. 地表建筑物（砖木结构）安全距离

$$R = k\alpha \sqrt[3]{Q} \tag{4-18}$$

式中　α——爆破性质系数，由表 4-10 选取；

k——地基系数，参照表 4-11 选取；

表 4-10　α 值

n 值	≤0.5	1	2	≥31.2
α 值	1.2	1	0.8	0.7

表 4-11　k 值

建　筑　物　基　础	k 值
坚硬致密岩石	3
坚硬同而裂隙发育岩石	5
砾石、碎石基础	7
砂　土	8
黏　土	9
回填土	15
含水土壤	20

R、Q 的意义与式（4-17）相同。

3. 地下巷道的安全距离

单药室或只考虑距被保护巷道的最近药室爆破时，可用裂隙延伸距离的倍数来评价巷道的安全程度，药室至巷道的安全距离按式（4-19）计算：

$$R = kW \sqrt[3]{f(n)} \tag{4-19}$$

式中　W——最小抵抗线，m；

k——与巷道破坏状态有关的系数，坚硬稳固围岩，$k = 2$；中等坚硬稳固围岩，

$k = 3$；破碎围岩，$k = 4$；

　　　$f(n)$——爆破作用指数函数。

（三）爆破震动的控制

　　为了确保爆区周围人和物的安全以及工业生产的经济性，必须将爆破地震的危害严格地控制在允许范围之内。对此，国内外进行了大量的研究，目前控制爆破震动的方法主要有以下几种。

　　（1）采用适当的爆破类型。爆破地震的强度随爆破作用指数 n 值的增大而减小，实测得出，$n = 1.5$ 的抛掷爆破与 $n = 0.8$ 的松动爆破相比，振速可降低 4% ~ 22%。

　　（2）采用能获得最大松动的爆破设计。松动条件良好的炮孔爆破，即靠近自由面的炮孔爆破产生的震动较小。使用延发爆破技术开辟内部自由面，以便爆破后产生的压缩波可以从这些自由面反射，通过正确设计延发起爆方案，就能获得最大的松动。

　　（3）选用低威力、低爆速的炸药。实践证明，炸药的波阻抗 ρc 不同，爆破震动强度也不同。ρc 越大，爆破震动强度也越大，且炸药的波阻抗 ρc 越接近岩石的波阻抗正，其震动强度也越大。

　　（4）限制一次爆破的最大用药量。由爆破震速计算公式可以看出，震速与药量成正比，因此控制用药量就可以控制震动强度。

　　（5）选用适当的单位炸药消耗量。过大的单位炸药消耗量，会使爆破震动与空气冲击波都增大，并引起岩块过度的位移或抛掷；相反，过小的单位炸药消耗量，也会由于延迟和减小从自由面反射回来的拉伸波效应，从而使爆破震动增大。

　　（6）选用适当的装药结构。实践证明，装药结构对爆破地震效应有明显的影响，装药越分散，地震效应越小。工程实践中，为降低爆破震动通常采用以下几种装药结构：不耦合装药，在大爆破中采用硐室条形药包，空气间隔装药，孔底为空气垫层的装药结构。

　　（7）采用微差爆破技术。微差爆破以毫秒级的时间间隔分批起爆炸药，大量的试验研究表明，在总装药量和其他爆破条件相同的情况下，微差爆破的震速比齐发爆破可降低 40% ~ 60%。

　　（8）应用预裂爆破或开挖减振沟。预裂爆破和开挖减震沟都是使地震波达到裂隙面或沟道时发生反射，以减少透射到被保护物的地震波能量。

　　（9）调整爆破工程传爆方向，以改变与被保护物的方位关系。

　　（10）充分利用地形地质条件，如河流、深沟、渠道、断层等都有显著的隔震减震作用。

　　除上述控制爆破震动措施外，还应注意不同的建筑物的动力响应也不一样，建筑物的结构形状对抗震性能影响较大，一般低矮建筑物的抗震性能比高大、细长的高耸建筑物要好得多。

任务三　爆破飞石

【任务描述】

　　在工程爆破中，被爆介质中那些脱离主爆堆而飞得较远的碎石，称为爆破飞石。在爆破施工中，总有个别碎石飞得较远，由于其飞行方向难以准确预测，往往会给爆区附近人员、建筑物和设备等的安全造成严重威胁，如在城镇和居民区进行爆破作业，安全问题就显得尤其重要，必须引起足够重视。

爆破飞石是爆破工程中最严重的潜在事故因素之一，为公认的爆破公害。统计资料表明：由于爆破飞石造成的人员伤亡、毁坏厂房和住宅、打坏机器设备等爆破事故占相当比重。在我国，据 1973～1981 年的 100 例爆破事故统计，因飞石引起的事故占 4%；在日本，据统计爆破飞石引起的事故率为 27%。可见，爆破飞石给人民生命财产的安全造成非常大的威胁。因此，研究爆破飞石产生的原因以及防止爆破飞石的产生，就显得非常必要。

【能力目标】

（1）会确定爆破飞石的安全距离；

（2）能对实际爆破工程中产生的爆破飞石加以防护。

【知识目标】

（1）熟悉爆破飞石产生的原因；

（2）掌握爆破个别飞石的安全距离确定；

（3）掌握爆破个别飞石的控制与防护措施。

【相关资讯】

一、爆破飞石产生的原因

爆破飞石的形成有一个十分复杂的过程，造成飞石的因素很多，最主要的原因有以下几点。

（一）设计问题

在设计中，爆破方案不当、某些爆破参数选择有误、炮眼（或药室）布置不当、爆破器材或起爆顺序不合理都易引起飞石。

（1）爆破方案问题。如爆破作用指数选择过大，或爆破方案的选择未仔细考虑爆区周围的地质地形条件，都将产生飞石。

（2）爆破参数选择有误。正确选择爆破参数是确保爆破成功的关键，爆破参数选择不当，势必影响爆破效果。如单位炸药消耗量选择过大，就会造成用药量过大而引起飞石。又如，药包形状问题。在相同条件下，集中装药比柱状装药引起飞石的可能性要大得多，因此每米装药量不宜过高。炮眼直径不同，产生飞石的危险性不同，也取决于每米装药量不同。

（3）炮眼（或药室）位置布置不当。有时从整体看，所用炸药在炸碎一定量介质时，其总能量比较合理。但是，由于爆前对被爆体的情况未仔细考察，对存在于被爆介质中的节理、断层、裂隙、软弱夹层或原结构的工程质量、结构和布筋情况等了解不够，而将炮眼（或药室）布置在这些薄弱部位，就会造成高温、高压的爆生气体从这些薄弱部位首先冲出，使这些薄弱带中所夹带的个别碎石块获得很大的初速度，形成飞石。

（4）爆破器材或起爆顺序不合理。爆破器材选择得正确与否，将直接影响飞石的产生，如导爆索起爆系统一般比其他起爆系统产生飞石的可能性要大。此外，起爆顺序的合理安排，也对飞石的产生有很大影响。由于起爆顺序的变化，可能造成后起爆炮眼的挟制作用太大，形成"冲天炮"而引起飞石。

（5）延期时间确定不合理。微差爆破是一种比较先进的爆破技术，合理的设计，将会减少空气冲击波、噪声和飞石的产生，也会降低地震波的破坏作用。如炮眼的间隔时间过长，将产生飞石。

（二）施工问题

（1）炮孔位置未严格按设计位置施工，产生飞石的可能性就很大。

（2）炮孔的深度未严格按设计深度施工，改变了设计的最小抵抗线和装药量，就可能产生飞石。

（3）现场施工中，由于未能随着地质地形条件和施工水平的限制而调整装药量，造成装药量过大而产生飞石。尤其在露天硐室爆破中，必将出现爆破事故。

（4）在施工中由于误装药，使药量过大，也将引起飞石。

（5）在施工中由于炮孔堵塞材料的质量差和堵塞不严，都会引起飞石。

（6）由于施工操作不小心，弄断起爆线路，造成少数炮孔拒爆，使部分炮孔受到挟制作用而改变最小抵抗线大小及方向，以致引起飞石。

（7）炮眼附近的碎石也是引起爆破飞石的常见原因之一。

（8）覆盖质量不合格也将引起飞石的产生。

二、爆破飞石的参数计算及安全防护

（一）飞石高度和距离的计算

由于飞石这一过程的复杂性，目前还难以用数学分析方法准确计算其参数，个别飞石的飞行参数与爆区地形、地质条件、爆破参数、堵塞质量和气象等因素有关，一般抛掷爆破个别飞石的高度和距离可按式（4-20）计算：

$$H = \frac{1}{2}l\tan\alpha - \frac{1}{8}g\frac{1}{v_0^2\cos^2\alpha} \tag{4-20}$$

$$l = \frac{v_0^2\sin2\alpha}{g} \tag{4-21}$$

式中　H——个别飞石的飞行最大高度，m；

　　　l——个别飞石的飞行水平距离，m；

　　v_0——初速度，m/s；

　　α——飞石抛射角；

　　g——重力加速度，m/s^2。

当在斜坡地形进行爆破时，如山坡角度为β，则沿山坡下方的飞石最大距离为

$$l' = 2v_0^2\cos^2\alpha\frac{\tan\alpha + \tan\beta}{g} \tag{4-22}$$

式中　l'——个别飞石最大距离，m；

　　　β——山坡坡角。

在工程实践中，要准确地确定飞石的飞行高度和飞行距离是非常困难的。因此，人们根据大量的实际工程资料，提出了许多经验计算公式。我国在计算抛掷爆破时，对个别飞石最佳距离的计算，多采用如下的经验公式：

$$l = 20kn^2W \tag{4-23}$$

式中　l——个别飞石的飞行最远距离，m；

　　　n——爆破作用指数；

　　　k——系数，与地形、风向等因素有关，一般取 $1.0 \sim 1.5$；

　　　W——最小抵抗线。

以上公式只适用于抛掷爆破，对控制爆破只作参考。且在山坡单侧抛掷爆破而最小抵抗线小于 25m 的情况下与实际情况符合较好，对双侧抛掷爆破或土中爆破时则较实际偏大。

由于造成个别飞石的原因是多方面的，情况比较复杂，要从理论上列出一个概括各种情况下的个别飞石飞散距离是不可能的。因此，对于浅孔、药壶、二次破碎以及其他形式的爆破，我国《爆破安全规程》在参考了大量国内外实测资料之后，规定了如表 4-12 所示的个别飞石对人员安全距离。

表 4-12　爆破（抛掷爆破除外）时，个别飞散物对人员的安全距离

爆破类型和方法	个别飞石的最小安全距离/m
1. 露天土岩爆破	
1.1　破碎大块岩石：裸露药包爆破法 　　　　　　　　　　浅眼爆破法	400 300
1.2 浅眼爆破法	200（复杂地形条件下不小于 300）
1.3 浅眼药壶爆破	300
1.4 蛇穴爆破	300
1.5 深孔爆破	按设计，但不小于 200
1.6 深孔药壶爆破	按设计，但不小于 300
1.7 浅眼眼底扩壶	50
1.8 深孔孔底扩壶	50
1.9 硐室爆破	按设计，但不小于 300
2. 爆破树墩	200
3. 森林救火时，堆筑土壤防护带	50
4. 爆破拆除沼泽地的路堤	100
5. 河底疏浚爆破	
5.1 水面无冰时，用裸露药包或浅眼、深孔	
水深小于 1.5m	与地面爆破相同
水深大于 6m	不考虑飞石对地面或水面以上人员影响
水深 1.5～6m	由设计确定

爆破类型和方法	个别飞石的最小安全距离/m
5.2 水面覆冰	200
5.3 水底硐室爆破	由设计确定
6. 破冰工程	
6.1 爆破薄冰凌	50
6.2 爆破覆冰	100
6.3 爆破阻塞的流冰	200
6.4 爆破厚度大于2m的冰层或爆破阻塞流冰一次用药超过300kg	300
7. 爆破金属物	
7.1 在露天爆破场	1500
7.2 在装甲爆破坑中	150
7.3 在厂区内的空场上	由设计确定
7.4 爆破热凝结构	由设计确定，但不小于30
7.5 爆破成型加工	由设计确定
8. 拆除基础、炸倒房屋，建筑物附近开挖	由设计确定
9. 地震勘探爆破	
9.1 浅井或地表爆破	由设计确定，但不小于100
9.2 在深孔中爆破	由设计确定，但不小于30
10. 用爆破器扩大钻井	由设计确定，但不小于50

（二）预防措施

（1）应在满足工程要求情况下，尽量减小爆破作用指数，并选用最佳的最小抵抗线。

（2）在设计前一定要摸清被爆介质的情况，详尽地掌握被爆体的各种有关资料，然后进行精心设计和施工。注意避免将药包布置在软弱夹层里或基础的结合缝上，以防止从这些薄弱面处冲出飞石。

（3）应选择最佳的炸药类型，一般来说，采用低威力、低爆速的炸药对控制爆破飞石比较有利。

（4）采用不耦合装药和反向起爆。

（5）在浅眼爆破时，尽量少用或不用导爆索起爆系统。实践证明，导爆索起爆系统使炮孔起爆的同步性增加，从而增大了同段起爆的爆破能量。此外，它还容易破坏堵塞的炮眼，减弱堵塞作用，从而产生大量的飞石。

（6）设计合理的起爆顺序和最佳的延期时间，以尽量减少爆破飞石。

（7）装药前要认真复核孔距、排距、孔深和最小抵抗线等，如有不符合要求的现象，应根据实测资料采取补救措施或修改装药量，严格禁止多装药。

（8）做好炮孔的堵塞工作，严防堵塞物中夹杂碎石。

（9）在控制爆破中，可对被爆体采取严密的覆盖，覆盖材料有草袋、钢丝网、帆布以及装土的袋子等。

（10）在临近重要建筑物、村镇附近的矿山进行二次破碎时，有条件的话，尽量采用机械破碎、水力破碎或高能燃烧剂、静态破碎剂等方法破碎。

（三）防护措施

（1）为爆区作业人员设置掩体。

（2）加强个体防护。作业时，必须严格执行安全规程，穿着整齐，并佩带安全帽。

（3）在爆源与被保护对象之间设置防护排架，挂钢丝网等以拦截飞石，对被保护对象采取严密的覆盖，以防飞石的破坏。

1）沿山坡爆破时，下坡方向的飞石安全距离增大50%；

2）同时起爆或毫秒延期起爆的裸露爆破装药量不应超过20kg；

3）为防止船舶、木筏驶进危险区，应在上下游安全距离以外设封锁线和信号；

4）当爆破器材置于钻井内深度大于50m时，最小安全距离可缩小至20m。

任务四　爆　破　噪　声

【任务描述】

爆破噪声是指由于爆破而产生的一种枯燥、难听、刺耳的声音，它是爆破空气冲击波的继续，是冲击波引起气流急剧变化的结果，当空气冲击波超压降低到相当低的水平（180dB或20Pa）之后，就衰减为声波，其传播范围极广。爆破噪声虽然持续时间很短，但当噪声峰值达90dB以上时，就会严重影响人们的正常生活和工作，甚至造成人员伤害或设备和建筑物的损坏，成为一大爆破公害。

【能力目标】

能对实际爆破工程中产生的爆破噪声加以预防和防护。

【知识目标】

（1）熟悉爆破噪声的传播规律；

（2）掌握爆破噪声的预防措施；

（3）掌握爆破噪声的防护措施。

【相关资讯】

一、爆破噪声的传播规律

（一）爆破噪声的距离衰减

爆破噪声在空气中传播时，随着距离的加大，其声强逐渐减弱。这种现象称为距离衰减。

当采用集中装药或炮孔装药，测点到爆心距离足够大时，可视为点声源。此时所形成的爆破噪声以球面波的形式向各个方向传播，噪声强度与测点到爆源距离的平方成反比，亦即成平方关系衰减，如图 4 - 3 所示。

根据上述规律和声压级的定义。在声压范围内可以推导出爆心距为 r_1 和 r_2 的测点的声压级差值：

$$L_{pr_1} - L_{pr_2} = 20\lg\frac{r_2}{r_1} \qquad (4-24)$$

式中　r_1，r_2——爆心距，m；

　　L_{pr_1}，L_{pr_2}——不同测点处的声压级，dB。

当采用排炮方式进行爆破，且测点距爆心较远时，可视为线声源，此时噪声强度仍是随爆心距的增加而成平方关系衰减。在声压范围内，爆心距为 r_1、r_2 的测点的声压级差值为

$$L_{pr_1} - L_{pr_2} = 20\lg\frac{r_2}{r_1} \qquad (4-25)$$

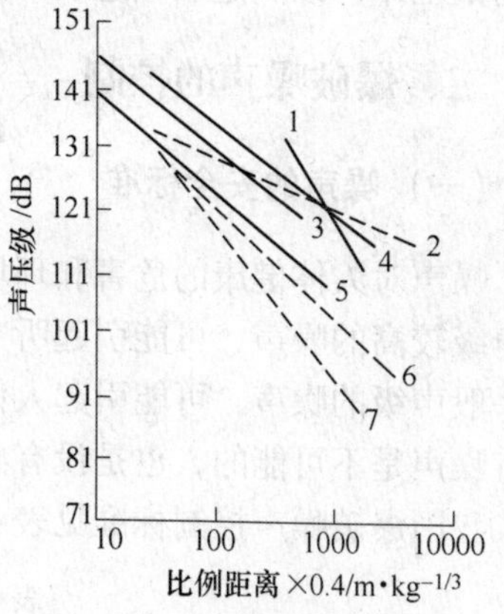

图 4 - 3　不同爆破类型时噪声衰减线
1—煤矿切割爆破；2—建筑施工爆破；
3—采石场爆破；4—金属切割爆破；
5—煤矿台阶爆破；6—采石场台阶爆破；
7—金属矿台阶爆破

（二）爆破噪声与药量的关系

目前尚无较完善的公式对爆破噪声与装药量的关系进行计算，一般是采用类比的方法估算，另外也可根据实验数据，用统计方法得出经验公式来计算。如某采石场二次破碎时由爆破噪声测试数据得出的经验公式为

$$p = 6 \times 10^{-3} Q^{0.52} \qquad (4-26)$$

式中　p——测点声压，N/m^2；

　　Q——一次爆破的总装药量，kg。

据 Siskind（美）研究，不同类型露天矿声压的衰减关系不同，是由于其爆破要求不同。如采石场与建筑施工爆破，要求爆后的块度较小，所以相应的爆破噪声较大。

（三）爆破噪声与大气条件的关系

大气条件对在一定距离内爆破产生的噪声强度有重大影响。大气条件还决定了在不同高度和方向上空气中的声速，而声速本身又主要取决于温度和风速，因此，从大气中风速和温度的变化也能了解大气条件对爆破噪声的影响。

1. 对爆破有利的大气条件

有朵朵轻云、微风的晴天，或从黎明到爆破时间地表空气温度平稳上升的局部阴天。

2. 对爆破不利的大气条件

（1）没有多少风或根本没有风的雾天，具有温度反向变化的条件特征和很高的污染指标；

（2）在刮强风并伴有冷锋通过的时候；

（3）在地表温度正在下降的白天的某些时刻；

（4）清晨或风很小的晴天，日落以后；

（5）云层高度较低的阴天，特别是在风很小或根本没风的时候。

工程实践中，地形地质条件、药量的大小、气候的变化及爆破条件等均会影响爆破噪声的大小。因此，在目前尚无精确的计算公式的情况下，应加强爆破噪声的理论研究和现

场测试工作，以满足工程建设的需要。

二、爆破噪声的控制

（一）噪声的安全标准

噪声对人体健康的危害和环境的污染是多方面的，但总的说来可以分为两大类：一类是声级较高的噪声，可能引起听力损伤以及神经系统和心血管系统等方面的疾病；另一类是一般声级的噪声，可能引起人们的烦恼，破坏正常的生活环境。当然，要想生活中完全没有噪声是不可能的，也是没有必要的。因此，只要将噪声控制在一定水平上就可以了。

我国爆破噪声控制标准见表 4 - 13。

表 4 - 13　我国爆破噪声控制标准　　　　　　　　　　（dB）

声环境功能类别	对 应 区 域	不同时段控制标准	
		昼间	夜间
0 类	康复疗养区、有重病号的医疗卫生区或生活区；养殖动物区（冬眠期）	65	55
1 类	居民住宅、一般医疗卫生、文化教育、科研设计、行政办公为主要功能，需要保持安静的区域	90	70
2 类	以商业金融、集市贸易为主要功能，或者居住、商业、工业混杂，需要维护住宅安静的区域；噪声敏感动物集中养殖区，如养鸡场等	100	80
3 类	以工业生产、仓储物流为主要功能，需要防止工业噪声对周围环境产生严重影响的区域	110	85
4 类	人员警戒边界，非噪声敏感动物集中养殖区，如养猪场	120	90
施工作业区	矿山、水利、交通、铁道、基建工程和爆炸加工的施工场区内	125	110

（二）爆破噪声的预防

从爆破噪声的基本原理可以知道，爆破噪声是由爆破空气冲击波衰减而成的。因此，关于控制爆破空气冲击波的措施，也可作为控制爆破噪声的措施。此外，还可以采取下列预防措施：

（1）实践证明，雷管或导爆索在地面爆炸时，引起的噪声强度很高，如 2 个雷管爆炸时在 10m 远处的噪声级为 120dB。因此，为了降低爆破噪声，应尽量避免在地面敷设雷管和导爆索，当不能避免时，应采取覆盖土或水袋的措施。

（2）采用延期爆破。这种爆破方式不仅可以降低爆破的地震效应，还可以降低爆破噪声。这是因为它将总药量分成几段小的药量，因而减小了爆破噪声。在实际应用时，还应注意方向效应，以免产生噪声的叠加。

（3）采用水封爆破。爆破时，在覆盖物上面再盖水袋，不仅可以降噪，还可以防尘，是一种比较理想的方法。

（4）避免炮孔间的延发时间过长，以防出现无负载炮孔。

（5）考虑大气条件，尽量选择在有利的气候条件下爆破。

（6）安排合理的爆破时间。把爆破安排在爆区附近居民上班或人少的时间进行，避免在早晨或下午较晚的时间进行爆破，以减少因大气效应而引起的噪声增加。

（7）严格堵塞炮孔和加强覆盖，也可大大减弱爆破噪声。

（8）设置遮蔽物或充分利用地形地貌。在爆源与测点之间设置遮蔽物，如防护排架等，可阻碍和扰乱声波的正常传播，并改变传播方向，从而可较大地降低原声波直达点的噪声级。如测点与爆源之间有树林或山坡，也可以起到类似降噪作用。

（9）注意方向效应。当大量炮孔以很短的延发时间相继起爆时，各单孔爆破产生的噪声可能在某一特定的方向上叠加，从而形成强大的爆破噪声。一般来说，孔距与孔间延期时间之比，即爆破沿工作面推进速度大于或等于空气中的声速时，爆破噪声就会在某一方向上叠加，而孔内装药长度大于最小抵抗线时，亦会出现这样的现象。此外，爆破噪声在顺山谷或街道方向上，其传播距离也会大大增加。因此，工程实际中应尽量避免出现这种现象，尽量使声源辐射噪声大的方向避开要求安静的场所。

（三）爆破噪声的防护

在现实社会中，有许多工作环境的噪声级很大，但要从声源上根治噪声或在传播途径上降低噪声，却又是相当困难或不经济的，如凿岩工和爆破工所处的工作环境。这样就必须对工作人员采取个体防护措施。

个人防护噪声的用品主要有耳塞、防声棉、耳罩、防护帽和防护衣。一般要求它们佩戴舒适，对皮肤没有损伤作用，使用寿命长，具有较大的隔音量和合适的语音清晰度。

（1）耳塞。耳塞是插入外耳道的护耳器。它的特点是体积小、价格低、佩戴和携带方便。在正确使用的情况下，可以得到很高的声衰减，并且对头部佩戴的其他用品，如帽子、眼镜等，都不会有妨碍。耳塞的主要缺点是佩戴舒适性较差，特别是炎热环境下更为显著。

（2）耳罩。耳罩是将整个耳廓封闭起来的护耳装置。主要由四部分组成：外壳、密封垫圈、弓架和吸声材料内衬。其平均隔音值一般为 15 ~ 25dB，高频隔音值可达 40dB，低频隔音值在 15dB 以下。

（3）防噪声帽。防噪声帽有软式和硬式之分，前者像飞行员头上所戴的人造革帽，后者也叫防声头盔，它可将整个头部罩起来。其优点是隔音量大，为 30 ~ 50dB，还可以兼作保护头部之用。缺点是体积大，高温环境戴用会感到闷热，且价格昂贵。

（4）耳塞、耳罩和防噪声帽的组合，它的隔音效果更好，可达 35 ~ 55dB。

（5）防护衣。噪声级达到 140dB 以上时，不但损伤听觉和头部，而且对胸部内各器官也有严重的不良影响。因此，保护胸部也是非常重要的。

胸部的个人防护，是穿一件轻型防护衣。这是用玻璃钢或铝板内衬柔软多孔性吸声材料做成的。它既可以防噪声，又可以防冲击波，其防超压性能很好。

任务五　早爆及其预防

【任务描述】

早爆，是指雷管或炸药在预定的起爆时刻之前发生的意外爆炸。在爆破施工中，杂散电流、静电感应、雷电、射频感应电等均可能引起电爆网路中雷管的早爆。

由于早爆时起爆的准备工作尚未完成，人员往往没有撤离爆破作业现场，所以造成的爆炸事故是比较严重的。

【能力目标】

能针对不同的早爆原因采取相应的预防措施。

【知识目标】

(1) 掌握杂散电流产生的原因及预防早爆的措施；

(2) 掌握静电产生的原因及预防早爆的措施；

(3) 掌握原雷电引起早爆的预防措施。

【相关资讯】

一、杂散电流的防治

杂散电流是指来自电爆网路之外的电流。它有可能使电爆网路发生早爆事故，因此，在井巷掘进中，要经常检测杂散电流，超过 30mA 时，必须采取可靠的预防杂散电流的措施。

(一) 杂散电流的来源

1. 架线电机车的电气牵引网路电流经金属物或大地，返回直流变电所的电流

实践证明，在轨道接头电阻较大、轨道与巷道底板之间的过渡电阻较小的情况下，就会有大量电流流入大地，形成杂散电流。在有架线式电机车通过的巷道中，特别是电机车启动的瞬间，测得的杂散电流值高达几百甚至几千毫安以上。当直流变电所停电时，杂散电流会急剧下降。因此，架线式电机车牵引网路漏电是井下杂散电流的主要来源。

2. 动力或照明交流电漏电

当井下电气设备或照明线路的绝缘遭到破坏时，容易发生漏电。在潮湿环境或有金属导体时，就会产生杂散电流。

3. 化学作用漏电

在装药过程中，撒在底板上的硝铵炸药，遇水可能形成化学电源。因为硝酸铵溶于水后离解成为带正电荷的铵离子和带负电荷的硝酸根离子，在大地自然电流的作用下，铵离子趋向负极，硝酸根离子趋向正极，会在铁轨、风水管等导体之间形成电位差，即产生杂散电流，其数值可达到几十毫安。

4. 因电磁辐射和高压线路电感应产生杂散电流

在大功率的广播电台或电视台附近进行电力起爆时，接收天线会对电爆网路产生感应电流，有可能达到危险值。

位于输电高压线附近的电爆网路，以及与铁路的接触线靠近的电爆网路都可能感应产生电流，发生危险。

5. 大地自然电流

大地电流的产生主要是由于自然因素和人类活动的双重作用，这些不连续的电流以较

为复杂的形式相互作用。大地电流具有极低频，在地球表面大范围地流动。

（二）杂散电流的防治

（1）由于杂散电流可引起电雷管爆炸，具有很大危害，因此，一般需测定流过电雷管的杂散电流值，量测仪器可采用 ZS - 1、B - 1、701 等杂散电流测定仪。测量时间取 0.5 ~ 2min。按规定，采用电雷管起爆时，杂散电流不得超过 30mA。大于 30mA 时，必须采取必要的安全措施。

（2）尽量减少杂散电流的来源，特别要注意防止架线式电机车牵引网路的漏电。一般可在铁轨接头处焊接铜导线以减小接头电阻，采用绝缘道岔或疏干巷道来增大巷道底板与铁轨之间的电阻，以减小漏电等。

（3）确保电爆网路的质量，爆破导线不得有裸露接头；防止损伤导线的绝缘包皮；雷管脚线或已与雷管连接的导线两端，在接入起爆电源前，均应扭接短路，防止杂散电流流入。

（4）在爆区采取局部或全部停电的方法可使杂散电流迅速减小，必要时可将爆区一定范围内的铁轨、风水管等金属导体拆除。

（5）采用紫铜桥丝低电阻电雷管或无桥丝电雷管，但必须相应地采用高能起爆器作为起爆电源。

（6）采用非电起爆系统，如导爆管、导爆索和导火索等。但在煤矿井下有瓦斯与煤尘时，不得使用。

二、静电的防治

（一）静电的产生与危害

静电是指绝缘物质上携带的相对静止的电荷，它是由不同的物质接触摩擦时在物质间发生电子转移而形成的带电现象。

静电表现为高电压、小电流，静电电位往往高达几千伏甚至上万伏。

静电之所以能够造成危险，主要是由于它能聚集在物体表面上达到很高的电位，并发生静电放电火花。当高电位的带电体与零电位或低电位物体接触形成不大的间隙时，就会发生静电放电火花。这种储存起来的静电荷可能通过电雷管导线向大地放电，从而引起雷管爆炸。雷管脚线上的绝缘，在这样条件下不能提供可靠的保护，因为此时电压高到足以使绝缘击穿，有可能引起整个爆区发生早爆事故。

除电引起静电外，固体颗粒的运动，特别是在干燥条件下的颗粒运动，也会产生静电。这些颗粒可能处于自由悬浮状态，如狂风刮起的尘爆和雪爆，这些颗粒可能嵌入正在运动的绝缘材料。

近年来，在矿山采用了压气装药器装药。当压气输送固体颗粒时，可能产生静电。当作业地点相对湿度小而炸药与输送管之间的绝缘程度高时，药粒以高速在输送管内运行所产生的静电电压可达 2 万 ~ 3 万伏，对电爆网路有引爆危险。

压气装药时，静电火花放电的电场能量与装药系统的电容量的一次方和静电电压的二次方成正比。

压气装药中，装填像铵油炸药这样一类的小颗粒散装爆破剂，炸药颗粒在压气作用下，经过输药软管进行装填时，由于药粒间的彼此接触与分离，可以产生少量的电荷。如果设法阻止这些电荷的积累，那么产生的电流就很小，不会危及爆破作业。但是，如果容许这些电荷积累起来并突然放电，就有可能形成足够的能量使雷管引爆，至少是操作工人有可能遭受痛苦的冲击。实验室试验表明，压气装药过程中，可以积累起大于 3 万伏的电压，甚至达到 6 万伏。

在压气装药过程中，能够积累电能的部位有 3 处：一是操作者身上，二是装药器及其附属设备上，三是炮孔内和雷管脚线上。假若在这 3 个部位与大地之间维持一条半导体通路，能量就会在到达危险水平之前消耗掉。

（二）防治静电措施

为了预防静电引起的早爆事故，可采取以下措施。

1. 在压气装药系统中采用半导体输药管

一般输药胶管的体积电位值很高，极易聚集静电，采用半导体软管和接地装置后，可以显著地降低静电引爆的可能性。半导体输药管在低压时导电性差，随着电压升高其导电性也相应提高，因而静电不容易聚集起来。半导体输药软管必须同时具有两个特性：一是必须具有足够的导电性，以保证毫无损害地将装药过程中产生的静电通过适当的接地装置导走；二是必须具有足够的电阻，以保证不致形成一个低阻通路，让危险的杂散电流通过它达到用于起爆铵油炸药的起爆药包。

2. 对装药工艺系统采用良好的接地装置

在装药过程中，装药器和输药管都必须接地，以防止静电集聚。操作人员应穿半导体胶靴，始终手持装药管，随时导走身上的电荷。深孔装药完毕，再在孔口处装电雷管，以免在装药过程中引起电雷管的早爆。

对导电性极不好的岩石，为了确保良好的接地，需要用接地杆将装药容器与充水炮孔之间连接起来。

在装药期间，雷管的脚线应当短路，但不接地。在导电性比较好的岩石中，脚线接地可能受杂散电流的影响。在导电性不好的岩石中，脚线接地可能增加静电引爆的危险。

3. 采用抗静电雷管

抗静电雷管与普通电雷管的区别是，采用体积电阻为 $1000\Omega \cdot cm^3$ 的半导体塑料塞代替普通电雷管的绝缘塞。穿过半导体塑料塞的一段导线，一根是裸露的，裸露脚线与金属管壳之间就构成静电通路，使管壳与雷管引火头之间的电位相等或接近，不因火花放电而引爆。

4. 预防机械产生的静电影响

对爆区附近的一切机械运转设备，除要有良好的接地外，雷管和电爆网路还要尽量远离他们。必要时，在可能产生静电的区域附近，当连接电爆网路时，以及整个网路起爆之前，可让机械运转设备暂停运行。

机械系统的接地导线和接地极应远离钢轨、导线和管路，避免钢轨和金属导线将杂散电流传送到爆破网路。

三、雷电的预防

雷电是自然界的静电放电现象。带有异性电荷的雷云相遇或雷云与地面突起物接近时，它们之间就发生强烈的放电。由于雷云能很大，能把附近空气加热到 20000℃ 以上。空气受热急剧膨胀，就产生爆炸冲击波，并以 5000m/s 的速度在空气中传播，最后衰减为声波。这样，在雷电放电地点，就出现强烈闪光和爆炸的轰鸣声。

在露天、平硐或隧道爆破作业中，有可能以下列方式引起早爆事故。

（一）雷电形成电磁场感应

电爆网路被电磁场的磁力线切割后，在电爆网路中产生的电流强度大于电雷管的最小准爆电流时，就可引起雷管爆炸，发生早爆事故。

（二）雷电形成静电感应

雷电能产生约 20000A 的电流和相当于炸药爆轰的高温高压气柱，如果直接雷击爆区，则全部或部分电爆网路可能被起爆。由于雷电产生很大的电流，即使较远的雷电，也可能给地下和露天作业的电与非电起爆系统带来危害。通过带电云块的电场作用，电爆网路中的导体能积蓄感应电荷。这些电荷在云块放电后就成为自由电荷，以较高的电势沿导体传播，可能导致雷管早爆。

为安全起见，每当爆区附近出现雷电时，地面或地下爆破作业均应停止，一切人员必须撤到安全地点。

为防止雷电引起的早爆事故，雷雨天和雷击区不得采用电力起爆法，而应改为非电起爆法。

对炸药库和有爆炸危险的工房，必须安设避雷装置，防止直接雷击引爆。

任务六　瞎炮及其处理

【任务描述】

爆破后可能产生瞎炮，瞎炮的存在对生产本身带来十分不利的影响，轻则给爆破效果带来不利影响，重则使整个爆破施工作业失败，降低生产效率，影响工程进度，同时增加爆破器材的消耗，并留下极大的安全隐患，给后续处理工作带来很大的难度。因此在实际工程项目中对瞎炮产生的原因进行分析和提出预防处理措施尤其重要。

【能力目标】

能处理爆破工程中产生的瞎炮。

【知识目标】

（1）掌握产生瞎炮的原因；
（2）掌握瞎炮的预防措施；
（3）掌握产生瞎炮后的处理措施。

【相关资讯】

一、瞎炮产生的原因

（一）雷管方面

雷管是起爆药卷的爆炸能源。一般是以串联或串并联形式连接在网路中，一发不爆，就会导致一部分瞎炮。大致有以下几个原因：

（1）雷管受潮，或因雷管密封防水失效。

（2）雷管电阻值之差大于 0.3Ω，或采用了非同厂同批生产的雷管。

（3）雷管质量不合格，又未经质量性能检测。

（二）起爆电源方面

（1）通过拒爆雷管的起爆电流太小，或通电时间过短，雷管得不到所必须得到的点燃冲能。

（2）起爆器内电池电压不足。

（3）起爆器充电时间过短，未达到规定的电压值。

（4）交流电压低，输出功率不够。

（三）爆破网路方面

（1）爆破网路电阻太大，未经改正，即强行起爆。

（2）爆破网路错接或漏接，导致起爆电流小于雷管的最小发火电流。

（3）爆破网路有短接现象。

（4）爆破网路漏电、导线破损并与积水或泥浆接触，此时实测网路电阻远小于计算电阻值。

（四）炸药方面

（1）炸药保管不善受潮或超过有效期，发生硬化和变质现象。

（2）粉状混合炸药装药时被捣实，使密度过大。

（五）其他方面

（1）药卷与炮孔壁之间存在间隙效应。

（2）药卷之间有岩粉阻隔。

二、瞎炮的预防和处理

（一）瞎炮的预防措施

（1）禁止使用不合格的起爆器材。不同类型、不同厂家、不同批的雷管不得混用。

（2）连线后检查整个线路，查看有无错接和漏接；进行爆破网路准爆电流的计算，起爆前用专用爆破电桥测量爆破网路的电阻，实测的总电阻值与计算值之差应小于10%。

（3）检查爆破电源并对电源的起爆能力进行计算。

（4）对硝铵类炸药，在装药时要避免装得过紧、密度过大。

（5）对硝铵类炸药，要注意间隙效应的发生，装药时可在药卷上涂上一层黄油或黄泥。

（6）装药前要认真清除炮孔内的岩粉。

（二）瞎炮处理方法

（1）因连线不良、错连、漏连的雷管，要重新连线放炮。经检查确认起爆线路完好时，方可重新起爆。

（2）因其他原因造成的瞎炮，则应在距瞎炮至少 0.3m 处重钻和瞎炮炮眼平行的新炮眼，重新装药放炮。

（3）禁止将炮眼残底继续打眼加深，严禁用镐刨，或从炮眼中取出原放置的引药或从引药中拉出雷管。

（4）处理瞎炮的炮眼爆破后，应详细检查并收集未爆炸的爆破材料予以销毁。

思考与练习题

1. 简述爆破企业与爆破作业人员的一般规定。
2. 简述爆破工程技术人员的职责。
3. 简述爆破安全监理的内容。
4. 简述爆破器材运输的一般规定。
5. 简述爆破器材库应符合的条件。
6. 简述爆破器材销毁的方法。
7. 简述控制空气冲击波的途径。
8. 简述控制爆破震动的方法。
9. 简述爆破飞石产生的原因。
10. 简述减少飞石危害的防护措施。
11. 简述控制爆破噪声的预防措施。
12. 简述杂散电流产生的原因。
13. 简述防止杂散电流引起早爆事故的措施。
14. 简述瞎炮产生的原因。
15. 简述预防瞎炮的措施。
16. 简述瞎炮处理的方法。

参 考 文 献

[1] 蔡美峰. 岩石力学与工程 [M]. 北京：科学出版社，2002.

[2] 张萌. 露天爆破工程 [M]. 北京：中国矿业学院出版社，1986.

[3] 杜邦公司. 爆破手册 [M]. 北京：冶金工业出版社，1986.

[4] 钮强. 岩石爆破机理 [M]. 沈阳：东北工学院出版社，1990.

[5] 刘清荣. 控制爆破 [M]. 武汉：华中工学院出版社，1986.

[6] 王文龙. 钻眼爆破 [M]. 北京：煤炭工业出版社，1984.

[7] 刘鹏. 影响工业炸药爆速的因素 [J]. 四川兵工学报，2009，30（3）.

[8] 娄德兰. 导爆管起爆技术 [M]. 北京：中国铁道出版社，1995.

[9] 罗勇. 聚能效应在岩土工程爆破中的应用 [D]. 北京：中国科学技术大学，2006.

[10] 王运敏. 中国采矿设备手册 [M]. 北京：科学出版社，2007.

[11] 孟吉复，惠鸿斌. 爆破测试技术 [M]. 北京：冶金工业出版社，1992.

[12] 张雪亮，黄树棠. 爆破地震效应 [M]. 北京：地震出版社，1981.

[13] 张正宇，等. 高陡边坡开挖中的爆破及其控制技术 [M]. 北京：冶金工业出版社，2004.

[14] B. H. 库图佐夫. 工业爆破安全 [M]. 北京：冶金工业出版社，1987.

[15] 陈宝心，杨勤荣. 爆破动力学基础 [M]. 武汉：湖北科学技术出版社，2005.

[16] U. 兰格福尔斯. 岩石爆破现代技术 [M]. 北京：冶金工业出版社，1983.

[17] 朱传统，梅锦煜. 爆破安全与防护 [M]. 北京：水利电力出版社，1990.

[18] 张正宇，赵根，等. 塑料导爆管系统理论与实践 [M]. 北京：中国水利水电出版社，2009.

[19] 赵改昌，汪旭光. 起爆网路设计中的一个重要概念 [J]. 工程爆破，1999，5（4）.

[20] 于亚伦. 工程爆破理论与技术 [M]. 北京：冶金工业出版社，2004.

[21] 中国工程爆破协会. 中国典型爆破工程与技术 [M]. 北京：冶金工业出版社，2006.

[22] 中国工程爆破协会. 我国工程爆破的成就与技术创新发展战略 [J]. 中国工程爆破协会通讯，2000（12）.

[23] 中国工程爆破协会. 中国工程爆破行业中长期科学和技术发展规划（2006—2020 年）.

[24] 马乃耀. 爆破施工技术 [M]. 北京：中国铁道出版社，1986.

[25] 中国工程爆破协会. 爆破设计与施工 [M]. 北京：冶金工业出版社，2011.

[26] 顾毅成. 爆破工程施工与安全 [M]. 北京：冶金工业出版社，2008.

[27] 爆破安全规程（GB 6722—2011）[M]. 北京：中国标准出版社，2011.

冶金工业出版社部分图书推荐

书　　名	作　者	定价（元）
冶炼基础知识（高职高专教材）	王火清	40.00
连铸生产操作与控制（高职高专教材）	于万松	42.00
小棒材连轧生产实训（高职高专实验实训教材）	陈　涛	38.00
型钢轧制（高职高专教材）	陈　涛	25.00
高速线材生产实训（高职高专实验实训教材）	杨晓彩	33.00
炼钢生产操作与控制（高职高专教材）	李秀娟	30.00
地下采矿设计项目化教程（高职高专教材）	陈国山	45.00
矿山地质（第2版）（高职高专教材）	包丽娜	39.00
矿井通风与防尘（第2版）（高职高专教材）	陈国山	36.00
采矿学（高职高专教材）	陈国山	48.00
轧钢机械设备维护（高职高专教材）	袁建路	45.00
起重运输设备选用与维护（高职高专教材）	张树海	38.00
轧钢原料加热（高职高专教材）	咸翠芬	37.00
炼铁设备维护（高职高专教材）	时彦林	30.00
炼钢设备维护（高职高专教材）	时彦林	35.00
冶金技术认识实习指导（高职高专实验实训教材）	刘艳霞	25.00
中厚板生产实训（高职高专实验实训教材）	张景进	22.00
炉外精炼技术（高职高专教材）	张士宪	36.00
电弧炉炼钢生产（高职高专教材）	董中奇	40.00
金属材料及热处理（高职高专教材）	于　晗	33.00
有色金属塑性加工（高职高专教材）	白星良	46.00
炼铁原理与工艺（第2版）（高职高专教材）	王明海	49.00
塑性变形与轧制原理（高职高专教材）	袁志学	27.00
热连轧带钢生产实训（高职高专教材）	张景进	26.00
连铸工培训教程（培训教材）	时彦林	30.00
连铸工试题集（培训教材）	时彦林	22.00
转炉炼钢工培训教程（培训教材）	时彦林	30.00
转炉炼钢工试题集（培训教材）	时彦林	25.00
高炉炼铁工培训教程（培训教材）	时彦林	46.00
高炉炼铁工试题集（培训教材）	时彦林	28.00
锌的湿法冶金（高职高专教材）	胡小龙	24.00
现代转炉炼钢设备（高职高专教材）	季德静	39.00
工程材料及热处理（高职高专教材）	孙　刚	29.00